便利で美味しく安全な
Convenience
Delicious
Safety

# これからの高齢者食品開発

Good Food for Senior Citizen

[編者]

**相羽孝昭**
社会福祉法人
多摩同胞会
理事

**西出 亨**
包装科学研究所
主任研究員

**横山理雄**
食品産業戦略研究所 所長／
石川県農業短期大学
（現 石川県立大学）名誉教授

幸書房

## ■執筆者一覧 (執筆順)

相羽　孝昭　社会福祉法人 多摩同胞会　理事
佐藤　悦子　社会福祉法人 同胞互助会 昭島市高齢者在宅サービスセンター愛全園・
　　　　　　栄養ケアステーション　所長
吉野　知子　社会福祉法人 同胞互助会 介護老人福祉施設 愛全園　栄養課長
杉江あい子　戸田中央総合病院グループ (有)日本白十字社 企画推進室　室長
伊藤　　武　財団法人 東京顕微鏡院 食と環境の科学センター　所長
榎本　俊樹　石川県立大学 生物資源環境学部 食品科学科　教授
深谷　哲也　カゴメ(株) 総合研究所 調理食品開発グループ　課長
正井　慎悟　アヲハタ(株) 包装技術開発室　室長, 技術士 (経営工学)
西出　　亨　包装科学研究所　主任研究員
後藤　恭子　トオカツフーズ(株) 顧問管理栄養士, 食生活研究家
濱千代善規　キユーピー(株) 知的財産部　チームリーダー
毛利　善治　(株)ニチレイフーズ 生産技術部　プロフェッショナル
武田　安弘　森永乳業(株) 栄養科学研究所 栄養食品開発室　マネージャー
横山　理雄　食品産業戦略研究所　所長, 石川県農業短期大学 (現, 石川県立大学) 名誉教授
佐藤　宣男　藤森工業(株) 研究所バイオサイエンスグループ　主任
増田　敏郎　(株)シンワ機械 技術部　技術開発部長
若狭　　暁　(株)三浦プロテック 食機・メディカル商品開発部　専任部長
西野　　甫　食品産業戦略研究所　主管研究員
高本　一夫　サラヤ(株) バイオケミカル研究所　主席研究員
尾上　信行　イカリ消毒(株) 技術統括部 CLT研究所　係長
江藤　　諮　イカリ消毒(株) 技術統括部　部長
小豆　正之　(株)アルプ 食品環境部　係長

# 発刊にあたって

　ここにきて，人口の減少，少子化と高齢化が急速に進んできた．その上に，団塊の世代が定年を迎え，ますます高齢化社会に入ってきた．まだ，元気なアクティブ・シニアの人達や高齢者の食事はどうなっていくのであろうか．今，各方面で模索中である．

　一方，介護を必要とする人も増えてきており，国としても，介護保険制度を発足させ，各種福祉施設で，高齢者や医療・介護の必要な人の「介護」，「介助」に力を注いできた．そうした施設での食事の実態はどうであろうか．これらの食事は安全性と栄養面に力が注がれている．

　また，高齢者・医療介護者の食事をどのようにして作り，供給するのであろうか．施設や病院内の食堂で調理するのが基本であるとしても，人件費の削減や食品衛生の点から，外部給食会社や食品会社に委託する傾向にある．在宅高齢者向けの食事は，ファミリーレストランやコンビニエンスストアーが宅配するようになってきている．

　このような社会的背景のもとに，高齢者向けの福祉施設や在宅サービス，療養型病院，食品開発と食品衛生，食品包装システムや食品包装材料開発にたずさわっている人達が集まり，「これからの高齢者食品開発」という本を作ることにした．

　本書は，これまでのそして現在，高齢者の生活と食事の人手のかかる部分を担っている施設，病院の食の状況を現場に学びながら，食品企業として，どのような食品開発が必要で，また可能なのかを，それぞれの企業の実際の開発の考え方や状況を解説していただくことで，高齢化社会の食品開発の一助になればと企画され，上梓する運びとなった．そのため本書は，初心者にも分かるように，文を平易にし，写真，図や表を多く入れた．

　本書の構成は，5部構成になっており，第Ⅰ部では，施設，療養型病院での実際の状況，第Ⅱ部では，高齢者食に求められるコンセプトを「栄養と機能」，「食事バランス」，パッケージの「ユニバーサルデザイン」として解説した．第Ⅲ部では，高齢者のニーズに合わせた食品開発ということで「健康な高齢者」，「介護が必要な高齢者」，「糖尿病になっている高齢者」，「医療・介護の必要な高齢者」向けの食品開発と利用されるパッケージの状況を解説した．第Ⅳ部は高齢者向け食品の新しい包装技術や調理システムを，第Ⅴ部では高齢者向け大量調理施設で注意すべき衛生問題を取り上げた．

　本書が，これからの高齢化社会の食品開発に取り組まれる方々のお役にたてば，執筆者

の願うところである.

　終わりに，本書の出版に際し，貴重な資料や写真を業界の方々や学会の先生からご提供いただいたことに深く感謝いたします．また，本書の企画・出版にお骨折りいただいた21世紀包装研究協会の新田会長，幸書房の桑野社長，夏野さんにお礼を申し上げます．

　2006年4月

編集者を代表して　横 山 理 雄

# 目　　次

## I　高齢者の生活と食事 ……………………………………………………………1

### I-1　高齢者の生活における食事の重要性—食は最大の楽しみ— ……………2

　1　高齢社会の到来 …………………………………………………………………2
　2　高齢者の特性 ……………………………………………………………………2
　3　高齢者の生活における食事の要件 ……………………………………………3
　4　施設での食事と在宅での食事 …………………………………………………4

### I-2　高齢者施設での食生活 ……………………………………………………5

　1　高齢者施設におけるサービスの種類と特徴 …………………………………5
　　1-1　入所型高齢者施設 …………………………………………………………5
　　1-2　高齢者施設における在宅サービス ………………………………………6
　2　高齢者施設における食事の提供と環境作り …………………………………6
　　2-1　高齢者施設での献立の工夫 ………………………………………………6
　　　（1）日常の食事 ………………………………………………………………6
　　　（2）行事や季節を感じる食事 ………………………………………………7
　　　（3）楽しさを演出する食事 …………………………………………………8
　　2-2　高齢者の食事の個別対応 …………………………………………………8
　　　（1）食習慣を考慮した食事 …………………………………………………8
　　　（2）食事摂取能力に対応した食事 …………………………………………9
　　　（3）病態や治療に対応する食事 ……………………………………………10
　　　（4）低栄養状態の予防・改善 ………………………………………………10
　　2-3　栄養強化・調整・補助食品と冷凍・チルド食品の活用 ………………11
　　　（1）食事・栄養管理 …………………………………………………………11
　　　（2）調理業務とコスト管理 …………………………………………………12

　　　　（3）問　題　点 …………………………………………………………12
　　2-4　食事状況の実際 ……………………………………………………………13
　　　　（1）　食事の風景 …………………………………………………………13
　　　　（2）　食事の環境 …………………………………………………………13
　　2-5　施設でのスタッフ連携と利用者との関わり ……………………………14
　　　　（1）　高齢者の食欲不振の要因と対応 …………………………………14
　　　　（2）　食事記録表によるチームケア ……………………………………15
　　　　（3）　調理スタッフの見回りの役割 ……………………………………16
　　　　（4）　利用者との関わりと栄養相談・栄養教室 ………………………17
　3　高齢者施設における配食サービスの取り組み …………………………………18
　　3-1　配食サービスの実際 ………………………………………………………18
　　3-2　配食サービス利用者への食事のフォロー ………………………………19
　4　調理現場における食事作り ………………………………………………………19
　　4-1　衛　生　管　理 ……………………………………………………………19
　　4-2　調　理　工　程 ……………………………………………………………21
　　4-3　厨房の設計と機器の活用度 ………………………………………………21
　5　高齢者施設の現状と課題 …………………………………………………………23


Ⅰ-3　在宅高齢者の食事の状況とニーズ ………………………………………………24

　1　在宅高齢者の食事状況の調査 ……………………………………………………24
　　1-1　スリーステップ栄養アセスメントを用いた調査 ………………………24
　　　　（1）　調査対象者 …………………………………………………………24
　　　　（2）　調査票と評価基準 …………………………………………………24
　　1-2　調査結果から読む在宅高齢者の食生活の現状 …………………………25
　　　　（1）　調　査　結　果 ……………………………………………………25
　　　　（2）　生活の背景 …………………………………………………………25
　2　在宅高齢者の食におけるニーズ …………………………………………………25
　　2-1　引きこもりの改善 …………………………………………………………25
　　　　（1）　食支援の課題 ………………………………………………………25
　　　　（2）　食支援の目標 ………………………………………………………26
　　　　（3）　食支援のポイント …………………………………………………26
　　2-2　バランスの保てる食事の確保 ……………………………………………27

　　　　（1）食支援の課題 …………………………………………………………27
　　　　（2）食支援の目標 …………………………………………………………27
　　　　（3）食支援のポイント ……………………………………………………27
　　2-3　脱水の予防 …………………………………………………………………27
　　　　（1）食支援の課題 …………………………………………………………27
　　　　（2）食支援の目標 …………………………………………………………27
　　　　（3）食支援のポイント ……………………………………………………27
　　2-4　低栄養の予防 ………………………………………………………………28
　　　　（1）食支援の課題 …………………………………………………………28
　　　　（2）食支援の目標 …………………………………………………………28
　　　　（3）食支援のポイント ……………………………………………………28
　　2-5　摂食・嚥下障害を見のがさない …………………………………………29
　　　　（1）食支援（栄養ケア・マネジメント）の課題 ………………………29
　　　　（2）食支援の目標 …………………………………………………………29
　　　　（3）食支援のポイント ……………………………………………………29
　3　在宅高齢者の食支援の進め方 ……………………………………………………30
　　3-1　一般高齢者対策：前向きに取り組む啓蒙活動 …………………………31
　　3-2　特定（虚弱）高齢者対策：地域密着型の介護予防サービス …………31
　　3-3　要支援者対策：訪問食育士制度の創設 …………………………………32
　　3-4　要介護者・病弱者対策：在宅の現状を見据えて ………………………33

## I-4　介護療養型医療施設での食事の状況とニーズ …………………………35
　1　病院給食の変遷 ……………………………………………………………………35
　　1-1　病院給食の歴史 ……………………………………………………………35
　　1-2　病院給食の概要 ……………………………………………………………35
　2　病院給食の現状 ……………………………………………………………………36
　　2-1　病院給食の目的 ……………………………………………………………36
　　2-2　病院給食の流れ ……………………………………………………………36
　　2-3　病院給食の問題点 …………………………………………………………36
　3　長期療養病床における食事状況 …………………………………………………37
　　3-1　栄養基準（食事基準），食形態状況 ……………………………………37
　　3-2　戸田中央総合病院での長期療養型病床の状況 …………………………37

|  |  |
|---|---|
| （1）食　　種 | 37 |
| （2）食事形態 | 38 |
| （3）トロミ調整食品の使用状況 | 38 |
| （4）主食の割合 | 38 |
| （5）献立内容および献立作成上注意している点 | 39 |
| （6）市販品（冷凍・レトルトなど）使用頻度および使用食品 | 39 |
| （7）セレクトメニューについて | 39 |
| （8）好まれる料理 | 39 |
| （9）好まれない料理 | 39 |
| （10）患者のニーズ | 40 |
| （11）現在抱えている食事の問題点 | 40 |
| （12）今後の課題 | 40 |
| （13）患者の摂取状況 | 40 |
| （14）患者の栄養状態 | 40 |
| （15）食事介助が必要な患者の割合 | 40 |

4　施設における高齢者の食状況 …………………………………………………… 41
　4-1　高齢者の食事傾向 ……………………………………………………………… 41
　4-2　食事に関するアメニティー（時間・環境・食器など） …………………… 41
　4-3　介助の問題 ……………………………………………………………………… 41
　4-4　施設における食事の問題 ……………………………………………………… 42
　　（1）栄養基準と食事状況，衛生上の問題 …………………………………… 42
　　（2）献立作成・調理側の問題 ………………………………………………… 42

5　今後の高齢者への食の取り組み ………………………………………………… 42
　5-1　施設に対応するキッチン（設備・機器について） ………………………… 42
　5-2　高齢者向けの調理済み食品（完調品）の開発 ……………………………… 43
　5-3　管理栄養士・栄養士の取り組み ……………………………………………… 45

6　豊かな食文化と共に ……………………………………………………………… 45


Ⅰ-5　高齢者食の安全 …………………………………………………………………… 47

1　高齢者施設での食中毒の発生 …………………………………………………… 47
2　高齢者施設で注目しなければならない食中毒微生物 ………………………… 48
　2-1　ノロウイルス …………………………………………………………………… 48

  2-2　腸管出血性大腸菌 …………………………………………………49
  2-3　サルモネラ ………………………………………………………49
  2-4　腸炎ビブリオ ……………………………………………………50
  2-5　ウエルシュ菌 ……………………………………………………50
 3　高齢者施設における食の安全性確保 …………………………………51
  3-1　施設設備の整備 …………………………………………………51
  3-2　原材料納入時の衛生管理 ………………………………………51
  3-3　使用水の衛生管理 ………………………………………………52
  3-4　鼠族（ネズミ）・昆虫対策 ……………………………………52
  3-5　調理従事者 ………………………………………………………52
  3-6　調理工程における衛生管理 ……………………………………52
  3-7　調理後の食品の温度管理 ………………………………………52

# Ⅱ　高齢者向けの食品開発の視点 ……………………………………55

## Ⅱ-1　高齢者の栄養と食品の機能性 ……………………………………56

 1　加齢老化とフリーラジカル説 …………………………………………56
 2　高齢者と栄養 ……………………………………………………………56
 3　高齢者の健康と機能性食品 ……………………………………………57
  3-1　機能性食品とは …………………………………………………57
  3-2　老化防止と食品の機能性 ………………………………………58
  3-3　高齢者に多い疾患と食品の機能性 ……………………………59
   （1）　が　　ん ………………………………………………………59
   （2）　高 血 圧 ………………………………………………………61
   （3）　血 栓 症 ………………………………………………………62
   （4）　糖 尿 病 ………………………………………………………62
   （5）　肥　　満 ………………………………………………………63
   （6）　骨 粗 鬆 症 ……………………………………………………64
   （7）　下痢・便秘 ……………………………………………………65
   （8）　認知症・記憶学習能低下 ……………………………………66
   （9）　精神的不安 ……………………………………………………66
 4　安全性と効能 ……………………………………………………………67

5　高齢者向け機能性食品の開発 …………………………………………68

Ⅱ-2　高齢者の食事バランスと野菜加工食品の開発 ………………………70
　1　高齢者の健康状態 ……………………………………………………70
　2　高齢者の食行動 ………………………………………………………71
　　2-1　偏った食事が引き起こす低栄養 …………………………………71
　　2-2　野菜の摂取 …………………………………………………………72
　　2-3　野菜に対する意識 …………………………………………………73
　3　高齢者用野菜加工品の開発 …………………………………………74
　　3-1　市　場　動　向 ……………………………………………………74
　　3-2　これからの高齢者用食品 …………………………………………76
　4　野菜の機能性研究 ……………………………………………………77
　　4-1　加齢性黄斑変性症の抑制効果 ……………………………………77
　　4-2　パーキンソン病の抑制効果 ………………………………………78
　　4-3　老　化　防　止 ……………………………………………………79
　5　食事バランスと野菜加工品の役割 …………………………………80

Ⅱ-3　高齢者用食品のユニバーサルデザイン ………………………………82
　1　食品包装における高齢者用設計とユニバーサルデザイン ………82
　2　食品包装設計上での配慮および評価方法 …………………………84
　　2-1　容器包装のユニバーサルデザイン性評価—アヲハタ㈱自主基準 ……84
　　2-2　評価の進め方 ………………………………………………………85
　　　（1）ユニバーサルデザインとして評価すべき項目 ………………85
　　　（2）評　価　方　法 …………………………………………………85
　　　（3）評　価　点 ………………………………………………………88
　　2-3　評価結果からの判定 ………………………………………………89
　　2-4　評価結果からの是正処置など ……………………………………89
　3　ユニバーサルデザインに配慮した食品包装の自社製品事例 ……89
　　　（1）表　　　示 ………………………………………………………89
　　　（2）軽くて開けやすいびん詰 ………………………………………90
　　　（3）ユニバーサルデザインびん ……………………………………90

（4）容易に剥がせる紙ラベル ……………………………………………90
　　　（5）指を切りにくいフルオープン缶蓋（ダブルセーフティー・エンド）……91
　　　（6）湯煎取り出し保持穴が設けられたパウチ …………………………91
　　　（7）あけ口を大きくしたパウチ …………………………………………91
　4　消費者の期待に応えるユニバーサルデザインを ………………………92

## Ⅲ　高齢者のニーズに合わせた食品開発 …………………………………93

### 序論　高齢者用・介護用食品を取りまく状況 …………………………94

### Ⅲ-1　シニアの食生活を支えるバランスの取れた食品開発 ………………102

　1　「健康三彩」とは …………………………………………………………102
　　1-1　バランスの良い食事とは ………………………………………………102
　　1-2　「健康三彩」の特徴 ……………………………………………………102
　2　ターゲットを健康な高齢者に ……………………………………………104
　3　シニア世代全体が抱える食の問題を解決するサービス ………………104
　4　「健康三彩」の歩み ………………………………………………………105
　5　献立作成 ……………………………………………………………………106
　6　メニュー・栄養価・ワンポイントコメント ……………………………107
　　（1）骨無し鰆のねぎ味噌焼セット …………………………………………107
　　（2）タラの梅じそ焼セット …………………………………………………107
　　（3）骨無し太刀魚の白醤油焼セット ………………………………………107
　　（4）鮭のごま風味焼セット …………………………………………………108
　　（5）骨無しカレイのおろし煮セット ………………………………………108
　　（6）骨無し鯵のパン粉焼セット ……………………………………………108
　　（7）骨無し鯖の味噌煮セット ………………………………………………109
　　（8）骨無しカレイの南蛮煮セット …………………………………………109
　　（9）鮭のマリネセット ………………………………………………………109
　　（10）タラのマスタードソースセット ………………………………………110
　　（11）味噌メンチカツセット …………………………………………………110
　　（12）和風ハンバーグセット …………………………………………………110
　　（13）鶏肉のピリ辛揚げセット ………………………………………………111

（14）若鶏のトマトソースセット ……………………………………………111
　　　（15）鶏肉のすき焼き風セット …………………………………………111
　　　（16）鶏肉の赤ワイン煮セット ……………………………………………112
　　　（17）オムレツセット ………………………………………………………112
　　　（18）豆腐グラタンセット …………………………………………………112
　　　（19）ハーブポークセット …………………………………………………113
　　　（20）生揚げと豚キムチ炒めセット ………………………………………113
　　　（21）ロールキャベツセット ………………………………………………113
　　　（22）青椒肉絲セット ………………………………………………………114
　　　（23）肉じゃがセット ………………………………………………………114
　　　（24）里芋といかの ……………………………………………………114
　　　（25）ピーナッツ入り酢豚セット …………………………………………114
　　　（26）八宝菜セット …………………………………………………………115
　　　（27）麻婆茄子セット ………………………………………………………115
　　　（28）ハッシュドポークセット ……………………………………………115
　　　（29）ヨーグルト入りカレーセット ………………………………………116
　　　（30）筑前煮セット …………………………………………………………116

## Ⅲ-2　介護用食品の開発　「キユーピーやさしい献立」の開発と商品設計 ………117

　1　高齢者の食の阻害要因 ……………………………………………………117
　2　介護用食品の商品設計 ……………………………………………………118
　3　高齢者の摂食障害 …………………………………………………………119
　　3-1　摂　食　障　害 ………………………………………………………119
　　3-2　咀　嚼　障　害 ………………………………………………………119
　　3-3　嚥　下　障　害 ………………………………………………………120
　4　介護用食品に求められる形状，物性 ……………………………………121
　5　介護用食品に求められる栄養機能 ………………………………………122
　6　介護用食品の種類と特徴 …………………………………………………123
　7　摂食機能レベルに応じた介護用食品の区分 ……………………………126
　8　介護用食品に携わる食品企業の役割 ……………………………………127

## Ⅲ-3 糖尿病食の現状と開発 ……………………………………………………129

 1 糖尿病とは ……………………………………………………………………129
 2 糖尿病の食事療法 ……………………………………………………………130
 3 市販糖尿病食 …………………………………………………………………131
 4 ニチレイの糖尿病食への取り組み経緯 ……………………………………132
 5 ニチレイにおける糖尿病食の設計 …………………………………………134
 6 糖尿病食生産上の問題点 ……………………………………………………135
 7 糖尿病食販売上の問題点 ……………………………………………………135
 8 糖尿病食の今後の展開 ………………………………………………………136

## Ⅲ-4 医療・介護食（経口・経管栄養剤，流動食）の現状と開発 ……………138

 1 医療・介護食とは ……………………………………………………………138
 2 流動食の歴史 …………………………………………………………………139
 3 流動食の市場動向 ……………………………………………………………140
 4 流動食の種類・区分 …………………………………………………………141
 5 流動食の製品設計 ……………………………………………………………142
  5-1 タンパク質 ……………………………………………………………142
  5-2 脂　　質 ……………………………………………………………142
  5-3 糖　　質 ……………………………………………………………143
  5-4 ビタミン，ミネラル …………………………………………………143
  5-5 食 物 繊 維 ……………………………………………………………143
 6 流動食に求められる品質と製造法 …………………………………………144
 7 嚥 下 食 品 ……………………………………………………………………146
 8 栄養補助食（トロミ剤）………………………………………………………147
 9 包 装 形 態 ……………………………………………………………………148
 10 今後の流動食・介護食の展開 ………………………………………………149

## Ⅲ-5 高齢者向け食品の保存・包装タイプ ……………………………………152

 1 冷凍食品（調理食品）…………………………………………………………152
  1-1 包 装 材 料 ……………………………………………………………153

|  | 1-2 冷凍食品 | 153 |
| --- | --- | --- |

　　2　缶　　詰 ………………………………………………………155
　　3　レトルト食品 …………………………………………………158
　　　3-1　包装材料 …………………………………………………158
　　　3-2　レトルト食品 ……………………………………………161

## Ⅳ　高齢者向け食品に適した包装技術と新しい動き …………165

### Ⅳ-1　高齢者向け食品を支える包装技術 ………………………166

　1　高齢者向け食品に使われている包装技法と包装システム …166
　　1-1　食品の包装技法 ……………………………………………166
　　1-2　医療・高齢者向け食品の包装システム …………………167
　　　（1）ガラスびん詰め無菌充填包装システム ………………167
　　　（2）レトルト殺菌用製袋式自動充填包装機 ………………168
　　　（3）固・液食品用の深絞り型全自動真空包装機 …………169
　　　（4）米飯の無菌化包装機とその包装システム ……………169
　2　医療・高齢者向け食品の殺菌装置と包装容器 ………………170
　　2-1　食品の殺菌装置と無菌化技術 ……………………………170
　　2-2　高齢者が安心できるレトルト食品の包装容器 …………170
　　　（1）レトルトパウチ …………………………………………170
　　　（2）レトルト殺菌用容器 ……………………………………171
　3　医療・高齢者向け食品の包装とその技術 ……………………172
　　3-1　栄養と飲みやすさを重視した飲料の容器包装 …………172
　　3-2　医療・高齢者向け調理食品と米飯の包装 ………………173

### Ⅳ-2　医療・高齢者向け食品の包装材料と包装システム ……175

　1　包装の安全性と利便性 …………………………………………175
　2　医療・高齢者向け食品の包装容器 ……………………………175
　　2-1　ラミネートフィルムの有用性 ……………………………175
　　2-2　ソフトバッグ流動食の包装形態 …………………………176
　　2-3　ソフトバッグ流動食の包装フィルム構成 ………………176

2-4　流動食・栄養剤用ソフトバッグの開発事例 …………………………………177
　3　医療・高齢者向け食品の包装システム ……………………………………………178
　　3-1　レトルト包装システム …………………………………………………………178
　　3-2　アセプティック包装システム …………………………………………………179
　　　（1）　アセプティック包装技法の特徴 ……………………………………………179
　　　（2）　アセプティック包装に使用される包装材料 ………………………………179
　　　（3）　プレパウチ充填包装システム ………………………………………………180
　4　医療・高齢者向け食品の今後の課題 ………………………………………………180


## Ⅳ-3　宅配・高齢者向け食品の製造・包装システム …………………………182

　1　無菌包装米飯システム ………………………………………………………………182
　　1-1　シンワ機械と無菌包装米飯システム技術 ……………………………………182
　　1-2　無菌包装米飯技術の発展と応用 ………………………………………………183
　2　無添加ロングライフ弁当・惣菜製法 ………………………………………………183
　　2-1　容器内調理殺菌製法 ……………………………………………………………183
　　2-2　製造できる製品例 ………………………………………………………………183
　　2-3　新しい容器（回収容器）での製法と製品例 …………………………………184
　　2-4　なぜ無添加で美味しいものが出来るか ………………………………………185
　　2-5　なぜ無添加でロングライフか …………………………………………………188
　3　実際の製品およびその市場応用例 …………………………………………………190
　　3-1　集団・事業所給食 ………………………………………………………………190
　　3-2　弁当宅配給食 ……………………………………………………………………191
　　3-3　病院・介護給食 …………………………………………………………………191
　　3-4　その他の応用例 …………………………………………………………………191


## Ⅳ-4　新しい飽和蒸気調理システムによる高齢者向け食品の調理法 ……193

　1　新しい飽和蒸気調理システムとは …………………………………………………193
　2　システムの概要 ………………………………………………………………………194
　　2-1　構　　　造 ………………………………………………………………………194
　　2-2　機　　　能 ………………………………………………………………………195
　　2-3　セイフティ蒸気とは ……………………………………………………………196

         3　飽和蒸気煮よる加熱の特長 …………………………………………196
         4　運転プロセス …………………………………………………………197
         5　SCSを利用した調理実施例 …………………………………………198
            5-1　サバの煮物用運転プログラム例 ………………………………198
               （1）身が軟らかい通常のサバ煮レシピ …………………………198
               （2）骨まで食べられるサバ煮レシピ ……………………………199
            5-2　いも類の蒸し用運転プログラム例 ……………………………199
               （1）蒸しサツマイモのレシピ ……………………………………200
               （2）ポテトサラダ用ジャガイモ蒸しのレシピ …………………200
            5-3　調理食品用運転プログラム例 …………………………………201
               （1）茶碗蒸しのレシピ ……………………………………………201
         6　包装・保存，配送 ……………………………………………………201
               （1）包　装　形　態 ………………………………………………201
               （2）保存・配送 ……………………………………………………201

# V　高齢者向け食品製造・調理施設での衛生対策 …………………203

   序論　院外調理はどこまで進んでいるか ………………………………204
      1　院外調理とは …………………………………………………………204
      2　院外調理食の調理方法，運搬と保存 ………………………………205
         2-1　調　理　方　法 ……………………………………………………205
         2-2　運　搬　方　式 ……………………………………………………205
         2-3　食品の保存 …………………………………………………………205
      3　院外調理食品の包装 …………………………………………………206

   V-1　病院・高齢者向け食事の調理施設の衛生 …………………………207
      1　HACCPシステムにおける前提条件の重要性 ……………………207
      2　洗浄・殺菌の基本的考え方 …………………………………………208
         2-1　洗浄と殺菌の相互関連性 …………………………………………208
         2-2　洗浄作業の最適化と実際 …………………………………………209
         2-3　殺菌作業の現状と課題 ……………………………………………209

2-4　洗浄・殺菌システムの設計と標準化 ……………………………211
　3　ノロウイルス対策 …………………………………………………………211
　　3-1　ノロウイルス食中毒の背景 ……………………………………211
　　3-2　予 防 対 策 …………………………………………………………212
　　3-3　ノロウイルスの不活化に関する学術的情報 ……………………212
　4　ミキサーの洗浄・殺菌事例 …………………………………………………213
　　4-1　洗浄剤の使用方法の一例 ………………………………………213
　　4-2　洗浄・殺菌効果の確認 …………………………………………213
　5　洗浄・殺菌作業のシステム管理 ……………………………………………214

V-2　食品工場・調理施設へのそ族・昆虫侵入防止対策 ………………216
　1　安全な食品を提供するためのそ族・昆虫防除のあり方 …………………216
　2　そ族・昆虫の屋内への侵入と定着 …………………………………………217
　3　予防管理を基本としたそ族・昆虫防除の考え方 …………………………218
　　3-1　工場施設の防御力強化 ……………………………………………218
　　　（1）　バリア機能（物理的防御力） ………………………………218
　　　（2）　誘引源コントロール …………………………………………221
　　　（3）　発生源コントロール …………………………………………221
　　　（4）　サニタリーデザイン …………………………………………222
　　3-2　防御力の維持 ………………………………………………………222
　　3-3　そ族・昆虫の侵入，生息状況の監視（モニタリング） ………222
　　3-4　駆　　　除 …………………………………………………………223
　4　予防管理を基本としたそ族・昆虫防除の計画と運用 ……………………223

V-3　大量調理施設での食材と設備の微生物検査 ………………………225
　1　食材と設備の微生物汚染状況 ………………………………………………225
　　1-1　食材の微生物汚染状況 ……………………………………………225
　　1-2　調理施設と設備での微生物汚染状況 ……………………………227
　2　食材と設備の微生物検査 ……………………………………………………227
　　2-1　検査対象菌 …………………………………………………………227
　　　（1）　一般生菌数 ……………………………………………………227

```
       （2） 芽胞菌数 ……………………………………………228
       （3） 真 菌 数 ……………………………………………228
       （4） 大腸菌群数 ……………………………………………228
       （5） 食中毒起因菌 …………………………………………228
     2-2 食材と設備の微生物検査方法 ………………………………229
       （1） 食材の微生物検査方法 …………………………………229
       （2） 設備の付着微生物検査方法 ……………………………230
  3 食品微生物検査での簡易・迅速測定法 …………………………231
     3-1 微生物の簡易測定法 ……………………………………231
     3-2 微生物の迅速測定法 ……………………………………231
  4 ノロウイルスの検査法 ………………………………………232
     4-1 電子顕微鏡法 ……………………………………………233
     4-2 ELISA 法・IC 法 ………………………………………233
     4-3 RT-PCR 法 ……………………………………………233
     4-4 リアルタイム PCR 法 …………………………………233
  5 大量調理施設での微生物検査の実際 ……………………………233
     5-1 老人介護施設での環境付着菌検査 ……………………234
     5-2 老人介護施設での食品の細菌検査 ……………………235
```

# I 高齢者の生活と食事

# I-1 高齢者の生活における食事の重要性
## ─食は人生最大の楽しみ─

　古今東西,「生きる」ことと「食う」ことはほぼ同義に扱われてきた.食べることは人生最大の楽しみであり,また喜びでもある.どんなに年をとっても,どんなに介護が必要になっても,味覚は死ぬ直前まで残る感覚である.食べることは,高齢者にとって,最後に残された楽しみであるともいえる.食べる力も少しずつ衰えてくるけれど,食べることに対する欲望は最後まで衰えない.また,逆に,身体の衰えとともに,食べ物をつくる力も弱くなり,毎日粗末なものを食べて飢えを凌いでいて,それが習慣になってしまうことも多い.こうなると,体調を崩し,病気にもなりやすくなり,寿命を縮めることになる.

## 1　高齢社会の到来

　内閣府が2005年6月に発表した平成17年度版高齢社会白書によると,平成16年10月1日現在でのわが国の総人口は1億2,769万人,65歳以上の高齢者人口は,過去最高の2,488万人,総人口に占める割合は19.5%に達した.また,100歳以上の高齢者数は,全国で2万3,000人を超え,その85%は女性である.また,90歳以上の高齢者数は101万6,000人と初めて100万人を超えた.

　平成16年度厚生労働白書によれば,65歳の平均余命は,男性18年,女性23年である.この長い年月にどんな食生活を送るかは一生の大きな問題といえよう.

## 2　高齢者の特性

　高齢者の生活における食事の重要性を考えるには,まず高齢者というものの実態を正しく理解することが重要である.介護保険制度が施行されて以来,介護問題ばかりが話題に上るようになったが,完全に自立している健常な高齢者が介護を必要とするようになるまでには,いろいろなステージを通過することを知らなければならない.

　今回の介護保険制度の改定により,介護保険の使える人は,要介護者と要支援者に分けられ,要支援者には新予防給付のみが提供され,これまでの介護サービスは使えないとい

う複雑なシステムになった．また，介護保険が使えない人（非該当者）も，スクリーニングにより，本当の健常者と要支援者になるリスクの高い人とに分けられ，リスク者には各自治体の地域支援事業の中で，各種のプログラムが提供されることとなった．

個人差があるが，年をとると身体上，精神上いろいろ支障が出てくる．すなわち，

a. 目と歯の機能，嚥下機能の衰え
b. 手や足の機能の衰え，反応の敏速性と正確度の衰え
c. 心臓や胃腸の慢性疾患
d. 引きこもり，うつ病などの精神疾患
e. 感覚機能，認知機能の衰え
 ・耳，鼻，舌の機能低下  ・記憶力・学習力の衰え，問題解決能力の低下

はじめは自活できる元気な高齢者でも，少しずつ衰えが出てきて，一人では買い物に行けない，料理を作れない，服薬管理とか金銭管理ができない，また一人ではアルコール依存になる，また一人では精神的に不安定になるなど，さまざまなことが起きてくる．このような場合でも，家族が一緒ならば，その見守りの下で，何とか生活できるわけである．このレベルでは，「介護」が必要なレベルとは言わず，要介護認定を受けても非該当者になることが多い．やがて時とともに，衰えが進行し，遂には食事，排泄，入浴，移動などのいわゆる日常生活動作（ADL）に支障が出てきて「介護」が必要になり，ここではじめて介護保険の利用が可能となる．

平成17年4月末の統計によれば，介護保険サービスを使っている人は，313万人（12.4％）にすぎない．8人に7人は，介護保険の世話にならずに生活している．この高齢者を見てみると，非常に元気なレベルから，家族の世話のもとで何とか生活しているレベルまで，非常に広い幅の人がいることがわかる．それぞれのレベルに食の問題はあるが，高齢者の食事としてどうにかして満たしていきたい幾つかのポイントがある．

## 3 高齢者の生活における食事の要件

まず第一の要件は，おいしい食事である．平成16年6月10日現在の国民生活基礎調査によると，65歳以上の者のいる世帯は，1,786万4,000世帯（全世帯の38.6％）であった．この世帯構造を見ると，夫婦のみの世帯が29.4％，単独世帯が20.9％で，両者で約半分を占めることがわかる．これらの人々はどのような食生活を送っているのだろうか．容易に想像されることは，手の込んだおいしい料理の割合は非常に少ないことである．高齢の夫婦の生活や独居生活では，手抜き料理になりやすい．施設または業者が作ったおいしい食事を食事時に居宅に届けるいわゆる配食サービスを利用している人も少なくない．

第二の要件は，栄養に富んだ食事である．著者の勤める事業所では，介護保険サービスの対象にならない人のための「自立支援ショートステイ」という事業を行っているが，自宅に戻るときに，「栄養を考えたバラエティーに富んだ食事が毎食出るので，ここで1週間生活すると驚くほど元気になって家に帰れる」と口をそろえて言う．ところが，後述するように，在宅の高齢者においては，低栄養の問題がクローズアップされている．

第三の要件は，楽しい食事である．栄養補給ということばかりが強調され，ややもすると軽視されやすい．一人暮らしや夫婦のみの世帯では，楽しい食事といっても限界があろうが，いろいろな機会をうまく利用して，楽しい食事にすることを心がけたい．施設の食事にしても，職員は利用者が楽しむための工夫を常にしているし，最近では居酒屋を施設内に開いて，一杯やってから食事をとるような試みも行われている．

第四の要件は，食べやすい食事である．特に，介護が必要な人にとっては，主食副食がどういう形態で提供されるかはきわめて重要である．咀嚼力の衰えにより，キザミ食やペースト食を余儀なくされる人もいるが，介助者の説明がないと，おかずの元の姿がわからず，自分が何を食べているか分からないまま食べることも少なくない．

第五の要件は，衛生的な食事である．改めて説く問題ではないが，今後介護予防が重要視され，高齢者自身がいろいろ役割をもって食事作りに関わる場合，新たな問題が出てくる可能性がある．どこまで職員が関わるかにもよるが，高齢者でも衛生管理のしやすい調理プロセスの開発も今後のテーマとなるのではないか．

第六の要件は，選べる食事である．食材の好き嫌いがある上に，味の好みも人さまざまである．高齢者施設では，入居者の好みに合わせるのにたいへん苦労している．

## 4　施設での食事と在宅での食事

高齢者の生活の場は，施設（いわゆる老人ホーム）と在宅とに大別されるが，両者を比較すると様々な点で大きく異なる．施設には管理栄養士やベテランの調理師がいて，楽しくおいしい食事の提供に毎日真剣に取り組んでいる．ところが，一般の高齢者世帯，とりわけ一人暮らしの世帯では，大きく事情が異なり，楽しくおいしく健康的な食事からはほど遠い現実がある．以下の各章において，施設と在宅のそれぞれにおける高齢者の食生活の実態と，そこにどのようなニーズが存在するかを，現場での長年にわたる実践をもとに，述べてみたい．20年から30年という長期にわたる老後生活において，自分の口でおいしい食事を楽しく食べられるということは非常に価値のあることであり，それが1日でも長く続くよう関係者は最善の努力をするべきであろう．

（相羽孝昭）

# I-2　高齢者施設での食生活

## 1　高齢者施設におけるサービスの種類と特徴

高齢者施設におけるサービスは「入所型施設サービス」と「在宅サービス」の大きく2つに分けられ，それぞれの施設でサービスの内容，対象者，かかる費用などが異なる．

### 1-1　入所型高齢者施設
表2-1に入居型高齢者施設の名称と特徴・対象を示した．

表2-1　入居型高齢者施設の名称と特徴・対象

| 施設名称 | 特徴・対象 |
| --- | --- |
| 有料老人ホーム | 民間営利企業による経営が多い．施設との契約．一般的には入居金と月別費用があり，ともに高額．介護保険が使える施設もあり，低価格化傾向にある．様々な種類があり，対象も自炊可能な者から寝たきりに近い人まで幅広い． |
| 軽費老人ホーム（C型はケアハウスという） | 60歳以上の自分のことは自分でできる高齢者が対象．無料または低額な料金で入れる一種のケア付き住宅だが，ケアスタッフは薄い．施設との契約．A型，B型，C型があり，食事は給食または自炊． |
| 養護老人ホーム | 現在残っている唯一の措置施設．65歳以上で経済的に問題があり，かつ家族や住宅に恵まれない人で，基本的には養護スタッフの手厚い見守りがあれば生活できる方（基本的には要介護認定で非該当の人）が対象．食事は提供． |
| 介護老人福祉施設（特別養護老人ホーム） | 介護保険制度下の施設．要介護度1以上の65歳以上の方で，在宅介護が困難な方が対象．ただし，待機者が多く，施設サービスの必要性の高い人から入居させなければならないので，要介護度の高い人が増えている．民間企業は設置することができない． |
| グループホーム（痴呆性高齢者グループホーム） | 介護保険制度下の施設．要介護の認知症高齢者5〜9人が家庭的な雰囲気の下で共同で生活を行う住まい．日常的生活援助をするケアスタッフの数は少なく，基本的には食事は自分たちでつくる． |
| 介護老人保健施設 | 介護保険制度下の施設．元来，病状が安定期にある要介護者を，一定期間（通常3か月）入所させ，機能訓練を行い，在宅復帰させるための施設だが，現在は特別養護老人ホーム待機の目的が多い．在宅生活に不安や問題がある要介護認定された方が対象． |

## 1-2 高齢者施設における在宅サービス

表2-2に高齢者施設在宅サービスの事業名称と特徴・対象を示した．

## 2 高齢者施設における食事の提供と環境作り

### 2-1 高齢者施設での献立の工夫

施設生活の中で一番の楽しみに「食事」を挙げる高齢者が多い．外出の機会や社会との関わりが少なくなる中で，高齢者の楽しみである食事の演出や工夫によって，日常を豊かにする一端を担おうと施設ごとに様々な取り組みが行われている．中には通常の食費以外に個人負担が必要なものもあるが，それも含めて選択肢が多いほど利用者の多様なニーズに応えられる可能性が高いといえる．

#### (1) 日常の食事

日常食の中では，「家庭的な料理」，「季節感豊かな食事」，「食べ慣れ親しんだ食材」，「和洋中など調理法の組み合わせ」を考慮した上で，『栄養のバランス』を整えた食事作りが重要となる．治療を目的とした病院食と異なり，生活の場である施設では"おいしい"と感じてなるべく食べ残しの少ない食事を提供したい．一概にだれもが"おいしい"と思

**表2-2 高齢者施設在宅サービスの事業名称と特徴・対象**

| 事業名称 | 特徴・対象 |
|---|---|
| 短期入所生活介護（ショートステイ） | 在宅の高齢者が，介護老人福祉施設に短期間（最大30日）入所して，必要な介護を受ける．要支援・要介護と認定された方が対象． |
| 短期入所療養介護（ショートステイ） | 病状が安定期にある高齢者が，老人保健施設または療養型医療施設に短期間入所して，医学的管理下で介護，機能訓練などを受ける．要支援・要介護と認定された方が対象． |
| 老人デイサービス | 在宅の高齢者が，日中施設に滞在し，入浴，食事，リハビリ，レクリエーションなどのサービスを受ける．要支援・要介護と認定された方が対象． |
| 訪問看護サービス | 看護師が通院困難な在宅の寝たきり高齢者を訪問し看護サービスを行う．老人医療受給者で在宅で寝たきりの状態または認知症等これに準ずる状態にあり，かかりつけ医師が訪問介護の必要を認めた方が対象． |
| 訪問食事サービス | 買い物や食事つくりに支障をきたしている地域の高齢者に，施設の厨房でつくった温かい食事を提供するサービスで，自治体の福祉サービスとして行われている． |
| 在宅介護支援センター | 介護者の介護相談，福祉機器の選定・展示，福祉サービスの調整機関．だれでも高齢者のお世話に関する心配事や悩み事の相談ができる窓口． |

写真 2-1　日　常　食

う食事作りこそ，食事を提供する側の最も難しいテーマである．そのためには，いかに個人の食事に関する情報を収集し，個別対応のサービスを充実させることができるかということも，入所者の満足度を左右する大きな要因となる．

### (2) 行事や季節を感じる食事

現在の高齢者は，日本的な様々な行事を食生活でより豊かに継承してきた世代ではないだろうか．高齢者施設ではいわゆる『ハレの日』の食事作りを非常に大切にしている．食事の演出で，少しでも季節感や1年の暦の流れを身近に感じて欲しいと思っている．それぞれの施設では，「旬の食材の先取り」，「郷土料理の提供」，「日常食では出ない特別な食材の使用」，「行事に関わる食材の使用」などを考慮し提供している．その他行事にちなんだ演出として「特別な食器や箸置きなどの活用」，「カードやお品書きの作成」，「食堂全体やテーブルの飾りの演出」，「BGMの演出」，「職員の行事にちなんだ仮装」など様々な工夫がされ，生活全体のメリハリになっている．

写真 2-2　行　事　食

《寿司パーティー》　　　　　《お料理クラブ》　　　　　《流しそうめん》

**写真 2-3　楽しさの演出**

#### （3）楽しさを演出する食事

　楽しい食事の要素は多様であり，施設の中の取り組みも様々である．

① バイキングや選択食など与えられる定食ではなく自分で選べる食事（事前に選ぶのではなく，その日その時食べたいものを選べることが望ましい）

② 食堂以外での食事（花見や公園に出かけて昼食弁当をとる，季節を感じながら庭でのお弁当や流しそうめん，ショッピングも兼ねた外食）

③ 自分たちで育てたり収穫したものを使った食事（庭やプランターで作った菜園で育てた季節の野菜やハーブの活用）

④ 外食の雰囲気が楽しめる食事（出前を活用する，外注でシェフや板前を呼ぶ，テーブルセッティングされた個室の用意，喫茶店風・居酒屋風の演出）

⑤ 自分も調理に参加できる食事（フロア用ミニキッチン設置で一品つくる，手作りおやつを皆でつくる）

⑥ 家族や面会者と食べる食事（外食や出前の活用，食事場所のセッティング）

### 2-2　高齢者の食事の個別対応

　施設での個別対応の食事には大きく分けて，① 食習慣考慮食，② 食事摂取や身体の機能対応食，③ 病態・治療対応食の3点が考えられる．

#### （1）食習慣を考慮した食事

　その方の今までの食習慣の背景の考慮なしには安定した食事摂取量は望めない．基本的な食事サービス内での個別対応の大枠は決まっていても，紋切り型の対応では，生活感のある食事らしい食事，喜んで食べていただけて残量の少ない食事には結びつかない．例えば全くの「魚嫌い」「肉嫌い」という方は実は少なく，本当に食事の中に全く肉が出ない魚が出ないというほうが異様な食事だろう．「魚嫌い」ではなく「サバ・サンマ・イワシ嫌い」や「刺身・サケ以外の魚嫌い」だったり，「肉嫌い」ではなく「鶏肉嫌い」や「コ

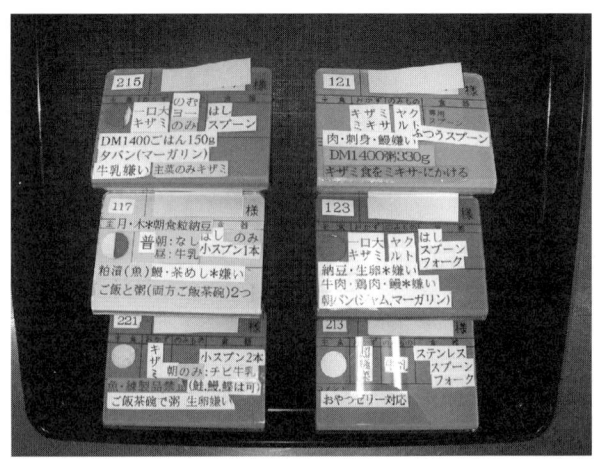

**写真 2-4 複雑な食札例**

ロッケ・ハンバーグなどミンチ料理以外の肉嫌い」だったりするものである．これらを考慮して対応していくと，机上で栄養士がたてた献立どおりに何の変更も個別対応もない食事を出されて食べている方は，施設ではほんの数パーセントにすぎない．また，毎食おにぎりやパンやうどんを希望される方などもいる．個人の生まれ育った地域や環境，食生活を考慮した対応の種類や内容をあげると，ほとんど全ての利用者に個別に対応しているようなことになってしまう．しかし，その対応こそが食事の絶対量の少ない高齢者の健康維持を支えていると感じる．

### (2) 食事摂取能力に対応した食事

食事はいくら見た目が良くても，その方の咀嚼や嚥下機能に合ったものでなければ，食べてはいただけない．施設では食事摂取の機能に対応できるように，主食や副食の形態を各数種類用意している．食事形態の名称の統一はされていないが，主食であれば「ご飯」，「粥」，副食であれば「普通菜」，「軟菜（ソフト食・キザミ食など）」「ミキサー・ペースト」などがある．在宅や施設では大病院のように嚥下造影検査（嚥下機能をX線で透視して確認する）ができる環境ではない．私たちにできることは，「食事中の状況（むせ，痰，咳や食事・水分摂取量の減少など）を観察する⇒必要なときには形態の変更の試行をする⇒変更の前後の状況を比較する⇒評価決定をする」のアセスメントを繰り返し，試行錯誤しながら食事形態を決めることである．決定後も，誤嚥性肺炎が疑われるような頻回な発熱などがないかどうかの確認も欠かせない．

そのほかにも身体の機能に応じた自助具の活用によって，食事の自立維持を支える必要がある．愛全園でも箸，スプーン，フォーク，食器など，どの自助具がどのような機能の方に適しているか，介護課と連携し現在持っている自助具の一覧表と写真表を作成している．これを各部署に配布し必要なときにはいつでも積極的に試してもらう仕組みを作っ

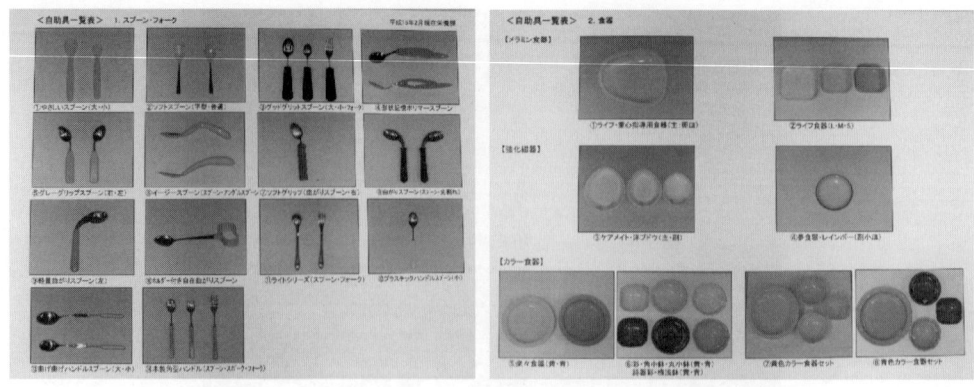

写真 2-5 自 助 具

た．

(3) 病態や治療に対応する食事

　高齢になるとほとんどの方が何かしらの病気と付き合いながら暮らしている．施設・在宅にかかわらず，現在の状況を急激に悪化させないためにも糖尿病，高脂血症，心不全，腎不全，貧血，潰瘍など医師の指示による治療食が必要になってくる．施設での病態治療食対応の際に欠かせないのは，① 施設の病態治療食対応への方針の決定，② 取り組みに対する各職種の職員全体の周知と理解と意思統一，③ 本人・家族への説明と理解，④ 経過と結果の共有，である．職員の中途半端な対応は，なにより本人・家族を非常に混乱させ，不信感につながりかねない．高齢者の生活の場である施設では，治療食といっても「嗜好を考慮し，残菜が少なく，食べてもらえる治療食」という考え方が優先となる．つまり個別対応の治療食ということがいえる．また，使用している調味料を工夫し食材を使い分けることによって，となりの席で一般食を食べている方と，見た目はあまり変わらない治療食に仕上げる工夫も必要である．さらにアレルギーや服薬関連による禁止食品の把握と管理も重要である．またターミナル時には，本人が希望し食べられるものであれば，なんでも食べていただくアシスト的な食事も必要となる．

(4) 低栄養状態の予防・改善

　平成17年10月からの介護保険の見直しにより，食事栄養部門については大幅な内容変更が示された．その1つが栄養ケア・マネジメントによる高齢者の低栄養状態の予防・改善である．医療機関に関する厚生労働省のデータによると，入院高齢者の4割に低栄養状態が存在することが示された．給食管理・栄養管理がされていると思われていた病院でのこの数値に，栄養ケア・マネジメントの再構築の重要性をだれもが感じたはずである．また，要介護度が重度になるほど低栄養状態の出現頻度は高くなっており，「口から食べる栄養改善」の重要性がうたわれる中，すでに一度の食事量が少量しか摂れない，誤嚥の危

表 2-3 プレ鼻腔食
(経管栄養になる一歩手前の食事)

- エネルギー：1,200kcal，タンパク質：45g
- 少量・高栄養・口当たりの滑らかなもの
- 消化しやすい食品の選択→熟煮→ミキシング→裏ごし→練り上げ
- 温食・冷食の組み合わせ
- バランスを考慮した食器の選択
- 3時のおやつを含めた4回食
- 10日間のサイクルメニュー

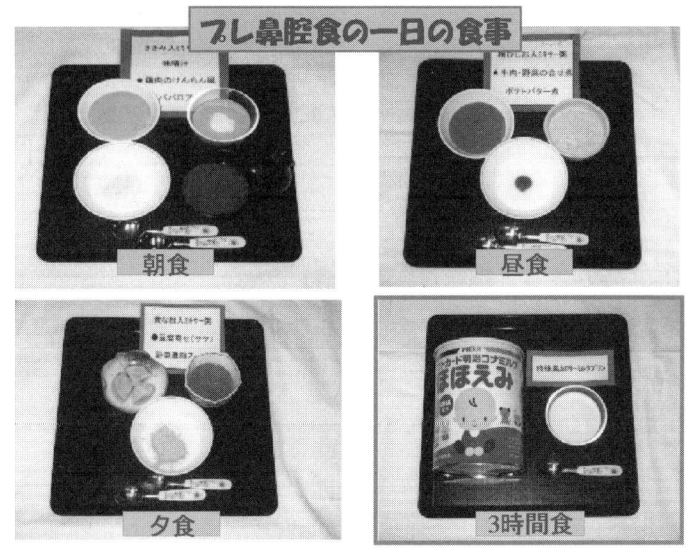

写真 2-6 プレ鼻腔食

険性がある，食事に時間がかかるなど，ぎりぎり経管栄養になる一歩手前の重度化した摂食・嚥下困難に対応する食事も十分検討されなければならない．その食事管理のために，現場では栄養強化食品などの市販食品も多く活用されている．

少量で高栄養に調整した食事例を表2-3，写真2-6に示した．

## 2-3　栄養強化・調整・補助食品と冷凍・チルド食品の活用

給食部門の中で市販食品を使用する目的には「治療食の栄養素と機能対応食の食べやすさの確保」および「調理業務の合理化と安定した材料費の確保」がある．

### (1) 食事・栄養管理

食事・栄養管理に使用される食品は多種にわたっている．今では個人購入の注文システムも簡便となり，病院や施設で使っているものが，在宅でもそのまま買って使えるイメージが徐々に広がりつつある．今後，高齢者施設においては摂食・嚥下障害に対応するため

**写真 2-7** 使用する栄養強化・補助食品

の増粘剤や，嚥下障害があっても形のあるものを安全に食べられる食品のニーズは高まる傾向にある．

【施設で使用されている治療食と機能対応食の例】

　濃厚流動食，栄養強化食品（タンパク質，鉄，カルシウム，食物繊維，ビタミン，亜鉛他），調整食品（エネルギー，塩分，タンパク質，リン・カリウム，油脂他），検査食，アレルギー食品，咀嚼・嚥下補助食品，やわらか食，水分補給食品，ベビーフード，調整調味料

### (2) 調理業務とコスト管理

　調理業務の効率化と安定したコスト管理を目的に使用されるものには，冷凍食品，チルド食品などがある．冷凍食品については，素材活用（冷凍野菜，魚の切り身，練り製品）が主流で，調理食品（カツ，コロッケ，フライ，ハンバーグ，酢豚，オムレツなど）は補助的に使用されている．冷凍・レトルトなどの調理食品の使用頻度が高いのは，やはり一番人員の少ない朝食がトップである．また魚の切り身については，○○g指示の対応や骨無し魚の種類が多くなり，高齢者施設での使用頻度も増えてきている．

【施設で使用されている冷凍食品・チルド食品の例】

　冷凍食品：野菜（ホウレンソウ，インゲン，絹さや，ブロッコリー，カリフラワー，サトイモ，グリーンアスパラ，カボチャ，グリンピース，コーンなど），魚介類，練り製品，調理食品（ギョーザ，シュウマイ，コロッケ，フライ，カツ，卵製品，ハンバーグ，ロールキャベツ），デザート（ゼリー，プリン，ムース，クレープ，ケーキ，和菓子）

　チルド食品：サラダ類（ポテト，マカロニ，パンプキン，ゴボウ，中華），惣菜（佃煮，漬物，煮物，和え物，炒め物）

### (3) 問 題 点

　栄養強化・調整・補助食品は，品質改良や新製品開発も進む食品である．その反対に消

えていく食品も多く対応にあわてることもある．また，メーカーは異なるが内容が似ている食品も数多い．新規導入にあたってはメーカーの説明をしっかり受け，内容・味・コストを比較検討するとともに，他職種の意見や，他施設の情報を収集することが重要である．冷凍食品については冷凍のまま使用する物，解凍して使用する物，その解凍方法をしっかり把握しておくことが重要である．特に魚類の解凍調理方法を間違えると出来上がりに大きな差が出るため，しっかりしたマニュアルが必要となる．調理食品については全体的に味が濃い傾向がある．再度味を調整して使用するものもあり，薄味に仕上げていた方が調整しやすい．また冷凍食品の異物混入も多く，仕込み・調理の時点で発見する場合も少なくない．そうなると再度の点検や作り直しなどの対処に追われることもある．

## 2-4　食事状況の実際
### (1)　食事の風景
　高齢者の食事場面は様々である．同胞互助会でもいろいろな食事風景を見ることができる．養護老人ホーム偕生園では，利用者がカフェテリア方式で食事を揃え自由席で食べている．特別養護老人ホーム愛全園では，1階は全介助で重度認知症の利用者が多く，口から安全に食べていただくための介助者と利用者の真剣勝負のような食事である．2階は，食事ではある程度自立していても，声かけをしないと食事が進まない方や食事に集中できない方も多く，本人に任せっぱなしにすると，かえって食べ残しが多くなりがちである．デイサービスセンターでは，丸テーブルを囲んで談笑しながらの食事と，職員がマンツーマンで食事介助する食事と両極端である．特別養護老人ホームでは楽しくゆったりとした食事をしていただきたくても，食事介助を必要とする人数が増加するにつれ，限られた職員配置や食事時間との戦いで，残念ながら余裕のない食事状況におかれがちである．

### (2)　食事の環境
　特別養護老人ホームにおいて，特に要介護度の高い利用者のための食堂をみると，「こ

《特別養護老人ホームの食堂》

《養護老人ホームのカフェテリアコーナー》

《デイサービスセンターの食堂》

写真 2-8　食事の環境

れが食堂？」と感じる人も多いと思う．愛全園の1階の食堂も例外ではなく，椅子もなく不思議な配置で，高さも様々に並べられたテーブルがある．食事が始まる時間が近づくと，各部屋から次々に車椅子に乗った利用者が職員に定位置に連れられてくる．食事が配膳された後，今度は職員がローラー付きの丸椅子に座り，利用者の食事介助に椅子を滑らせ渡り歩いている現状である．また静かに流れる BGM より職員の声のほうが響いているときもある．

## 2-5　施設でのスタッフ連携と利用者との関わり
### （1）　高齢者の食欲不振の要因と対応

　高齢者の食欲不振の原因は数多くある．食欲が低下した時に，栄養士や調理師は食事中心の視点に偏って考えがちである．数多くの食事形態を用意している，栄養管理された食事の提供をしている，抜群の腕を持った調理師がいる，バラエティーに富んだメニューがある，盛り付けに細かい工夫をしている，食器も数多く揃えている，季節感あふれる食事を出している等，これはあくまでも食事中心の視点である．なかなか解決の糸口が見つからず，他部署との関わりの中で，食欲不振の原因がわかり，そこを調整することによって解決していくことも多い．喜ばれる食事につなげるためには，対象である人の全体（全身状態，生活・介護状況，取り巻く環境など）を見ることがどうしても必要であると思い知らされる．

　食事に固執して思い悩む前に，全体の大きな視点で何が原因かをしっかり見極めるための連携が必要である．その原因に合わせた的確な対応をいかにできるかが，提供する側の自己満足ではない本当に高齢者に喜ばれる食事サービスにつながると思っている．

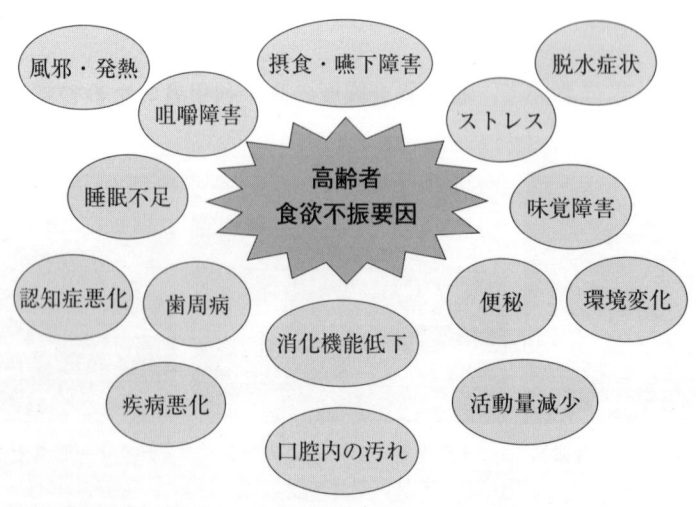

図 2-1　高齢者の食欲不振の要因

### (2) 食事記録表によるチームケア

　高齢者は，「まずい」「味が薄くて食べられない」と訴えながらも全量摂取される方，「おいしい」「食事で困っていることは何もない」と言いながら，実際の食事量をみると半量程度しか食事をされていない方，また認知症の進行によってコミュニケーションがとりにくい方など千差万別である．高齢者の声にならない（できない）声を聞き，満足する食事づくりをするためには，実際に毎日食事介助をしているケアワーカーとの連携と毎食の食事記録は，実質的かつ客観的な評価につながる．また記録と献立表を照らし合わせると，だいたいのその方の嗜好傾向も把握できる．そして記録は脱水，低栄養の予防においても重要な意味を持つ．記録がないまま「なんだか食事量が低下しているみたい」「半分位しか食べてないみたい」「いつも食べる量より少ないみたい」では報告を受けてもあいまいで，危険の早期発見と早期対応にはつながらない．毎食の食事記録表は誰でもが書ける簡単なものが便利である．愛全園で使用している食事記録表も非常に単純である．その食事記録表に合わせて，施設の献立表から簡易水分換算表と簡易栄養換算表を作成し，医務課はおおよその水分量を，栄養課はおおよその栄養量を簡単に計算できる仕組みになっている．さらに記録をつけるということで，職員の食事・水分に対する問題意識，連携への意識が高まってくる．また医師の指示によって提供する治療食と異なり，食事形態の変

表 2-4　食事・水分記録表

| 月日 | | 朝食 | | 水分 | 昼食 | | 水分 | 夕食 | | 水分 | 水分 |
|---|---|---|---|---|---|---|---|---|---|---|---|
| | | メニュー | 以外 | 10時 | メニュー | 以外 | 3時 | メニュー | 以外 | 夜間 | 総量 |
| 2/1 | 主 | ○ | 150 | 65 | ○ | 150 | 200 | 1/2 | 100 | 100 | 765 |
| | 副 | ○ | | | 2/3 | | | ○ | | | |
| 2/2 | 主 | ○ | 150 | 150 | ○ | 150 | 200 | ○ | 150 | | 800 |
| | 副 | ○ | | | ○ | | | 3/4 | | | |
| 2/3 | 主 | ○ | 150 | 100 | ○ | 150 | 200 | ○ | 150 | | 750 |
| | 副 | ○ | | | 3/4 | | | ○ | | | |
| | 主 | | | | | | | | | | |
| | 副 | | | | | | | | | | |
| | 主 | | | | | | | | | | |
| | 副 | | | | | | | | | | |
| | 主 | | | | | | | | | | |
| | 副 | | | | | | | | | | |
| | 主 | | | | | | | | | | |
| | 副 | | | | | | | | | | |

更は他職種との連携によるところが大きい．そのためにも食事記録にかかわらず，記録に残して根拠と説得力のある仕事が必要である．

　取り組みに対する評価方法として，① 食事記録表より食事摂取量が取り組みの前後を比較し向上した（安定した）かどうかを評価する，② 体重記録表より毎月の体重の変動を把握する，③ 血液検査結果より治療食対応の評価（改善状況）と，総体的な指標として血清アルブミン値の推移を把握する，などを用いている．その結果が食事だけに影響されるものでもなく，評価方法も決して数値だけに限定できないが，客観的なデータに裏づけされた評価は，各課の連携時にも非常にわかりやすく説得力をもつ．また，自分たちの仕事に対する評価と軌道修正の指標にもなる．食事記録表，体重表，血液検査結果は食事に対する一種の成績表であると思っている．

(3)　調理スタッフの見回りの役割

　施設では厨房と食堂がカウンター越しにつながっているところばかりではない．食事を作っている厨房と高齢者の食堂が離れていることころも多くある．厨房で一生懸命食事を作っているつもりでも，ともすれば栄養課の自己満足になりがちで，食堂での利用者の状況と温度差が生じてしまったりすることもある．いくら細かい個別対応の食札指示どおりに食事を出しても，その後のフォローや配慮不足を感じるときがある．高齢者の顔が見えない厨房内でできる個別対応には限界があるのではないか．厨房の職員も食事を出した時点で安心し，利用者に対する意識が薄れてしまう危険もある．愛全園では食事現場での対応の必要性を感じ，栄養士だけではなく，その日の調理責任者が「見回りサービスバッグ」を持って食事の見回りをはじめた．バッグの中には，食事形態対応のための"ミニまな板，ペティーナイフ，キッチンバサミ"，また食欲のない方のためののり佃煮，梅干し，たい味噌などを入れている．高齢者の食事の満足度や摂取状況は，その日の体調，献立内容，食品の食べやすさなども影響してくる．その状況が直接見える場面での，気持ちの通じたサービスの大切さを実際に調理する職員も感じている．きれいに盛り付けられた普通の形態の食事を見せてから，機能に合わせた食事形態に刻んだりミキサーにかけたりできれば理想的だが，それは現状では無理がある．そこで厨房と食堂の2つの場面で，その日その時その場所で必要としている方に，少しでも喜んで食べていただける工夫をした．実施してみると，高齢者は調理職員から受けるサービスとともに，思った以上にふれあいやコミュニケーションを楽しんでいる様子がうかがえた．それは調理職員の充実感や向上心にもつながっていった．ただし，ただの漠然とした見回りではなく，基本は「朝礼時にその日の献立内容の注意点や意識して見回る目的を確認する⇒担当者が見回りをする⇒見回り結果をノートに記録し報告する⇒調理方法や献立，利用者の食事形態の見直しにつなげる」という流れで行うものである．今後はコミュニケーションからさらにプロとしての見

表 2-5 食事形態変更の流れと評価

- 食事介護職員の気づき
　（むせ，摂取量，時間，集中力，意欲，食べこぼし，飲み込み，表情，口腔内残渣など）
- 医務課・栄養課への連絡と相談
- 病態確認・食事摂取状況確認
- 食事形態変更試行（1週間目安）
- 本人・家族（相談員）への説明
- 変更前後の摂取量・状況確認
　（必要に応じてOT・PT評価依頼）
- 変更決定
- 評価確認（介護・医務・栄養）

回りにステップアップしていきたいと考えている．

### (4) 利用者との関わりと栄養相談・栄養教室

施設では利用者と関わり食事や栄養についての話をする機会がいくつかある．いろいろなメディアによる情報が氾濫する中で，信頼性の高い情報を収集し，よりわかりやすく，具体的に利用者に伝えなくてはならない．高齢者向けにそのまま使用できる情報伝達媒体が少なく，作り直しに時間を費やされる．

① 食事に関する意見交換

集団や小グループ単位での食事に関する意見交換の場を設けている．ここでは毎日の食事に対する利用者の意見を吸い上げ，説明不足の部分は補い理解していただくように努める．また氾濫する情報を整理して伝えたり，トピックスの紹介や衛生面のお願い事の伝達を行い，行事食についての意見を収集し献立に反映させる．

② 配布・張り出しによる情報提供

張り出し用献立表や施設の広報紙にタイムリーな栄養情報や一口メモなど，端的でわかりやすい内容にまとめ掲載する．

③ 個別栄養相談

特に治療食のコントロールの悪い方を中心に，生活全般から食事状況の実態を把握しながら，本人が納得し一緒に取り組む気持ちになるよう動機づけていく．栄養士だけではなく，看護師や相談員やケアワーカーと連携しながら進めていく．

④ 集団栄養教室

対象は養護老人ホームで全利用者に向けて行う．指導の場という意味合いより，コミュニケーションを図り，信頼関係を築くということを重視している．施設の食事や栄養の内容を必ず組み入れ理解していただき，情報を共有し，タイムリーな話題や遊びを組み込

写真 2-9　養護老人ホーム栄養教室

み，テーマに沿った参加型の教室を心がける（短時間のビデオやパワーポイント（スライド）の活用，試食の実施，チェック表の実施，食べ物漢字クイズ，計量の実施など）．

## 3　高齢者施設における配食サービスの取り組み

　地域の中の施設の役割として，在宅生活をする高齢者の支援は非常に重要である．現在地域のお弁当屋さんや食事宅配業者，コンビニエンスストアやファミリーレストランでの配食サービスも数多く展開されている．まだ元気で食事も何でも食べられる方は，外食や出前も含めて大いに選んで活用できる．しかし，買い物や食事作りができない，食事摂取機能が低下している，治療食の食事管理ができないなど，毎日の食事に本当に困っている方はどうすればよいのだろうか．施設への入所申請をしてもなかなか順番が回ってこないまま，要介護度は高くなり，それでも在宅で生活している方がたくさんいるという事実を受け止め，全ての施設が配食サービスに取り組み，在宅高齢者の支援をする組織作りができることを望んでいる．日々配食サービスの「たかが1食されど1食」の重要性を実感している．同胞互助会で行っている配食サービスの例を以下に示す．

### 3-1　配食サービスの実際

　施設の高齢者への配食サービスの考え方としては，「食事が作れず，食事摂取の機能が低下し，普通の健常人の食事では対応が難しくなってきた方，治療食を実施するのが困難で食事管理が困難な方」を主な対象者と考えている．地域の主婦の方々がスタッフの中心になって事業を行っている．弁当箱は回収方式をとり，ご飯と汁物は保温食器を使用している．配送は衛生面を重要視し，当日調理したものを10時頃から盛り付け，11時に配送

車（7～8台）が一斉に出発し，12時までに1軒1軒利用者の安否確認をしながら回っている．

## 3-2 配食サービス利用者への食事のフォロー

特に治療食を利用されている方，飲み込み困難で困っている方については，配食サービスの管理栄養士や食のサポートセンターの管理栄養士が訪問し，本人・家族などの食事相談にのっている．

## 4 調理現場における食事作り

O157，ノロウイルス，鳥インフルエンザ，BSEなど様々な食中毒や感染症，さらには輸入食品の農薬残留量などの問題が大きく報道されている．特に体力も免疫力も低下している高齢者の食事を預かる立場として，情報収集と対応に追われる日々を過ごすことになる．さらに食事の中の異物混入やクレームに気の休まることがない．安全で衛生的な食事を提供することは必須の条件であるが，それが非常に難しい社会となっている．

### 4-1 衛 生 管 理

施設では，それぞれ独自にHACCPの考え方に基づく自主的衛生管理マニュアルを作成し実施している．①作業に入る前のチェック，②食材受入れのチェック，③食材・製品の保管管理チェック，④作業前のチェック，⑤作業中のチェック，⑥調理・加工のチェ

**ふれあい食事サービス**
- 営業
  月～土曜日（祝日含む）：昼食・夕食
- 食数
  昼食：平日120～130食、土祝日30～40食
  夕食：平日土祝日とも35～45食
- スタッフ構成
  事務局1、管理栄養士2、調理師1、調理補助員3、配送盛り付け協力員15

**食事形態＆治療食**
- 食事形態考慮
  一口大キザミ10～15名、キザミ5～10名
  超極菜1～3名、ミキサー1～2名
- 治療食考慮
  糖尿食20～25名、減塩食5～10名、
  腎臓透析食1～3名、潰瘍食1～2名

写真 2-10 配 食 弁 当

ック，⑦ 調理済み食品の提供チェック，⑧ 作業後のチェック，⑨ 衛生教育のチェック，⑩ その他，と細部にわたってチェックリストが作られている．中心温度計，種類別専用ストッカー，保存容器など使いやすい衛生関連グッズを選択し，効率良い業務の組立てが必要となる．また，慣れた頃の油断と甘えが事故につながる場合も多く，常時現場での衛生教育は必要である．

　異物混入防止対策としては，何度もチェックを重ねても防ぐことができない場合もある．さらにクレームが入れば，食事提供前・後の判断がつかなくても食事担当の責任となるケースが多い．厨房現場でここまで徹底した対策をしているということ，食堂での異物混入の可能性も大きい環境にあることを施設全体に認識してもらう必要もある．愛全園では今年度（2005年）より，頭全体を覆い調理着の中に入れるケープ付きの帽子（写真2-12参照）を導入した．また厨房内でのミスや事故が起こるたび，細かいチェック表が増えて

写真 2-11　保存食（原材料）　　写真 2-12　厨房調理スタイル

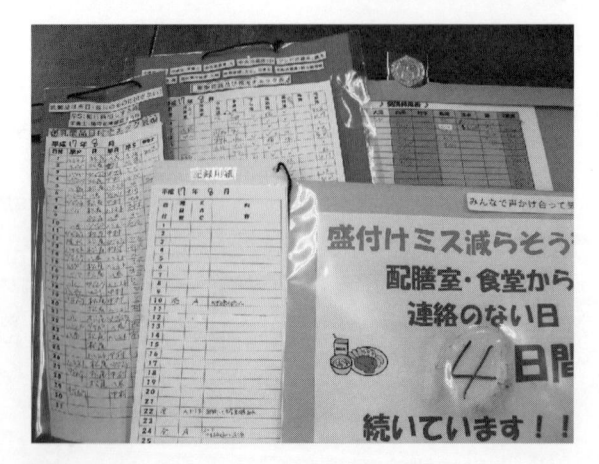

写真 2-13　増えていく衛生以外の現場のチェック表

いく傾向にある．

## 4-2 調理工程

　高齢者施設に限らず，どこでも食事の形態は数種類用意し対応している．その際「衛生面」と「演出面」において，食材の仕込みの時点からカッターやブレンダーを駆使し，食形態別に材料を分けて処理していく．次の調理の時点でもそれぞれ別調理となり，盛り付けへと進む．一般食の大量調理とは異なり，機能に応じた食事形態別の調理においては，細やかな調理過程と調理方法のマニュアルが必要となる．

## 4-3 厨房の設計と機器の活用度

　ここ数年の間に，施設の改築や建て替えが行われ，それに伴い新しい厨房を設計する施設も多い．設計を進めていく途中で，十分に保健所の確認を取り付け，アドバイスを受けるとともに，衛生面および作業動線を十分考慮した作業コーナーや器具備品の配置が重要である．また業者任せではなく，栄養士・調理師も参加し，施設独自の使いやすい厨房を作り上げなければならない．新しい業務の組立て・適正人員配置・作業の流れなどを検討しながら，効率化・標準化を図るためには，業務の見直しを繰り返し行う時間を要する．衛生区分がはっきりすることで，衛生管理の徹底は図られていくが，それと引き換えに確実に動線は長くなり，ある程度の分業制（主調理，治療食調理，炊飯，盛り付け，仕込み，洗浄など）をとらなければならなくなる．そうなると全体の流れを把握し指示をするということが難しくなり，担当業務のマニュアルを整備し個人の業務の精度を高めなければならない．もちろん事故やミスを起こさない環境づくりも重要である．衛生面と安全面を犠牲にしないで，効率化をいかに図るかがポイントと言えよう．

　最新式の厨房機器を導入しても，実際現場での活用度が十分であるとは決していえない．機器の持つ機能を有効利用するための業務改革を推進する実行力と能力も必要となる．一例を挙げると，多くの機能を持ち非常に効率的なスチームコンベクションオーブンではあるが，自分の施設に合った（食数・食種・食事形態など）使われ方ができているだろうか．愛全園でも活用不足を感じ，調理師が定期的に外部実習や講習会に参加し，献立に反映させている．この機器を活用してのクックチル，真空調理などへの取り組みも同様に十分な検討が必要である．

　図2-2に，厨房の設計の例を紹介する．この図の中における番号は，次の機器を示す．① ピーラー，② スライサー，③ 包丁まな板殺菌庫，④ パススルー冷蔵庫，⑤ 自動洗米機，⑥ スープケトル・炊飯器，⑦ 回転釜，⑧ フライヤー，⑨ スチームコンベクションオーブン・ブラストチラー，⑩ 乾熱保管庫，⑪ 温冷配膳車，⑫ 回転式食器保管庫．

図 2-2 厨房の設計例

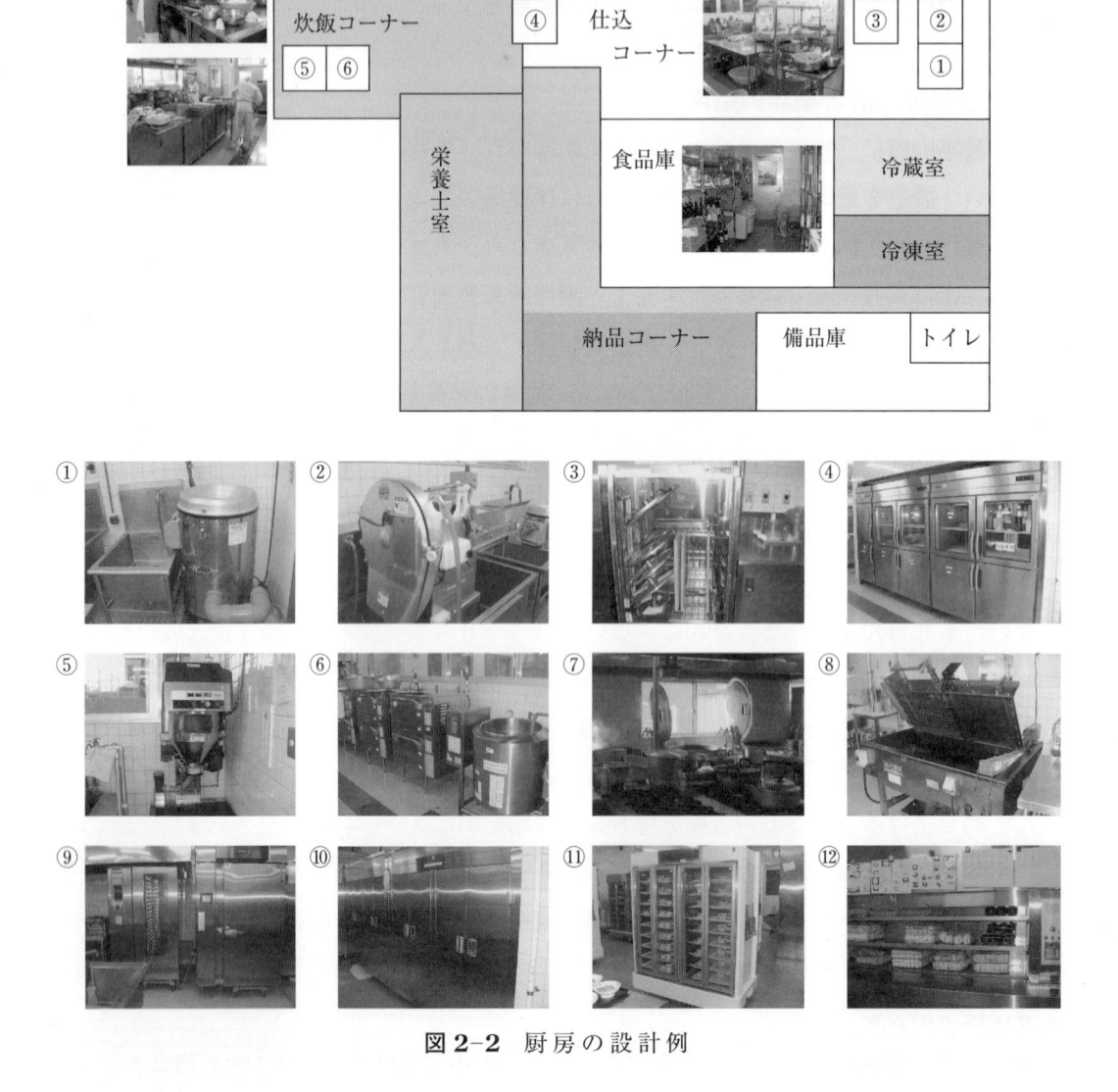

## 5 高齢者施設の現状と課題

　平成17年10月からの介護保険の見直しにより，給食収入が減収となり栄養部門は給食のあり方と方向性の再検討を余儀なくされている．「給食収入減収＝給食費削減」ではあまりにも短絡的である．このような事態の時こそ，どこでどのような工夫をすればよいか検討するために，食事を担当する課の年間経費の詳細を把握しておく必要がある．つまり給食費や人件費はもちろんのこと，給食に関わる消耗品費，器具・什器備品費，日用品費，保健衛生費，修繕費，印刷製本費をどの位，何に使っているかということである．その中で必要な物，不必要な物，工夫し削減できる物を区別し整理していくことである．また給食費の中でも，純粋に日常の3食の食事にかかる費用以外に，行事食，水分補給，おやつ，低栄養時の栄養強化食品，食欲不振時の対応食，嚥下困難者のための増粘剤などがあり，高齢者施設ではその占める割合は高い．これらの費用を給食費内としているのか自己負担としているのかは施設によりまちまちであり，再度の見直しが急務である．

　ここで，業務の効率化のためにどのような器具備品を揃え活用するのか，どの食材を選び市販品をどう有効活用するかは，食事担当部門が考えなくてはいけない課題である．そのためにどのようなものを現場で必要としているのか，企業に提案していく姿勢を持つべきである．今後は民間企業の協力体制なしに施設給食運営は成り立たないと思っている．

　今回の介護保険の見直しでは，施設経営面から給食関係の減収のことが特にクローズアップされがちではあるが，その前に私たちは利用者のことを忘れてはならない．利用者に満足度の高いサービスを提供するという視点を外さず，一人一人の利用者にとって「おいしく・楽しく・食べやすく・衛生的で・安全な食事」とは何かについて常に追求していかなければならない．

（相羽孝昭・佐藤悦子・吉野知子）

# I-3 在宅高齢者の食事の状況とニーズ

　在宅における高齢者の食生活は，施設のそれと比較すると，大きく異なる．この章では，在宅における高齢者がどのようなニーズをもっているか，そのニーズを満たすために何が必要かを考えてみる．

## 1 在宅高齢者の食事状況の調査

　平成18年4月より始まる改正介護保険制度では，介護予防，地域密着型の介護予防支援に重点がおかれ，「運動器の機能向上」「栄養改善」「口腔機能の向上」が新予防給付として導入されることが決まった．すでに数年前から，昭島市では「在宅チーム医療栄養管理研究会」の協力を得て，在宅高齢者がどのような生活状況にあり，食支援（栄養ケア・マネジメント，以下「食支援」という）のニーズにはどのようなものがあるかを調べるために，平成15年から3年間，継続して食事調査を行っている．この調査結果から，在宅には食の専門家の想像をはるかに越える危険とも思える食生活を送っている方が多く，いつ急変してもおかしくない状況で生活していることが判明している．

### 1-1 スリーステップ栄養アセスメントを用いた調査
#### （1）調査対象者
　調査対象者は，昭島市の70歳以上の独居もしくは高齢者世帯で，本当に元気で健康な高齢者を除いた者の中で，調査を希望された200数十名である．
#### （2）調査票と評価基準
　調査票は，在宅チーム医療栄養管理研究会編の『スリーステップ栄養アセスメント』を応用して作成したものを使用した．ここでは主たる調査である食の問題に絞って記す．
　① 第一段階調査は，食の危険度調査で，食の危険因子10項目のうち該当するものにチェックすることにより栄養状態の危険度を把握する調査である．
　② 第二段階調査は脱水発見の調査で，栄養士の基で教育を受けた調査員が1日に食べたもの，飲んだものを聞き取り，1日の水分摂取量を把握する調査である．
　③ 第三段階調査は低栄養発見の調査で，1日に食べたもの，飲んだものから大まかな

エネルギー・タンパク質・水分・塩分摂取量を把握する調査である．

④ 各調査の評価は，下記表のとおりである．

(在宅チーム医療栄養管理研究会編)

| 調査段階 | 問題なし | 要観察 | 危険 |
|---|---|---|---|
| 第一段階調査 | チェック0～1点 | チェック2～5点 | チェック6点以上 |
| 第二段階調査 | 水分 1,501ml 以上 | 水分 1,000～1,500ml | 水分 1,000ml 未満 |
| 第三段階調査 | 1,201kcal 以上 | 900～1,200kcal | 900kcal 未満 |

## 1-2 調査結果から読む在宅高齢者の食生活の現状（3年間の調査結果）

### (1) 調査結果

調査結果を図3-1に示した．

### (2) 生活の背景

同時に生活の背景調査を行ったところ，調査対象者の半数が，食事を一緒に食べる友人，お茶のみ友達がいない，食事がいつもより食べられたか食べられないかなど気にしない気ままな食事である，体重測定の習慣はない，歯科医にはかからない，「口腔ケア」という意味がわからない，運動を心掛けていない，趣味がない，と答えた．また，第一段階調査結果から，食べたり飲んだりする時にむせる方，入れ歯や噛み合わせに問題がある方など，様々な背景がみえる．

## 2 在宅高齢者の食におけるニーズ

今回の調査の対象となった在宅高齢者には，独居もしくは高齢者世帯の方が多く，社会に関わることなく生活しており，食の問題を抱えながらも，特に気にすることなく気ままに暮らしている．調査結果からわかるように，在宅高齢者には食支援の緊急度の高い人が少なくない．この方々の食支援の重点項目を整理すると，引きこもりの改善，バランスの保てる食事の確保，脱水の予防，低栄養の予防，摂食・嚥下障害を見のがさない，の5項目となる．ここでは，各項目について，食支援の課題・目標・ポイントをまとめてみたい．

### 2-1 引きこもりの改善

#### (1) 食支援の課題

食事を一人で食べることが多い，買い物にあまり行かない，食事の準備ができないと答えている背景に独居や高齢者世帯の問題だけでなく，食事を一緒に食べる友人，お茶のみ

### 第一段階調査（食の危険度調査）

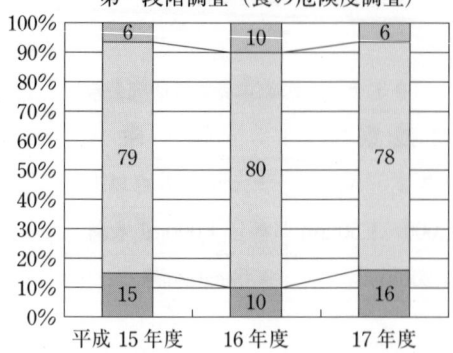

| 年度 | 問題なし（1点以下） | 要観察（2～5点） | 危険（6点以上） |
|---|---|---|---|
| 平成15年度 | 79 | 15 | 6 |
| 16年度 | 80 | 10 | 10 |
| 17年度 | 78 | 16 | 6 |

食事を一人で食べることが多い，食事の準備ができない，1日3回は食べていない，食べる量が少なくなってきた，この頃体重が減ってきた，野菜を食べる量が少なくなった，お酒をよく飲む，薬を多く飲む，摂食時にむせる，噛み合わせに問題がある，の10項目のうち該当する項目数を点数とした．

### 第二段階調査（脱水発見の調査）

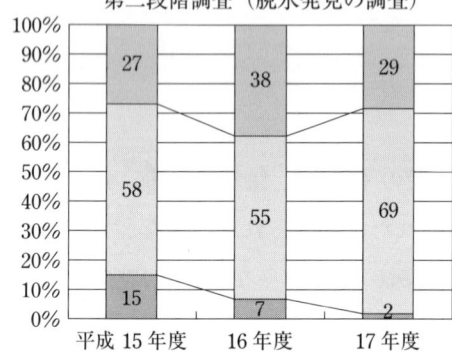

| 年度 | 問題なし（1,501ml以上） | 要観察（1,000～1,500ml） | 危険（1,000ml未満） |
|---|---|---|---|
| 平成15年度 | 58 | 27 | 15 |
| 16年度 | 55 | 38 | 7 |
| 17年度 | 69 | 29 | 2 |

1日の水分摂取量1,500ml未満の要観察または危険の方が，62～73％を占めており，水分摂取量に大きな問題があることが判明した．

### 第三段階調査（低栄養発見の調査）

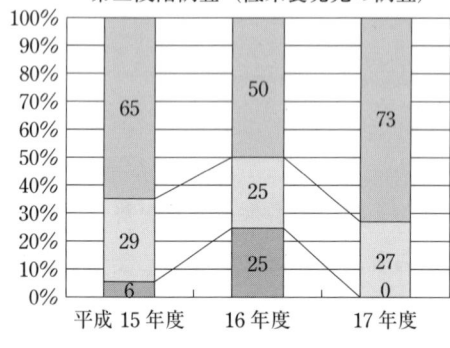

| 年度 | 問題なし（1,201kcal以上） | 要観察（900～1,200kcal） | 危険（900kcal未満） |
|---|---|---|---|
| 平成15年度 | 65 | 29 | 6 |
| 16年度 | 50 | 25 | 25 |
| 17年度 | 73 | 27 | 0 |

1日のエネルギー摂取量から見た栄養状態は，1,200kcal未満の要観察または危険の方は，年により異なるが，多い年は50％にも上った．安心できる数字ではない．

**図3-1　スリーステップ栄養アセスメントによる調査結果**

友達がいないなど社会交流の少ないことへの課題が見える．

**(2)　食支援の目標**

食を通して社会への参加．

**(3)　食支援のポイント**

・民生委員や町内会を通して，食事の勉強会やお料理会などに参加を働きかける．
・地域交流の場に管理栄養士が出向き，お茶会や会食会を行う．
・協同参加型の食育の必要性についての教育の励行．

## 2-2 バランスの保てる食事の確保
### (1) 食支援の課題
　1日3回は食べていない，野菜を食べる量が少ない，お酒をよく飲むという項目に多くチェックが付いたことから，バランスの崩れた食生活が課題としてあがる．このことから高齢者に不足しがちな鉄，繊維，タンパク質，カルシウム，ビタミンCの問題もうなずける．そして，バランスが崩れた結果発症しやすい高血圧などの循環器疾患，糖尿病に代表される消化器疾患の課題も忘れてはならない．
### (2) 食支援の目標
　個々人への適切なアドバイスによる食生活改善の推進．
### (3) 食支援のポイント
- 栄養改善のために居宅療養管理指導事業所として指定されている病院，診療所などの管理栄養士は在宅に出向き，的確な訪問栄養指導を行うこと．
- バランスが崩れた結果発症しやすい病気の怖さを分かっていただく．
- 安否確認が義務付けられている配食サービスにおいても，食事摂取状況の把握により食生活改善への指導および橋渡しをする．

## 2-3 脱水の予防
### (1) 食支援の課題
　高齢者の場合，何もしないで寝ているだけで肺や皮膚から体重1kgに対して1日に20mLの水分が失われるといわれる．命を守るための水分必要量は体格によって異なるが50kgの体重の人で1,000mL，40kgの体重の人で800mLといわれる．この水分の確保が命を守る上で重要であり，食べたものから取れる水分と飲んだものから取れる水分を足して1日800～1,000mL以下だったら危険と判断する必要がある．調査結果（図3-1中段）から，水分の摂り方の課題が見える．
　高齢者に脱水が起こりやすい理由は，1. 加齢による細胞数の減少に伴う細胞内液の減少，2. 水の貯蔵の減少（枯れた肌），3. 腎機能の低下，4. 渇中枢の反応性の低下により喉（のど）の渇きを感じない，5. 頻尿や失禁を恐れて水分摂取を控える，6. 熱・多汗・下痢・嘔吐など水分喪失の機会が多い，7. 利尿剤の使用などであり，高齢者はこれらの理由が重なりやすく，いつも脱水予備軍といえるなどの課題が見える．
### (2) 食支援の目標
　個々人の水分必要量を把握した上での脱水の予防．
### (3) 食支援のポイント
- 1日に食べたものから取れる水分量と飲んだのもから取れる水分量が800～1,000mL

- に満たないと感じたら積極的な水分補給に努める．
- 口からの補給が十分できない場合は，医師に相談することが必要になる．1本の点滴で元気に回復する（よみがえる）ことを知っておくこと．
- 高齢者の場合，脱水があっても，何の訴えも苦痛もないことがあることを理解して対処すること．
- 脱水状況が作られている時に発熱，発汗，下痢，嘔吐が加わればたちまち急変する．この危険が潜んでいることを自覚し対処すること．
- 脱水状態の時は，さっぱりした水よりも体液に近いしょっぱくて甘味のあるものが受け付けやすい，そして飲む点滴として医療機関や院外薬局で手に入るイオン飲料OS1（500mLペットボトル）がある，などの知識を持ち対処すること．

## 2-4 低栄養の予防

### (1) 食支援の課題

　調査（図3-1下段）によると，1日の摂取エネルギー量の半分にも満たない人が多く見られる．低栄養とは，タンパク質やエネルギーが必要量取れていない栄養状況にあることをいい，高齢期になって小食，偏食になることで，自分でも気づかないうちに容易に低栄養状況を作ってしまうことが課題である．

　食事の絶対量が足りなくなるとまず，脱水が招かれ次に低栄養になる．低栄養状況では，体に蓄えられている栄養分が利用されるため，体重減少が起こる．すなわち痩せが始まり，それが進んでいくと免疫機能の低下を招いて，菌に対する抵抗力がなくなり感染症にかかりやすくなる．そこに精神的ストレスや手術などが重なる場合，低栄養は促進され生命の危険を招くことになる．

　また，低栄養の発見には体重減少率や血清アルブミン値が重要であるが，仙人のように激痩せの状況で，食事が一口，二口しか食べられなくても，人前では凜としている時もあり，本人も家族も気づかないまま，重篤な状況になってしまうので厄介である．このような時には，便が作られるだけの食事量がないため，便秘が続き，宿便や腸閉塞状況につながる，などの課題がある．

### (2) 食支援の目標

　栄養・食事評価から導くチームケアの推進．

### (3) 食支援のポイント

- 1日に食べたもの，飲んだものをチェックし，危機の状況を医師や他のケア要員と連携して対応するシステムが必要である．
- 体重減少の危機の指標は，高齢者の場合は体重減少率［(健康なときの体重−現在の

体重)÷健康なときの体重×100］（％）で見るのがよい．

> 1か月で5％（健康時体重50 kgの人で2.5 kg前後の減少）
> 3か月で7.5％（健康時体重50 kgの人で4 kg弱の減少）
> 6か月で10％（健康時体重50 kgの人で5 kg前後の減少）

以上の体重減少率であれば，危険な状況が作られていると判断して対応すること．
・血清アルブミン値により評価し，適切な対応をすること．

> 3.5 g/dL以下は内臓タンパク質の減少を引き起こす．
> 3.0〜3.5 g/dLでは栄養補給によって，改善可能である．
> 3.0 g/dL以下では医師による治療が必要である．

・低栄養は，非常に危険な状況が潜んでいるため，チームケアの推進を行うこと．

## 2-5 摂食・嚥下障害を見のがさない
### (1) 食支援（栄養ケア・マネジメント）の課題

調査から，食べたり飲んだりする時にむせる人，口腔問題や噛み合わせが悪いと自覚している人が見られる．高齢者の摂食・嚥下障害は，食事への意欲の低下や，食べ物を嚥下する調節機能の問題など様々であるが，高齢者が摂食困難に陥る第一の原因は脳血管障害で，この障害によって運動機能が低下して食べ物を口に運べなくなったり，食べ物を認知できない状況が作られる．

また，食塊が咽頭を通過する過程で誤って気管や気管支に入ってしまう状況が誤嚥であるが，口腔内が不衛生で雑菌の溜まった唾液の誤嚥によって起こる誤嚥性肺炎の防止や，胃に入った内容物が逆流して食塊が気管に詰まるために起こる窒息防止が課題である．

### (2) 食支援の目標
食事観察による誤嚥，摂食・嚥下障害の早期発見・早期対応．

### (3) 食支援のポイント
☆摂食・嚥下機能に問題がある場合

> ・食事の仕方，食後の様子，いつむせるのか，どのようにむせるかを観察すること．
> ・食事途中の咳，食後1〜2時間の咳は，誤嚥によることを疑うこと．
> ・食後すぐ横になると咳き込む場合は，胃からの逆流による誤嚥を疑うこと．
> ・吐き出した食べ物の周りに痰が絡むときは誤嚥を疑うこと．
> ・食事の途中，食後に声がかすれるときは食べ物が咽頭に残っていないか疑うこと．

☆麻痺や体の機能に問題がある場合

> ・口から食べ物をこぼしたり，飲み込んだあとに物が口に残る場合は，筋肉の麻痺や機能低下を疑うこと．
> ・上を向かせないと食べ物が送れない，唇が閉じず水をコップから飲めない，食欲の低下がある，むせやすいものを拒否するなどの変化から口腔機能低下を疑うこと．
> ・食事に時間がかかりすぎる，同じ方向からしか食べないなどの場合は，食事動作障害や認知障害などを疑うこと．

摂食・嚥下障害の判断は難しいので，歯科衛生士や作業療法士などの嚥下の専門家と相談するシステムが必要である．いろいろな観察により摂食・嚥下のどこに問題があるか確認した後，その人にとって適切な食事を与えることが重要で，一般には細かく刻んでもごつごつと舌に残るものは避ける，熟煮しても軟らかくならないものは避けるなどの考慮が必要である．口腔ケアは口腔内を清掃するだけでなく，摂食・嚥下障害の治療に欠かせないものである．食べる前の口の刺激，口の体操，うがい，歯みがきなど専門家の指示を仰ぐこと．その他，食べる姿勢や詰まらせた時の対応の基礎知識も身につけること．

## 3　在宅高齢者の食支援の進め方

在宅では，調査から出てきた食支援のポイント5項目などを視野に入れ，いろいろな社会資源を活用して展開していくことが重要である．在宅の高齢者向けに，現在，実施されている支援は，健康な高齢者を対象に行われている健康教室（市の健康課や居宅介護支援センター主催）や介護者教室，医療機関で行われている外来栄養指導が主である．今後，「基本健康診査（25項目）」でスクリーニングを行い，医師会の協力を得て血清アルブミン値を計測し低栄養予防を展開させることになっているが，まだまだ十分とはいえない．いろいろな方の知恵や力を借りて一刻も早く，公民が協力して作り上げる支援システムの構築が必要と感じている．その思いもあって，食のサポートセンターの事業を起こし活動を続けている．この活動を通して気が付いたことを述べてみる．

改正介護保険法では，高齢者全体をまず，要介護認定により非該当者，要支援者，要介護者の3つのグループに分け，要支援者には新予防給付が提供される．さらに非該当者をスクリーニングにより一般高齢者と比較的弱い人（以下，特定高齢者という）に分け，特定高齢者には自治体による地域支援事業として特定高齢者向けの介護予防サービスが提供される．

## 3-1　一般高齢者対策：前向きに取り組む啓蒙運動

① 高齢者への食生活改善の啓蒙運動は，今までの生活習慣病予防運動の同一線もしくはその先につながって行く重要なものであり，少しでも長く高齢者が健全で健康に過ごすためにはそれなりの努力が必要である．誰もが身に付く健康への生活の指針の啓蒙，ポスターやメディアを通して啓蒙していく姿勢が必要である．

② 地域活動の経験から，人は学びや伝授への願望が非常に強く，気の合ったグループで共に学び，自ら培った趣味を伝授することに喜びを見出すことがわかっている．長寿食メニューの開発，科学的データに基づく栄養管理，「生きがい」の問題や「ライフスタイル」の問題までグループで学び伝え合うことが大切である．

③ いつまでも若くありたいという願望「抗老化」は誰でも持っている．その需要を満たすための老化予防や治療方法，ニンニクエキスやイチョウ葉エキスなど抗酸化物質の摂り方，サプリメントやホルモン補充療法など，専門家として医師や管理栄養士が総合的に指導するアンチエイジング（体の中から若返りを図る）人間ドッグを経営しているクリニックがある．このようなものの普及もある意味では必要ではないか．

④ 単身や高齢者世帯の多いことに鑑み，見守りネットワークの中にセキュリティ防犯カメラの活用やIT技術を駆使した介護ネットワークが形成されつつある．そして，この延長として，見守りネットワークの中で必要な介護知識の伝達や介護用品・栄養補助食品の調達，また，医療への架け橋などを機動的に行える「命をつなぐよろず介護バックアップシステム」とでも言うべきものが生まれてくることを期待する．それらの資源を元気なうちから気軽に利用する習慣が必要である．

## 3-2　特定（虚弱）高齢者対策：地域密着型の介護予防サービス

① 高齢者のための正しい食事のあり方の啓蒙を兼ねて行う勉強会・お料理会・会食会など楽しみながら学ぶ工夫が非常に重要なことであり，介護系事業所ばかりでなく，食品関係の企業もこの介護予防サービスに乗り出すことを期待する．そのことにより競争が始まり，質の良い介護予防サービスメニューへと展開していく．

② 虚弱になるに従って食事を作って食べることが億劫になってしまい，コンビニやデパ地下でおいしくて好きなものを手に入れ，ほんのちょっと食べれば満足する傾向が現れる．この傾向は，単身や高齢者世帯に多く見られ，この方々にとって配食サービスは何よりもなくてはならないものである．素材の選び方，切り方，加熱方法，食の演出，盛り付け，弁当の配送・回収などアセスメントをした上で，個々人のニーズ（機能別・病態別）に合わせた安全でおいしくきれいな，そして安価に出来るような食品を加工・包装・配送技術を駆使して開発する必要がある．手で開けられる缶詰やイ

ージーピールはあるが，かなりの力を要するものも少なくない．高齢者の指の力や虚弱身体状況を考慮したものの開発が必要である．市場に出ているゼリーやプリンなどの蓋は介護者なしには開けられず，単身の方には奨められない状況である．在宅に管理栄養士を進出させ状況を把握した上で「単身在宅用栄養補給食品」の開発と普及員の役割を期待する．

③　1日に30品目の食品が必要なことや，いろいろなものを効果的に食べるために箸を回しながら食べなければならないことは分かっていても，できないのがこのレベルの方々である．食べる楽しみを味わいながら，正しい食べ方をするための積極的な働きかけが必要になる．

1. 食の演出：きれいな彩りで食の興味を引くようなもので，適正な量やバランスを再認識できるものが作られ，食べ続けているうちに高齢者の適正な食事の摂り方が自然と身につく「教育弁当」とでも称すべきものの開発を提唱したい．この場合，ユーザーにその使い方や有効性を説明する販売指導員の育成もあわせて重要である．

2. 器の演出：販売されている弁当も高齢者食の教育において，視覚や感覚に訴える格好なものと考えることができる．幼児の弁当箱のようにキャラクターを登場させ，ワンポイント・食のレッスンに利用するなど，高齢者器具や用具を貪欲に食生活改善教育の道具に使うなど発想を転換した開発が必要である．

### 3-3　要支援者対策：訪問食育士制度の創設

①　このレベルの高齢者への介護予防対策が非常に重要であり，その効果を上げなければ将来要介護や寝たきりを作ってしまうことになる．改正介護保険の新予防給付でも目玉になっている「運動器の機能向上」，「栄養改善」，「口腔機能の向上」など知恵を出し合い，楽しみながら継続して学んでいける介護予防サービスを構築していかねばならない．もちろん脱水予防・低栄養予防も徹底させる必要がある．例えば「運動器の機能向上」の活動後に喉(のど)をうるおす飲み物（容器入り）を与え，その容器にアミノ酸・血液さらさら・体脂肪減少効果などの表示をして視覚効果を狙うなどである．

②　「栄養改善」では，管理栄養士が個々人の栄養状態に基づき栄養改善計画を作成し実施することで，食事指導の効果を上げる．と同時に栄養についてのさまざまな情報の提供を行い，興味を持ちながら学ぶことの楽しみを導きだすサービスが改正介護保険の新予防給付の中で始まる．

③　現在行われている在宅訪問栄養指導はほとんど機能していないので，老人福祉施設，通所系サービス事業所，診療所などに所属している管理栄養士を訪問食育士とし

て在宅へ派遣して相談に応じる「訪問食育士制度」の創設が強く望まれる．訪問食育士は，地域の中に<u>食育コーディネーター役</u>として出張し，気軽にお茶のみ会や会合に参加して，語らいの中で食文化教育を広めていく．食事を製造・提供する企業にもこの取り組みの企画や参画への協力を大いに期待したい．

## 3-4　要介護者・病弱者対策：在宅の現状を見据えて

・要介護者，病弱者にも，的確な食支援を展開していくことが重要であるが，問題は認知症や寝たきり状態の重度ケアを対象とするだけに危険も伴い束縛もある．その現状に見合った対策が必要である．

1. 重度認知症対策：高齢者との意思疎通ができないので情報収集が難しい．うまい意思伝達装置の開発が急がれる．
2. 病弱者対策：この対象者の食事はヘルパーも家族も難しい問題をかかえている．特に主のおかずや副のおかずの作製が困難な状況になっているので，療養食をつくる手間を省くためのパック商品の開発を望みたい．この商品の概念は，食の細りを考えた容量別かつ病種別パック食品で，身体状況，病態で選べ，通販で手に入るようなもので，ご飯，味噌汁，簡単なおかずの外に1日1品を添えることで栄養が取れるようなものである．バラエティーも考えた1か月パックがあれば非常によい．このような指導書付きの選べる食事の発売を期待したい．
3. 摂食・嚥下困難対策：重度の嚥下障害の食事は滑らかでさらっとして，少し重みのあるものが飲み込みやすい．アイスクリームは食べられても，カスタードプリンやゼリーになると飲み込めないなど，非常にきめ細かな配慮が必要である．在宅で使える栄養補助食品の開発を望む．また，高齢者施設の項で示されている自助具（皿，スプーン，フォークなど）は在宅では使いこなせないし，なじまない．むしろ離乳食用具の中のスプーンが装着できる哺乳びんやレンジで出来る食器の消毒具などの方が使いやすい．是非，この分野の開発も期待したい．
4. 栄養測定器対策：低栄養を機械的に感知してくれる測定器の開発を望む．また，嚥下状況の早期発見はきちんと観察することによって解決されるが，その対応が難しく，むせ込みなどが落ち着くまでは見守っている状況が多い．操作の容易な嚥下状況を測定する器械の開発が望まれる．また，座位の保てない方でもレントゲンが取れるような昇降椅子やリクライニング椅子の開発が望まれる．

市場に出回っているサプリメント，栄養補助食品，自助具はほとんど在宅では使われていない．その理由は，買い求めても毎日難なく使用できるまで，それに慣れるための指導

を行う人が必要なのに，そういう人がいないからである．これからは，これらの指導・普及員として管理栄養士が大きな役割を果たすと考える．これまで見てきたように，在宅高齢者の食事の分野には課題が山積しており，老人福祉サービスを提供する事業者と食品および食品包装を製造販売する企業との真の意味での協力がますます重要になりつつある．今後の各種企業の多方面への進出・参画を期待したい．

**参 考 文 献**

1) 蓮村幸兒，佐藤悦子，塚田邦夫編：スリーステップ栄養アセスメントを用いた在宅高齢者食事ケアガイド，在宅チーム医療栄養管理研究会監修（2004）

（相羽孝昭・佐藤悦子・吉野知子）

# I-4 介護療養型医療施設での食事の状況とニーズ

## 1 病院給食の変遷

### 1-1 病院給食の歴史

　病院・療養型施設の給食（食事）状況を把握するためには，まず病院給食の変遷を確認する必要があると思われる．そして，実際の入院患者の栄養管理・食事提供は基準給食・入院時食事療養費制度のもとで実施されていることを改めて認識してほしい．

　医療法改正・医療費改定により病院給食の内容は提供方法を含め，少しずつ改善されてきた．

　病院給食における大きな流れとしては，1975年（昭和50年）基準給食の栄養基準量の改訂，1986年（昭和61年）病院給食の委託が承認され，直営の原則が撤廃された．そして，1992年（平成4年）管理栄養士による適時適温給食実施の特別管理加算が設定され，1994年（平成6年）入院時食事療養費制度が確立され，医療費改定により保険点数の基準給食給食料から入院時の食事の質の向上，患者の選択の拡大などを図ることを目的とした入院時食事療養費制度に変更され，現在に至っている．

### 1-2 病院給食の概要

　1975年（昭和50年）の基準給食の栄養基準の改訂は，入院患者の年齢構成による荷重平均から算出された栄養所要量を用いて食糧構成・献立作成を行い，食事を提供することになり，一般病院はじめ高齢者対象の老人病院（長期療養型病院）は年齢状況に見合った栄養給与量である食事内容と量が供食可能となった．

　基準給食・入院時食事療養費制度と改定され，委託・院外調理が認可された現在も給食業務は厚生労働省指導のもと規定の多い書類中心の煩雑な業務が続いている．これは病院給食の変革が十分行われない大きな要因となっている．しかし，煩雑な給食業務の現状は一般患者はもちろん院長・事務長をはじめとする病院関係者にもほとんど知られていないことは言うまでもない．

## 2 病院給食の現状

### 2-1 病院給食の目的

患者の病態に応じて適切な食事を給与し，その治癒あるいは回復をはかること．すなわち患者の治療効果を支援する栄養・食事管理である．

### 2-2 病院給食の流れ

図4-1に示したように，病院給食は医師が院内約束食事箋に基づいて発行した食事箋（食事オーダー票）から患者に提供される食事までの一連の流れに沿って実施される．

### 2-3 病院給食の問題点

病院給食の問題点をソフト・ハード面両方から挙げてみたい．ソフト面に関しては，病院給食の流れで示したように，病院食は医師が発行する食事箋と実際の患者食の内容が書類を含め一致していることが必須である．そして，病院食はこの一連の流れの業務内容を書類として整理保存しておく必要がある．基準給食・入院時食事療養費制度における運営が主体である病院給食は，各都道府県の保険局から定期的にこれらの書類の監査指導を受ける．この指導内容は監視委員や行政区機関で異なることもあり，監査基準の曖昧性を伴っている．そして，これらの書類が業務実績となり評価にも含まれ，栄養業務の大半のエネルギーがこれに費やされることになる．この患者不在の一方通行の栄養業務が行われて

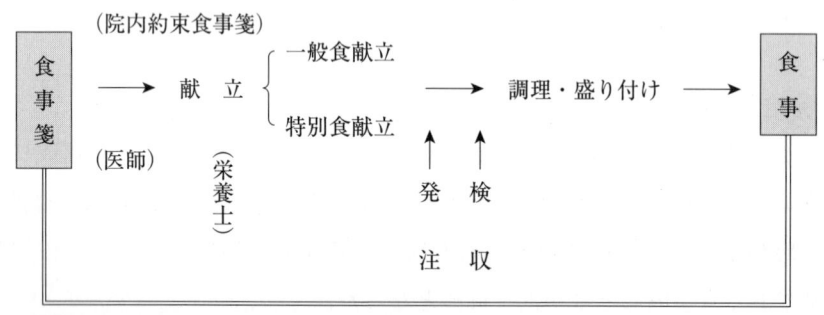

※院内約束食事箋：院内食事基準（栄養基準）
※食事箋：食事の処方箋（食事オーダー票）
　　　　　院内約束食事箋に基づき医師が発行
※一般食：特に栄養成分に制限の必要のない入院加療中の患者に提供する食事
　　　　　（健常者の日常食とほとんど変わらない食事）
※特別食：治療食
　　　　　疾病の改善・回復を効果的に促進するための食事
　　　　　（例）糖尿病食・腎臓病食など

図4-1　病院給食の流れ

いる現状は，概要でも述べたように病院給食の変革が十分行われないことと，今現在高齢者施設を中心に問題となっている低栄養状態を生み出した背景のひとつであることを認識する必要がある．

　給食運営の合理化と質のよい食事提供には賄い的な給食運営から脱却し，マネジメントの実践が不可欠である．しかし，栄養士のマネジメント教育不足だけではなく，病院管理者の給食部門が果たす役割や病院食の品質に対する関心度も低いことが妨げになっていることも事実である．これは病院食に対する社会的批判となった四悪（冷たい・早い・まずい・選べない）の改善が，適時適温給食対応として入院時食事療養費制度において特別管理加算，そして選択メニュー加算がそれぞれ設定されるまでほとんどの病院で実施されずにいた経緯は，病院給食に携わる関係者の社会的ニーズに対する認識の欠如と病院管理者の貧困な運営水準に外ならないことの一例であろう．

　ハード面である給食の施設・設備に関しても，労働安全衛生を含む法規則の「基準」が数値化されず明確なものではないことが，衛生・安全面を含め下処理から調理・盛り付け・配膳・下膳に至る設備と作業環境はなかなか改善されず，欧米に比べ効率的な給食運営と適切な品質管理のなされた食事提供ができないまま今日に至っている大きな原因と思われる．

## 3　長期療養病床における食事状況

### 3-1　栄養基準（食事基準），食形態状況

　疾病や障害を伴う入院患者の平均年齢は 80 歳前後が多く，女性の比率が高いことはどこの施設も同様である．そして，年齢構成上，熱量 1,600～1,700kcal，タンパク質 60～65g 程の栄養基準量となり，入院患者の疾患は脳血管障害を伴うことが多いことから食種は減塩食が大部分であり，主食は粥食が大半（7 割）を占めている状況と思われる．

### 3-2　戸田中央総合病院での長期療養型病床の状況

　リハビリテーション科を含む 2 施設・全療養型病床 1 施設の食事（栄養）管理状況についてアンケート形式で設問した内容（表 4-1）について述べてみたい．

　3 施設の状況は下記のとおりである．

**（1）食　　種**

　食事制限のない一般食 30％，特別食（治療食）70％．特別食の内訳は心臓高血圧食（減塩食）・糖尿病食が中心である．

**表 4-1 施設へのアンケート（質問項目）**

1. 食種
1. 食事形態（キザミ・ミキサー・普通など）及び形態別の食数
1. トロミ調整食品の使用状況
    - キザミ・ミキサー食の形態に使用する割合
      キザミ食の（　　）％，ミキサー食の（　　）％
    - 汁物や飲み物に使用する割合
    - トロミ調整食品の調整は？
      栄養科 or 看護科（各病棟）
1. 主食（ご飯・粥など）の割合
1. 献立作成上注意している点
1. 献立内容の工夫
1. 業務用市販品（素材以外の冷凍食品・レトルトなど）の使用食品及び使用頻度
    - 副食類（主菜・副菜）
    - デザート類
1. セレクトメニューについて
    - 実施回数及び実施方法
    - 患者さんの反応
1. 好まれる料理及びメニュー
1. 好まれない料理及びメニュー
1. 患者さんのニーズ
1. 現在抱えている食事（献立・提供方法・その他…）の問題点
1. 栄養科の今後の課題及び計画
1. 患者さんの摂取状況——栄養科での把握（有・無），把握方法
1. 患者さんの栄養状態——栄養科での把握（有・無），把握方法
1. 食事介助が必要な患者さんの割合

### （2）食事形態

全形態10～25％，キザミ食25～50％，ミキサー食20～25％となっている．各施設ともキザミ食の割合が多く，きざみ状況も2段階（きざみ・極きざみ）設け，ミキサー食においても主食の粥までミキサーにかける割合は50％にのぼる．

### （3）トロミ調整食品の使用状況

キザミ食の10～15％，ミキサー食では60～90％に使用されている．汁物や飲み物に使用される割合は全体の20～30％である．また，トロミ調整食品の調整は，食事は栄養科，お茶などの飲み物は看護科，汁物（味噌汁・清汁）は施設により異なり両方で調整している．

### （4）主食の割合

ご飯15～30％，粥60～85％，その他パンなど5～10％であるが，前述したようにほとんど粥食中心．

### (5) 献立内容および献立作成上注意している点

　安全性と食べやすさを考慮すると献立に変化がなくなってしまうため，季節献立・行事食などで喜ばれる食品やメニューを提供するなど，どこの施設でもいろいろ配慮している．そして具体的内容として

- 咀嚼（そしゃく）しやすい食材の選択
- 嚥下（えんげ）しやすい調理方法
- キザミ食が多いことからパサつき防止の工夫──あんかけでの対応
- 軟らかく仕上げる工夫──小麦粉・片栗粉の代わりに上新粉利用
- 市販されているキザミ・ミキサー食対応の冷凍惣菜利用
- クックチル-再加熱などによる味付けの対応（調味料配分）
- 調理機器類の上手な利用方法

　以上のような内容であるが，疾病や障害を抱える高齢者の食環境は個人差も大きくリスクの高いことから，個人対応を軸とした食事管理（栄養管理）が必要となっている．

### (6) 市販品（冷凍・レトルトなど）使用頻度および使用食品

　副　食　類：週2～3回

　　　　　　　ハンバーグ・シュウマイ・煮豆類・煮物（野菜─豆腐製品）など

　デザート類：週4・5回～毎日1回

　　　　　　　プリン・フルーツゼリー・水ようかん　など

　手間のかかる料理，軟らかく煮込まれた料理などの副食類やデザート類は頻度が高く，補助食品や流動食としても利用されている．

### (7) セレクトメニューについて

　実施回数は週3回，方法はどこの施設も写真やメニューによる聞き取り，嗜好別選択．患者の反応は認知症と思われる方でも食事については興味深く嬉しそうに選択し，栄養士の訪問と食事を楽しみにしている．

　選択メニューは，この全療養型施設で長谷川式簡易知能評価スケールによる認知症が8割に及ぶ中においても90％以上の高い選択率を占め，食が生きる希望であり，嗜好を中心に食事を選択する確率が大変高いという結果を数年前の調査から得ている．

### (8) 好まれる料理

　刺身・ウナギ（うな丼）・煮魚・煮物・カレー・丼物　など

　野菜の煮物では特にカボチャが好まれる．

　長期療養型・一般病院を問わず，残食が最も少ない料理は刺身とウナギである．

### (9) 好まれない料理

　豆腐料理・チーズ牛乳料理　など

豆腐は軟らかく食べやすいものであるが，味が薄く淡白に感じられる料理方法が多いこともあり，高齢者にとっても不評で残食率が高い．

（10） 患者のニーズ

昔から日常的に食べてきた食習慣が高齢で施設に入ってからも根強く，食べ慣れていない味や料理に対しては興味も持たず好まれない傾向がある．また，味の濃いもの，甘いデザート類とくに小豆を使用したものを希望することが多い．

（11） 現在抱えている食事の問題点

食事の温度管理，具や調味料など条件の異なる汁物や粥のトロミ調整する場合の仕上がり状態（一定化しにくい），嚥下困難な方への野菜類の提供方法など高齢者対象の問題を抱えている．

（12） 今後の課題

栄養状態の悪い患者へのフォロー．栄養リスクを抱える患者に対し個別対応の栄養管理を積極的に行う必要性とそのスキルを身につけること．

（13） 患者の摂取状況

栄養科で把握している．病棟で記入される食事記録を病棟訪問時にチェックする．そして，食事摂取量の少ない患者には医師・看護スッタフと相談の上，濃厚流動食や補助食品などをプラスすることを含め検討している．

（14） 患者の栄養状態

栄養科で摂取状況と同様に把握している．カルテより検査データチェックおよび体重の確認．

（15） 食事介助が必要な患者の割合

介助：20～50%

全療養型施設では全介助が50%

以上アンケートの概ねの結果であるが，この中のひとつである全療養型施設での栄養科責任者（管理栄養士）の対応について述べてみたい．

ここで常に提供する食事は自信と責任を持って，そして喫食する立場に立って調理・盛り付け・配膳が行われている．元気で退院されることの少ない患者にとって「食事は心を癒し，生きる喜びそのもの」であり，人生の最後まで残る食欲に対し栄養状態の維持できる食事，またどれだけ家族に近い気持ちと形で提供できるかを課題のひとつとして毎日栄養科を運営している．そして，患者一人一人の食事摂取状況を把握しチーム医療を進める中で身体状況により栄養状態を確認し，食事のサポートを実施している．

医療・介護を問わず長期療養型施設における食事は，栄養科の責任者である管理栄養士

の食や食事を提供する立場としての理念やメニューセンスなどにより大きく左右されるものであることを，この度のアンケートを通し再認識した次第である．

## 4 施設における高齢者の食状況

### 4-1 高齢者の食事傾向

高齢者における食事の傾向をまとめると表4-2のとおりである．

アンケートにもあるように，喫食者のニーズは昔から日常的に食べてきた食習慣が高齢になっても根強く，食べ慣れない味に対しては興味を持たず好まれない傾向にある．

### 4-2 食事に関するアメニティー（時間・環境・食器など）

食事をする環境は，身体の状態により車椅子で食堂を利用またはベッド上でと限られている．このような中で，高齢者は周囲の方や介護医療スッタフにも気遣いを忘れない傾向がある．下膳するまでの時間は十分にあり，ゆっくり食事をしてほしいと思う状況でも周囲の方の食べ方に合わせ，味わって食べることが少ないようである．他人に迷惑をかけてしまうことに気を遣い皆と同じことに安心し，安心することが自分にとって大切と考える傾向と推察される．

また，ほとんどの施設の食器は適時適温の特別管理加算により保温食器が使用されている．保温食器は保温の機能効果は大きいが，色や形も限られ，厚みやサイズも大きいことなどから高齢者にとって扱いにくいものとなっている．

このようなことを踏まえ，介護・介助する側も楽しくゆっくり味わって食べていただく配慮とアメニティー作りに，より努力する必要があると思われる．

### 4-3 介助の問題

食事介助（全介助）が必要な高齢者であっても，配膳された食事の色彩が綺麗な美味しそうなものや好みのものを見ると，喉（のど）が動き唾液分泌を促し食べる意欲が出てくることを忘れてはならない．介助者は一般的に果物やゼリーなどのデザート類は，当然のことでは

表4-2 好まれる料理

| 1. 食べ慣れたもの |
| 2. 味付けのしっかりしたもの |
| 3. 視覚にうつる綺麗なもの（色彩が鮮やかなもの） |
| 4. 多少の水分を含むパサつき感のないもの |
| 5. 小豆を使用した甘い菓子・料理 |

あるが食事の最後という固定観念がある．食べる順番はどのようであってもよく，子供と違い「食育」の必要はない．目の前に配膳された食事の内容を明らかにし，何から食べたいかを問い，果物やゼリーからでも欲しているものから介助してほしい．そして，唾液・胃液分泌を促進させ食事をしっかり摂取していただく状況をつくることが大切であることを認識してほしい．好きな食べ物・鮮やかで綺麗なものを見ると喉が動き唾液分泌される状況はとても意義があることであり，誤嚥(ごえん)防止と口からしっかり食事を摂ることにより低栄養状態の防止に繋がるのである．

## 4-4 施設における食事の問題
### (1) 栄養基準と食事状況，衛生上の問題

高齢者施設における食形態の提供は，キザミ食（きざむと量が増え盛り付けの調整傾向）や水分（スープ・だし汁など）を加えブレンドしたミキサー食が大半であることから，実際の食事栄養給与量は献立作成上の栄養基準量より低くなることは当然である．食事が全喫食されたとしても，キザミ食は普通形態食より5％減，ミキサー食においては15～20％減の実質栄養給与量となると考えられ，おやつや食事と一緒に補助食品を給与する必要があり，低栄養状態を含む栄養リスクが生じやすくなる．そして，キザミ食やミキサー食は手を加えることが多いため衛生上の問題も生じ，注意しなければならない点である．

### (2) 献立作成・調理側の問題

病院を中心とした施設の食事は常に集団給食と意識され，献立作成から調理・盛り付けまで喫食者の立場が十分配慮されているとは限らない．制限のある中でよりよい食事の提供に努力することに欠け，帳票類の多いこととも重なり特に栄養士は計算士になりがちである．そのような中で高齢者の多くはキザミ食やミキサー食であり，色合いや形態から外見も悪いことが多く，介助する側も無意識に機械的な食事介助になりやすいものである．このような状況を踏まえ，食事を提供する側の栄養士・調理師は栄養や衛生面だけではなく，献立内容から調理・盛り付けまで十分配慮する意識革命の必要が大である．

## 5 今後の高齢者への食の取り組み

### 5-1 施設に対応するキッチン（設備・機器について）

これからの高齢化社会に向けて多方面において施設の対応が求められているが，その施設の中で食に関する施設の問題は益々大きくなると考えられる．

2005年10月からの介護保険制度の見直しにおいて，栄養ケア・マネジメントによる個々の栄養管理が求められ，食事内容をしっかり把握しそれぞれ提供することが必要にな

る．種類の多い食事や献立が一度に求められるわけではないが，食全体の見直しが迫られ喫食率を上げる食事の提供が必要となる．そのため，厨房の設備や什器(じゅうき)備品類も見直すことが重要と思われる．その中で，量の多少にかかわらず手間の掛からない電子レンジの活用は調理への応用が期待される．また，既存の厨房に対応可能なコンパクトな調理機器類の開発が必要となると考えられる．

　食材だけではなく調理方法や機器などにより料理の品質が大きく左右される．近年はスチームコンベクションオーブンの普及により，肉や魚の焼き物がふっくらと美味しく調理されるようになったことは大きく改善されたことのひとつである．高齢者の食事は喫食率の向上が直接栄養状態に関係することから，衛生的に安全なことはもちろん，料理そのものの堅さから咀嚼(そしゃく)・嚥下の状況に至るまで留意して調理をすることが益々必要とされる．

　そして，クックチルや真空調理などの新調理システムを備えたセントラルキッチンによる効率化を地域や委託会社を含め検討することも必要と考えられる．

## 5-2　高齢者向けの調理済み食品（完調品）の開発

　現在，食品工業界では高齢者向けの食品や調理メニュー開発などが数多く行われている状況にあり，低栄養対応や鉄分やカルシウム・亜鉛補給などを目的とした補助食品は，病院・施設向けの業務用および一般家庭用を問わず多数市販されている．また，水分のトロミ調整食品も同様である．しかし，冷凍・レトルトなど一般惣菜を中心とした調理食品は多品目の調理形態が必要なことや，栄養士の手作り志向による影響も関係しているかと思われるが，商品化されているものは極めて少ない状況にある．著者も病院在職中，またクックチル対応のキッチンを備えたリハビリテーション病院開設にあたっては，衛生面・効率面も考慮し味付けや外見はもとより，キザミ・ミキサー食の対応として冷凍惣菜食品を献立に積極的に取り入れ，今現在も使用され患者さんに喜ばれている経緯がある．

　この冷凍惣菜食品の使用されている概ねの状況は図4-2のとおりである．特に使用量（出庫量）が多い品目は豆および豆腐類・野菜海藻類・魚類を中心とした煮物，ゼリーやいも類・白玉小豆（あん）を使用したデザート類となっている．これらは高齢者の好む料理嗜好と重なっている．また，調理冷凍されていることから塩分含有量が少ない配合割合でも味が浸透し食べやすくなり，クックチルによる調理同様減塩対策も可能となっている．これは従来のクックサーブによる調理では真似のできない点である．このような冷凍惣菜や調理済み食品を施設側の栄養士も上手に利用し，使い方や提供方法の工夫により献立内容に変化が生じ，結果的には喫食者のニーズに応えるかたちのひとつとなることを認識し，効率面と経済面を含め検討する必要があろう．そして，開発する食品工業界（メーカー）は，より安全で美味しく色彩にも配慮した製品のみならず，使用しやすい包装単位

**質問-1　概ねの使用施設（納入施設）数**
《回答》

|  | 全国施設数 | 使用比率 |
|---|---|---|
| ・介護療養型医療施設 | 4,000 | 約15% |
| ・一般病院（急性期型病院） | 5,000 | 約10% |
| ・特別養護老人ホーム | 5,000 | 約15% |
| ・老人保健施設 | 3,000 | 約10% |

**質問-2　使用量の多い（出庫量の多い）品目**
《回答》

|  | キザミ食 | ミキサー食 |
|---|---|---|
| 主　菜 | かれいのあんかけ煮<br>鮭の玉子とじ<br>豚肉しょうが煮<br>鶏肉の甘煮<br>豆腐つくねボール | かれいのあんかけ煮<br>鮭の玉子とじ<br>親子煮<br>鶏肉の甘煮<br>タラと里芋の煮物 |
| 副　菜 | こうや豆腐と海老の玉子とじ<br>ひじきの煮物<br>きんぴらごぼう<br>ほうれん草の白和え<br>卵の花 | こうや豆腐と海老の玉子とじ<br>ひじきの煮物<br>きんぴらごぼう<br>大根油揚げ煮<br>五目豆 |
| デザート | バナナミルクゼリー<br>いちごミルクゼリー<br>キャロットアップルゼリー<br>白玉ぜんざい | さつまいもとリンゴの蜜煮 |
| その他 | 冷凍味付やわらか納豆<br>ポテトサラダ<br>白玉団子（素材） |  |

**質問-3　キザミ・ミキサー食の使用量（出庫量）の割合**
《回答》
　キザミ食：65%　　ミキサー食：35%

**質問-4　使用施設の多い地域（都道府県）**
《回答》
　東京都，大阪府，愛知県，神奈川県，熊本県　等

**質問-5　使用施設及び栄養士の反応（反響）**
《回答》
・メニューの幅が広がる（普段使用できない素材が利用できる）
・選択メニューに対応しやすくなった
・キザミ食，ミキサー食でも盛り付けが可能になった
・温かい状態で盛り付けできるのが良い
・朝食時や人手の少ない時に助かる
・残食率が低下した
・喫食者のお通じが良くなった

図4-2　冷凍惣菜食品の使用状況の一例

と価格についても十分検討し，市場調査と経験豊かな専門家の意見をもとに商品開発をお願いしたい．

## 5-3 管理栄養士・栄養士の取り組み

近年，一般病院・介護療養型医療施設を問わずタンパク質エネルギーの欠乏した低栄養状態，すなわちタンパク質・エネルギー栄養障害（PEM）は要介護状態にある高齢者に高い割合でみられ，褥瘡・感染症・合併症も誘発しやすいことから食事摂取（栄養摂取）の重要性が認識されている．そして，医師を中心とした栄養サポートチーム（NST）が立ち上げられ，食事サポートの実施が求められ，褥瘡チームやクリニカルパスによる栄養ケアが始まっている．

2005年10月より介護保険制度において栄養アセスメントに基づいた栄養ケアプランによる食事サポートが義務づけられ，栄養ケア・マネジメントの体制が発足することとなった．これにより，口から食べることでの栄養改善，集団の給食管理から個別対応の実質的な栄養管理が求められることとなる．これは近い将来医療現場にも義務づけられるであろう．管理栄養士・栄養士はフードサービスを基本とした臨床栄養サービスの重要性を再認識する必要がある．そして，高齢者の栄養ケア・マネジメントの実践を通しての根拠ある栄養管理と，高齢者のこれまでの食環境に基づく食事と食欲に駆られ心から喜ぶ食事の提供が自立を促し，生きる喜びになるよう食のプロとしてQOL（生活の質）の維持向上に貢献することが望まれる．

## 6 豊かな食文化と共に

戦後から現代に至る食の変遷は食糧の不足・充足・過剰のステップを踏み，現在の食環境は社会・経済の繁栄と共に大きな変貌を遂げ豊かになってきた．一方，ライフスタイルの多様化により食生活は大きく変化し，不規則な食事・栄養の偏り・過栄養などの様々な問題がでている半面，平均寿命も延び高齢化社会の問題のひとつとして低栄養の実態がクローズアップされてきた．これら様々な食に関する問題は，2005年7月に食育基本法が施行され，法律がつくられた背景となっていることは言うまでもない．

海に囲まれ四季折々の気候風土に恵まれたわが国は，米や魚を中心に自然の恵みと，それぞれ異なる地方の食文化に育まれてきた．その中で近年の食環境は外国の多くの食文化を受け入れ，洋風・中華風の食事がレストランはじめ家庭だけではなく給食にまで反映し国際化してきた．これは，どんな食べ物とも相性のよいご飯を主食に，魚・肉・卵・野菜などの主要な食べ物を自在に組み合わせて食べる日本人の食生活が基本になっていること

は言うまでもない．そして，食事のメニューだけではなく茶道を中心とした文化が，日本の風土を土台に器や調理器具に至るまで，目で楽しみ舌で味わう豊かな食文化と重なり受け入れられ築かれてきた．しかし，昨今の食環境は食事ではなく食べ物だけが豊かになり，元来の日本の食生活で重要な食べ方の基本や食べ物の組み合わせが正しく伝承されずにきたことを踏まえる必要があると思われる．

「伝統ある食文化の喪失」「食の海外への依存」など，食育基本法がつくられた背景となっているが，豊かな食べ物の上に成り立つ現在の食生活は，まさしく食材は海外に依存し，ライフスタイルの多様化と食生活の乱れが食文化の喪失を招いていると言っても過言ではない．

このような食の変遷の中，日本の風土に立脚して営まれてきた高齢者の食生活は，食歴を踏まえて十分把握し，食の原点と食べることの意義を再認識する必要がある．

そして，高齢者の食べることが生きること，すなわち人生の終盤まで持ち続ける食欲に対し，本質的に豊かな食の提供に食に携わる私共は努力する義務があろう．

**参 考 文 献**

1) 宮川宗明：病院給食システムの設計管理指針，病院設備，**35**(3)，245-256（1993）
2) 斎藤郁子：高齢者の栄養サポートシステム，臨床栄養，**103**(2)，147-151（2003）
3) 鈴木正成編：生活科学シリーズ②，食生活論，同文書院（1990）

〈杉江あい子〉

# I-5　高齢者食の安全

　わが国の人口に占める老年人口（65歳以上）比率は出生率の低下と死亡率の改善により，高齢化が進み，2004年では老年人口比が19.5％となり，高齢社会（老年人口比14～20％）となった．今後とも老齢化率は上昇し，2025年には30％程度となり，超高齢社会になることが予想されている．高齢社会の問題として健康，医療，住宅，介護などの福祉が最も重視されているが，食の安全性確保も欠かせない問題である．高齢になるに従い，免疫力が衰え，感染症に罹患しやすくなるし，食品を介する微生物性食中毒も少量菌で感染が成立し，健康が脅かされる．さらには食中毒患者や食中毒菌保菌者からの感染が拡大し，高齢者間のヒトからヒトへの感染が引き起こされる危険性が高い．ここでは高齢者施設における食中毒の特徴と安全性対策について論じる．

## 1　高齢者施設での食中毒の発生

　高齢者施設では抵抗力の弱い高齢者が集団で生活していることから，結核菌による空気感染およびインフルエンザウイルスや肺炎球菌による飛沫感染，浴槽からの飛沫水によるレジオネラ感染が問題とされている．一方，飲食物を媒介とする食品媒介感染症（食中毒）も毎年集団発生が認められる．1996～2003年の8年間に厚生労働省に届けられた老人施設の給食による食中毒は108件，患者数3,253名にも及んでいる[1]．年間の発生件数は毎年10数件であって，特に増加傾向はうかがえない．

　病因物質は図5-1に示すごとく各種の微生物が原因となっているが，特にサルモネラ，腸炎ビブリオ，ウエルシュ菌，腸管出血性大腸菌を原因とする食中毒が多発している．ノロウイルスについては平成10年から統計に記載されてきたが，ノロウイルス食中毒は国内で発生する食中毒のトップであるし，老人施設でも多発している．高齢者施設での食中毒による死者はサルモネラや腸管出血性大腸菌による食中毒でしばしば報告されている．

　これらの病原体のうち，ノロウイス，腸管出血性大腸菌，サルモネラは食品媒介以外にヒトからヒトへの接触により感染が拡大していくことがある．特に高齢者では抵抗性が弱く，感染者，保菌者や介護者との接触感染およびベッドなどを介して施設内に蔓延することがしばしば報告されている．

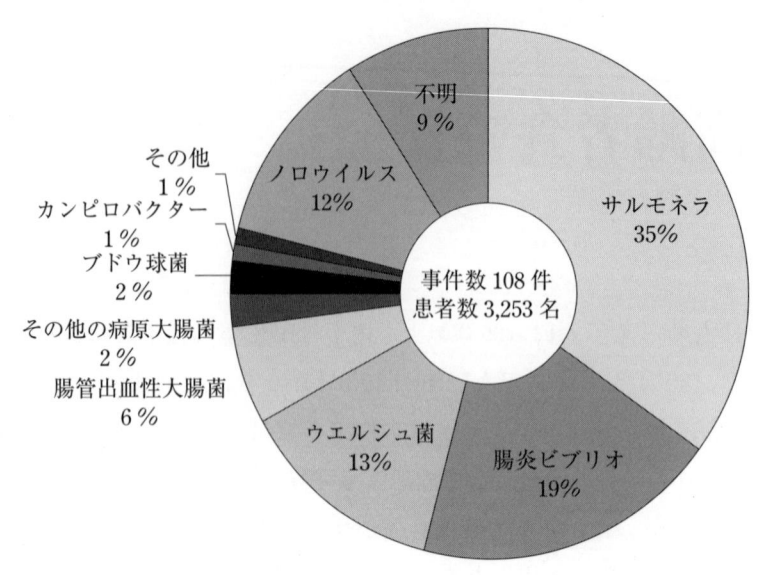

図 5-1　高齢者施設における食中毒（1996〜2003 年）（厚生労働省資料より）

## 2　高齢者施設で注目しなければならない食中毒微生物

### 2-1　ノロウイルス[2,3]

　ノロウイルス（従来，小型球形ウイルスと称した）は約 30nm の大きさの球形をしたウイルスであり，人工培養（組織培養など）ができない．本ウイルスの特徴として，低温下の水中では 3 週間以上生存するし，乾燥状態でも 2 週間以上生存するものと考えられている．食品内のノロウイルスは 85℃，1 分の加熱で死滅する．発生状況にも特徴が見られ，11 月から 4 月までの冬季に多発し，夏季には稀となる．ノロウイルスに感染した患者や発症しないがウイルスを保有している者が感染源となり，糞便に排泄されたウイルスが河川からカキなど二枚貝に取り込まれ，貝類の中腸腺に捕捉されたウイルスがカキなどを介

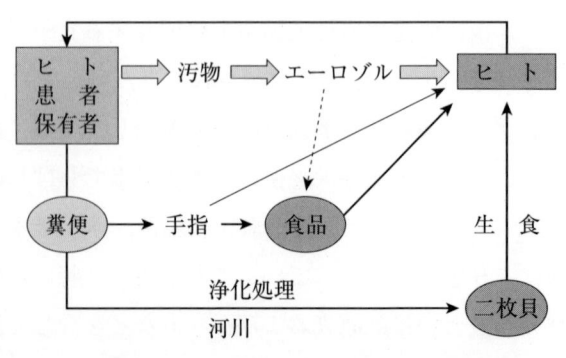

図 5-2　ノロウイルスの感染経路

して食中毒を起こす（図5-2）．また，ウイルスによる患者や保菌者の糞便から便所などで手指が汚染し，手指から給食などの食品にウイルスが汚染して食中毒を起こす．ウイルスであるので食品内ではノロウイルスは増殖を起こさないが，100個以下の少量のウイルス粒子で感染するといわれている．

本ウイルスは食品媒介以外にヒトの手指からヒトへの接触感染，あるいはウイルスに感染した患者の吐物にもノロウイルスが多数含まれており，これを介した感染などヒトへの感染例が多数報告されている．

### 2-2 腸管出血性大腸菌[4]

ベロ毒素（志賀様毒素とも呼ばれる）を産生する特殊な大腸菌で，O 157，O 26，O 111などの血清型が原因となる．国内では血清型O 157：H 7/−による事例が圧倒的に多い．加熱には弱いが，ハンバーグなど食肉中のO 157は75℃，1分以上の加熱が必要である．高齢者施設で多発している病原体ではないが，病原性が強く，高齢者では溶血性尿毒症症候群を続発することが多く，死亡することも稀ではない．O 157も100個程度の少量菌で感染が成立し，伝播力が強く，集団施設では施設利用者や介護者などの手指を介してヒトからヒトへの感染が見られる．

腸管出血性大腸菌がウシに保有されていることから牛肉，牛ひき肉が一次汚染源として重要である．自然環境に抵抗性が高い菌であるために，環境が汚染され，野菜などを汚染することもある（図5-3）．

### 2-3 サルモネラ

サルモネラは高齢者施設で発生例の最も高い病原体である．高齢者では100個程度の少量菌で感染し，まれにヒトからヒトへの感染も知られている．平成元年以降，産卵鶏の卵巣や輸卵管にサルモネラ（血清型：*S. Enteritidis*，SEと略す）が侵入し，産卵時から卵白に

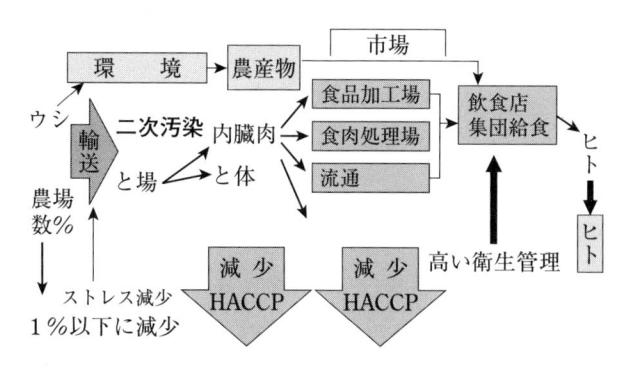

図5-3 腸管出血性大腸菌O 157による感染環境と対策

**表 5-1 厨房における卵の安全な取扱い方**

1. 賞味期限を確認してから使用する．
2. 必ず冷蔵庫に保存，室温に放置しない．10℃以下に保存．
3. 1個ずつボールなどの容器に割卵して，内容を確認．
4. 破卵やひどい糞便汚染した卵は使用しない．廃棄する．
5. 卵焼きなどは黄身が固まるまで加熱する．70℃，1分．
6. ゆで卵は沸騰水で5分以上．
7. すき焼き用卵など生で喫食する場合は，賞味期限内の生食用卵を使用．
8. 卵に使用した容器などは最後に洗浄，消毒する．
9. ミキサーで撹拌した後は完全に洗浄・消毒．

SEが汚染している状態となり，鶏卵を原料とした食品が原因食となることが多い．また，鶏卵の割卵時に手指や器具などをサルモネラが汚染し，これらを介して他の食品がSE汚染を起こし，食中毒となる．高齢者施設でサルモネラ食中毒が多発している理由として，これらの施設では鶏卵の料理が多用されていること，半熟程度が美味しいことから加熱が不十分であること，調理器具などの洗浄・消毒が不完全であり，二次汚染によることなどが考えられる．厨房における卵の取扱いの要点は低温保存，70℃，1分以上の加熱，二次汚染防止である（表5-1）．

## 2-4 腸炎ビブリオ

腸炎ビブリオは海産性魚介類に分布するので刺身や寿司が原因食品になりやすい．ただし，新鮮な魚介類中の腸炎ビブリオ菌量は少量であり，食中毒を起こすことは稀であろう．食品を室温に2時間以上放置することにより，腸炎ビブリオが活発に増殖し，食中毒を起こす菌量になるものと考えられる．高齢者施設で多発する理由として，高齢者が生の魚貝類を好むことと，施設での温度管理の不足が考えられる．

## 2-5 ウエルシュ菌

食中毒を起こすウエルシュ菌は健康者の腸管内に常在するウエルシュ菌と異なり，芽胞の耐熱性が高く，煮沸1～4時間でも死滅しない．また，下痢の原因となる毒素（エンテロトキシン）を産生するウエルシュ菌である．ウエルシュ菌は偏性嫌気性菌であるので，通常は食品中では増殖しない．大量に加熱したスープあるいは肉料理（カレーライス，肉と野菜の煮物など）や魚料理（魚の煮付けなど）を室温で放冷した際に，食品の温度が50℃から20℃に下降する間に急速に増殖する（図5-4）．最近，高齢者施設での発生例が多い理由については明確ではないが，加熱調理により微生物が死滅することから，加熱調理食

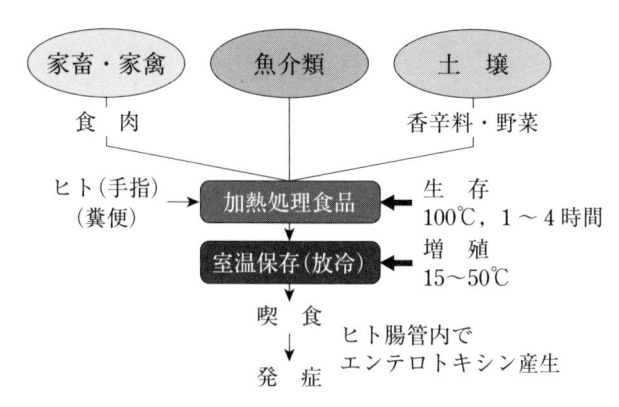

```
  家畜・家禽      魚介類         土 壌
      │           │             │
     食肉          │        香辛料・野菜
      │           ↓             │
ヒト(手指) → 加熱処理食品 ← 生 存
(糞便)                      100℃, 1～4時間
                ↓
           室温保存(放冷) ← 増 殖
                              15～50℃
                ↓
              喫 食
                ↓       ヒト腸管内で
              発 症     エンテロトキシン産生
```

図 5-4 ウエルシュ菌食中毒の発生機序

品に対して安心感が高いためと思われる．

通常の成人ではヒトからヒトへの感染はないが，高齢者施設では保菌者やベッドなど汚染していたエンテロトキシン産生ウエルシュ菌芽胞が経口感染し集団感染する事例や，長期間にわたり感染が継続する事例が報告されている[5]．一般成人の腸管内ではウエルシュ菌は増殖できないが，高齢者では腸管内の微生物叢がウエルシュ菌の増殖を促し，腸管内で毒素が産生されて下痢症を起こす可能性も否定できない．

## 3 高齢者施設における食の安全性確保[6,7]

給食施設の衛生管理は元厚生省が平成 9 年に示した「大量調理施設衛生管理マニュアル」が HACCP の概念に基づいて作成されており，このマニュアルに従った衛生管理を推進していくことが最善である．衛生管理の要点は下記のごとくである．

### 3-1 施設設備の整備

調理過程からの二次汚染を極力少なくするためには施設・設備からの支援が重要である．汚染作業区域と非汚染作業区域を明確にできる施設，動線を考慮した調理器具の配置，適切な手洗い設備，調理室専用の手洗い設備が最低必要である．

### 3-2 原材料納入時の衛生管理

納入される原材料の安全性を確保しておくためには納入業者の選定を厳格に行い，衛生管理の基準を作成して，立入り調査を行わなければならない．輸送時の細菌の増殖を防止するためには搬送時の温度管理を徹底し，納入時のチェックを行い，納入後にも適切な温度で管理する．納入時には調理従事者が立ち会い，検収場で品温，鮮度，異物などの点検

を行う．

### 3-3 使用水の衛生管理

始業時と調理作業終了時に使用水の残留塩素を測定し，0.1mg/L であることを確認する．

### 3-4 鼠族（ネズミ）・昆虫対策

ネズミなどはサルモネラなど病原菌を保有する危険性が高いので，定期的に駆除を行う．また，外部からのネズミやハエなどの侵入防止を行う．

### 3-5 調理従事者

下痢や発熱など胃腸炎の原因にはサルモネラ，腸管出血性大腸菌，ノロウイルスなどの病原菌が関与するので，症状のある際には直接食品と接触する作業に従事しない．化膿の主な病原菌は黄色ブドウ球菌であることが多いので，化膿がある場合には適切に処理し，食品に直（じか）に接触しない対策が必要．健康診断と O 157，サルモネラなどの保菌者検査を定期的に実施する．また，高齢者施設ではノロウイルスによる感染症の危険性が高いので，本ウイルスの検査実施も望まれている．

### 3-6 調理工程における衛生管理

微生物汚染度が高い下処理室の汚染を調理室に持ち込まないために，下処理室と調理室は明確に区別を行い，包丁やまな板，エプロンなどは用途ごとに区別する．野菜は洗浄に最も注意する食材であり，十分な流水で洗浄する．必要に応じて次亜塩素酸ナトリウムなどで殺菌する．

調理室では専用の履物（はきもの），エプロンを着用し，作業の変わり目には必ず手指の洗浄・消毒を励行し，加熱後の食品への二次汚染を防止する．加熱調理食品は安全に加熱し，ハンバーグなどは中心温度が75℃，1分以上であることを確認し，記録に残す．加熱野菜は冷却後も冷蔵庫に保存し，温度の上昇を防止する．また，サラダや和え物などは二次汚染を極力避けるために，清潔な場所で作業を行うこと．

### 3-7 調理後の食品の温度管理

調理後の食品は長時間（2時間以上）室温に放置しない．配送が必要な際にも温度管理を徹底し，2時間以内に提供する．

病原微生物に対する免疫が十分に機能しない高齢者は，食品媒介病原体の感染により致命傷となることも稀ではない．また，食品や飲料の媒介以外にヒトからヒトへの感染がしばしば発生しており，食品を対象とした衛生管理と併せてヒトに対する感染症防止対策も重要である．

**参 考 文 献**

1) 伊藤　武：細菌の食中毒発生の傾向と問題点，臨床栄養，**107**，22-29（2005）
2) 林　志直：ウイルス性食中毒，東京都健康安全研究センター年報，**54**，11-15（2003）
3) 伊藤　武：ノロウイルスの被害状況と対策，*PACKPIA*，**49**（4），46-49（2005）
4) 伊藤　武，甲斐明美：腸管出血性大腸菌 O 157 感染症と食品，食品衛生学雑誌，**38**，275-285（1997）
5) 深尾敏夫他：特別養護老人ホームにおける環境由来と思われるエンテロトキシン産生 *Clostridium perfringens* による集団下痢症，感染症雑誌，**78**，32-39（2004）
6) 伊藤　武：食品の微生物学的安全性確保，食品衛生学雑誌，**41**，J384-391（2000）
7) 伊藤　武：厨房を脅かす病原菌―食品から施設まで―，生活衛生，**45**，3-13（2001）

〈伊藤　武〉

# Ⅱ 高齢者向けの食品開発の視点

# II-1　高齢者の栄養と食品の機能性

## 1　加齢老化とフリーラジカル説

中高年を過ぎると，誰もが老眼になったり，黒髪が白髪に変わったり，歯が抜けたりと目に見える変化で老化を感じるが，体内でも目に見えない老化が進行する．例えば，20歳の頃と比べ80歳の骨格筋量は40%減少し，また脾臓，肝臓，腎臓などの重量も加齢に伴い10〜30%減少するといわれる[1]．一方，心臓重量はさほど変化しないが，機能の面では加齢に伴い脈拍数，1回拍出量（mL/拍動），心拍出量（L/分）が落ちるため血液の平均循環時間は長くなる[2]．このように，老化に伴い，心肺機能，消化酵素活性，神経伝達速度，免疫力などが低下する．

老化の原因については突然変異説，細胞分裂異常説，エラー破綻説など古くから多くの説がある．そのうちで最近注目を浴びているのがフリーラジカル説[3]である．つまり，人間は生きるために多量のエネルギーを毎日生産する．その際，呼吸により取り入れられた酸素が必要となる．エネルギー生産に利用された酸素のほとんどは水と二酸化炭素となって排泄されるが，一部は反応性の高い活性酸素となる．生体内で生じる活性酸素とは，スーパオキシド（$O_2\cdot$），過酸化水素（$H_2O_2$），ヒドロキシラジカル（$HO\cdot$），一重項酸素（$^1O_2$）の4種である．これら活性酸素は，免疫系や肝臓での解毒反応にも関与しており，生命を維持する上でも不可欠なものであるが，過剰な活性酸素はカタラーゼやスーパーオキシドジスムターゼ（SOD）のような酵素によって消去，無毒化される．加齢に伴い体内の制御機構が低下しはじめると，活性酸素が消去しきれずに脂質，タンパク質，酵素，DNAなどに作用し，これらを破壊，変性するようになり，その結果，成人病やがんなどを惹起するといわれる．フリーラジカル説は，① 一般に動物間では寿命が長いものほど老化速度が遅い，② 高等動物の寿命と肝臓SODの比活性は直線関係にある，などの研究が基礎となっている．

## 2　高齢者と栄養

性・年齢階層別基礎代謝基準値と基礎代謝量によると，基礎代謝量は50歳を超えると

男女とも成人期より低下する．70歳以上の高齢者の生活活動強度Ⅱ（やや低い）の推定エネルギー必要量は，男女でそれぞれ，1,850kcal，1,550kcalである．これは，20歳代のそれと比べ，男女とも20％ほど低く，学童レベルのエネルギー所要量に相当する．栄養素別でみると，70歳以上の脂肪のエネルギー比率は15～25％と20歳代の20～30％と比べ低く抑えられている．しかし，飽和脂肪酸，n-6系脂肪酸，n-3系脂肪酸の食事摂取基準では大きな差は認められない．タンパク質推奨量は，70歳以上の男女で，それぞれ60g，50gであり，20歳代のそれと同じ値である．無機質のうちカルシウムは，成長期には多く摂取する必要があり，年齢によって目標量が大きく異なるが，30代以降の目標値は同じである．マグネシウム，鉄，リンなど他の無機質においても，目安量や推奨量は成人以降，年齢に関係無くほぼ同じ値に設定されている．また，ビタミンの目安量や推奨量についても，おおむね成人と同じである．

　以上より，高齢者の栄養を考えた場合，摂取カロリーは少な目でよいが，タンパク質，ビタミン，ミネラルなどの栄養素は，成人と同程度摂取しなければならないということになる．高齢者は，消化酵素活性が年齢とともに低下し[4]，無機質やビタミンの体内含有量，吸収率も低下する[5]．また，咀嚼・嚥下能力が低下していたりする場合も多い．さらに，鹹味（塩味）と甘味の感受性も著しく低下するので，濃い味を好む傾向となる[6]．高齢者の食事は，栄養のみならず形態や物性，あるいは味に工夫が必要ということになる．

## 3　高齢者の健康と機能性食品

### 3-1　機能性食品とは

　近年，医食同源の科学的解明が進み，食品には3つの機能があると考えられるようになった．すなわち，栄養（一次機能），おいしさ（二次機能），生体調節（三次機能）に係わる機能である．機能性食品とか食品の機能性とかいう言葉をよく耳にするが，これらは，食品の三次機能を指す場合がほとんどである．

　それでは，機能性食品とはどういうものなのだろうか．機能性食品とは，食品や食品成分と健康の係わりに関する知見からみて，ある種の保健の効果が期待される食品と定義され，保健機能食品や一部の健康食品がそれにあたる．このうち，保健機能食品は，厚生労働省が認めた機能性食品であり，食品衛生法上，栄養機能食品と特定保健用食品に分類される．ここで，栄養機能食品について補足すると，栄養機能食品とは，ビタミン・ミネラル17種（ビタミンA，ビタミンD，ビタミンE，ビタミン$B_1$，ビタミン$B_2$，ナイアシン，ビタミン$B_6$，葉酸，ビタミン$B_{12}$，ビオチン，パントテン酸，ビタミンC，カルシウム，鉄，亜鉛，銅，マグネシウム）を一定量含む食品を指す．栄養機能食品は，上記のビタミンやミネラ

**図1-1** 特定保健用食品の目印

ルの含量が基準値を満たしていれば，許可なしで栄養機能食品と明記できる．しかし，現在のところ，保健に効果のあることが期待される他のビタミンやミネラル，あるいは脂肪酸などを含む食品は栄養機能食品と明記することができない．

一方，特定保健用食品は，生体調節機能を有する食品で，その効果が医学的・栄養学的に実証され，かつ厚生労働省がその効果を認めたものを指す．これは1991年に制度化され，認可された食品にはジャンプマーク（図1-1）がついている．その特徴は「血圧が高めの人向け」など，食品の効果・効能を表示していることである．厚生労働省の認可を受けるためには，動物試験，さらにヒトに対する試験を行い，学術的に裏付けのある資料をはじめ，安全性などの膨大な資料を厚生労働省に提出しなければならない．現在，特定保健用食品としてカプセルや錠剤タイプのものが認められるようになったが，市販されている商品は乳製品，納豆，ヌードル，油，飲料，菓子など普通の食品の形態をとっているものがほとんどである．

さらに，認可の基準がより緩和されれば，枠にとらわれない形態の新たな商品が市販される可能性もあり，今後の動向が注目される．また，作用機序，有効性を確認する試験の方法，の2方向から審査基準を緩和した「条件付特定保健用食品」が創設され，近い将来，このような商品も市販されるものと思われる．保健機能食品の最新情報については，厚生労働省ホームページ[7]を参照されたい．

## 3-2　老化防止と食品の機能性

前述したように，老化の原因としてフリーラジカル説[3]が提唱されている．フリーラジカル説によると，加齢に伴い体内の制御機構が低下しはじめると，活性酸素が脂質，タンパク質，酵素，DNAなどに作用し，これらを破壊，変性するようになり，その結果，成人病やがんなどが惹起される．

事実，抗酸化ビタミンであるビタミンEが動脈硬化やアルツハイマー型認知症，白内障に有効であることが実験により示唆されている[8]．また，ビタミンEは疫学的調査からもある種のがん予防に効果があるといわれている[9]．他に，同様の抗酸化能を示すカロテノイド，ポリフェノールなどについても同様の効果が期待されている[10]．このような理由から，抗酸化性を有する成分を含んだ食品が数多く市販されるようになった．しかし，ビタミンEをはじめとする抗酸化物質の老化制御に対する効果については不明な点も多く，新たな疫学的方法での再調査，食品含量データベースの作成，摂取量と健康指標との関

連，生体内での相互作用などについて更なる検討を行い評価する必要がある．今後の研究の発展に期待したい．

## 3-3　高齢者に多い疾患と食品の機能性

　高齢者社会を迎えるに当たって，健康寿命を長く保つことは，高いQOL（生活の質）の高齢期を過ごすための基礎となる．死因別死亡率の推移をみると，近年では食事，飲酒，喫煙，運動，休養など生活習慣に密接に関与しているがん，心臓病，脳梗塞，糖尿病などが死因の上位を占めている（図1-2）．また，死因を性・年齢（5歳階級）別に構成割合でみると，30歳代からは，年齢が高くなるにつれ，がんの占める割合が高くなり，そのピークは男では60歳代，女では40〜50歳代となる．それ以降では，男女ともがんで死亡する割合が減り，心疾患，脳血管疾患，肺炎で死亡する割合が高くなる（図1-3）．したがって，若い時期から，食生活に気をつけ，適度な運動を行うなど，良い生活習慣を続けることは，これら疾病を予防し健康な老後を過ごすためには重要となる．特に，食生活に関しては，機能性食品の摂取も有効と思われ，今後の発展が期待される．以下，高齢者に多い疾患と食品の機能性について述べる．

**(1)　が　　ん**

　ヒトにおけるがんの大部分は化学物質によって起こるといわれている．化学物質による発がんは基本的にはイニシエーション（初発段階）とプロモーション（促進段階）の2段階を経て進行するものと考えられている[11]（図1-4）．

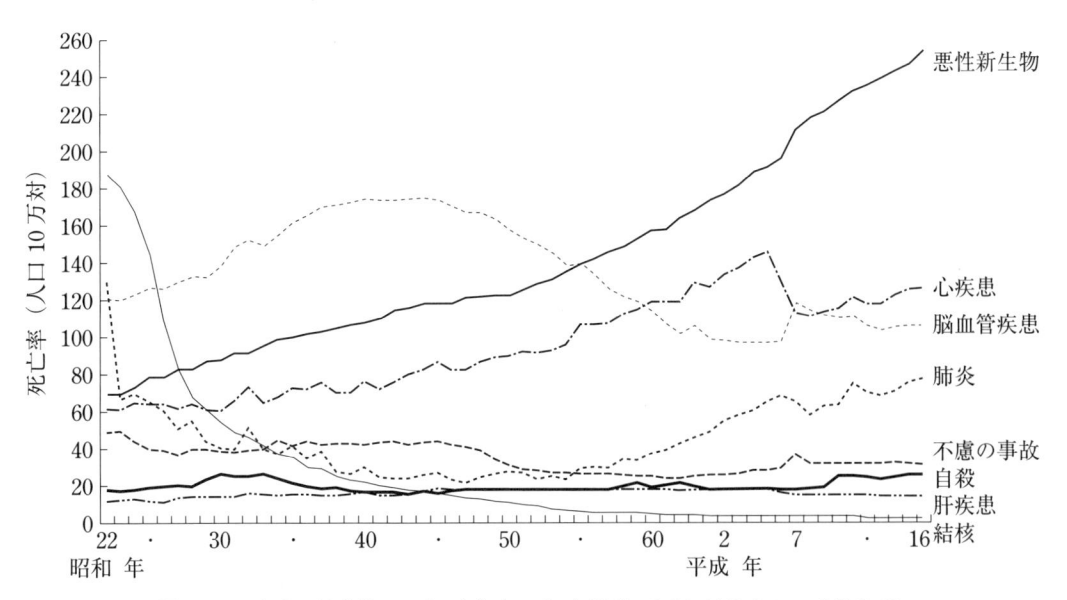

**図 1-2　主な死因別にみた死亡率の年次推移（厚生労働省人口動態統計）**

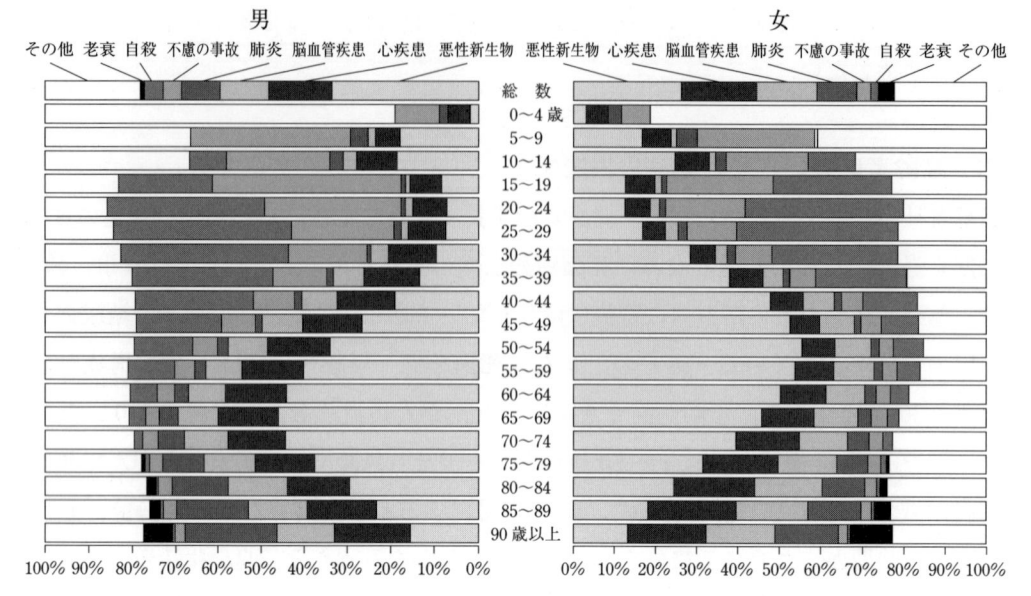

**図 1-3** 性・年齢階級別にみた主な死因の構成割合（平成 16 年）（厚生労働省人口動態統計）

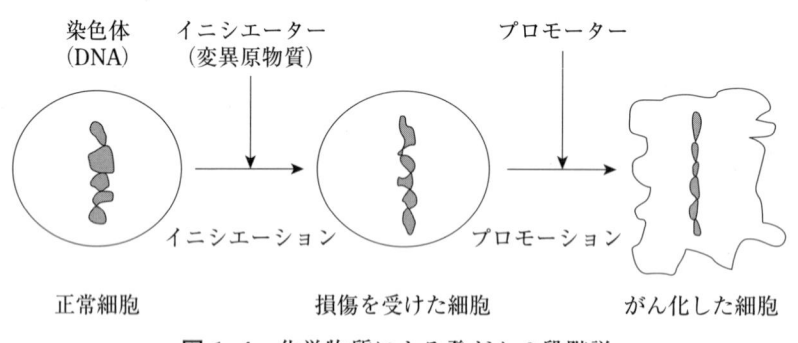

**図 1-4** 化学物質による発がん 2 段階説

　第一のイニシエーション過程は，がんを引き起こすきっかけをつくる変異原物質や発がん物質などイニシエーターと呼ばれる化学物質により細胞内染色体に修復不能な損傷が生じ，潜在的がん細胞になる過程である．第二のプロモーション段階は，イニシエーターで損傷を受けた細胞がさらにプロモーターと呼ばれる化学物質によってがん化される過程である．このように，イニシエーターおよびプロモーターは作用機構が全く異なることから，両過程は独立したものとして区別されている（発がん 2 段階説）．したがって，イニシエーションまたはプロモーションのいずれかの過程，もしくは両方の過程を同時に阻害できれば最終的に発がん抑制につながるものと期待される．

　これまでの研究によりズイキ，チリメンジシャ，ナタネ，カリフラワー，ブロッコリー，ワサビ，アボカド，ライチ，バナナなどの果実野菜類は，プロモーション抑制効果を持つことが報告されており，いくつかは有効成分も同定されている[12,13]．また，アメリカ

では，長年にわたり行われてきた多くの疫学調査に基づき[14]，がん予防のためのデザイナーズフーズ計画が進められており，その成果が期待されている．

一方，キノコ類や海藻類，あるいはある種の乳酸菌には，上述のように発がんを抑えるというのではなく，体の免疫力を高めることによりがん自体を破壊する作用を持つことが知られている[15]．事実，マンネンタケ，カワラタケ，メシマコブなどサルノコシカケ類の一部は古くからがんに効く和漢薬，民間薬として伝承的に使用されている．また，シイタケに含まれている多糖のレンチナンは抗がん剤（医薬品）として使用されている．これらの免疫力増強作用は，グルカンに代表される特殊な多糖類や細胞質構成成分が関係していると考えられている．

## (2) 高 血 圧

現在日本人の死因のトップを占めるのはがんということになっているが，2, 3位の心疾患と脳血管疾患を足すと1位のがんにせまる数となる．これらの疾患には高血圧が密接に関与しているので，高血圧を予防する食品は重要な研究目標となる．成人の正常な血圧は収縮期（最高血圧）が140mmHg未満で拡張期（最低血圧）が90mmHg未満である．最高血圧が140～160mmHg，最低血圧が90～100mmHgのいずれか，もしくは両方を充たす場合を軽症高血圧，最高血圧が160～180mmHg，最低血圧が100～110mmHgのいずれか，もしくは両方を充たす場合を中等症高血圧という．重症高血圧症は最高が180mmHg以上，最低が110mmHg以上の場合である．

我々の血圧は図1-5に示すように調節されている．特に血圧調節に関与するアンジオテンシンI変換酵素（ACE）は，生体内で昇圧活性の低いアンジオテンシンIを加水分解

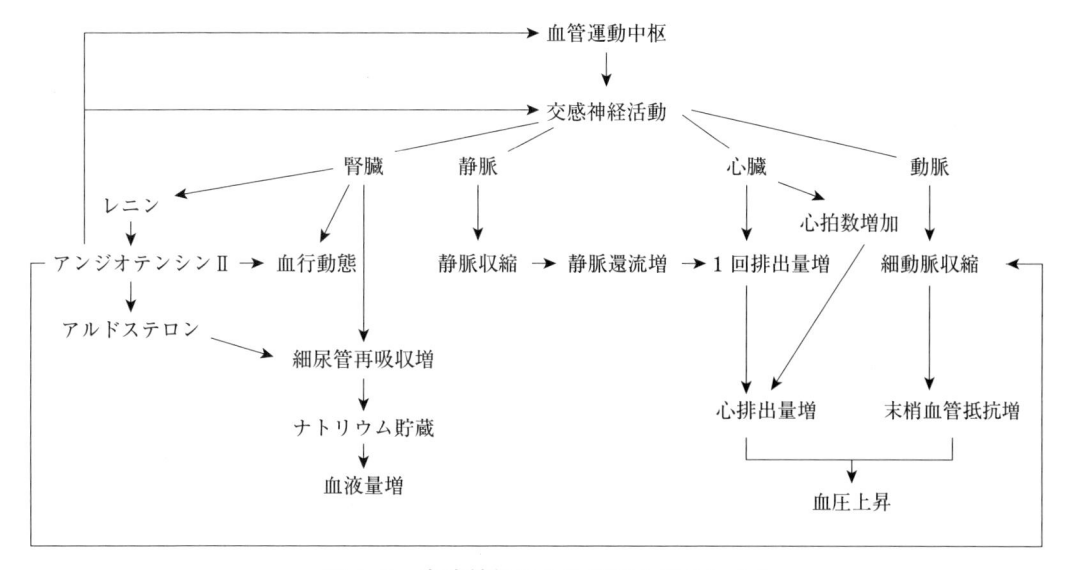

**図 1-5** 交感神経による血圧上昇のしくみ

し，昇圧活性の高いアンジオテンシンⅡに変換する酵素として知られている．この酵素の働きを抑える物質は，血圧の調節機能を有することから，各種食品のACE活性阻害物質について幅広い研究が行われ，数多くのACE阻害ペプチド[16]が見いだされている．他に，血圧降下が期待できる成分としては，交感神経系に作用すると考えられている γ-アミノ酪酸（GABA）[17]やフラボノイド[18]などがある．また，これらの成分を強化した商品の多くは，特定保健用食品として認可されている．

### （3）血栓症

血栓症は，血管内の血液が凝固してできる血栓のため起こる病気である．狭心症，心筋梗塞，脳梗塞などがそれにあたる．その要因は，高血圧と高脂血症などによる動脈硬化により引き起こされる血液・血管系の異常とされる．具体的には，フィブリンを主要成分とする血栓の形成系がフィブリン除去に働く線溶（プラスミノーゲン）系の活性をしのぐことに起因する．血栓形成を抑えることができれば，これらの病気をかなりの割合で予防することは可能と思われる．

食品中に含まれる血栓予防に有効な成分は，血栓を溶解するものと血栓形成を抑制するものに大別される．血栓を溶解する成分としては，納豆に含まれるナットウキナーゼがある[19]．ナットウキナーゼは大豆中には存在せず，納豆菌により生産される．ナットウキナーゼは，現在血栓溶解剤として使用されているウロキナーゼ（医薬品）と同様に生体内で血栓を溶解する作用を持つことが臨床的に実証されており，静脈投与のみならず経口投与においても血栓を溶かす[20]．一方，血栓形成を抑制するものとしては，$n-3$系列の高度不飽和脂肪酸であるエイコサペンタエン酸（EPA）やドコサヘキサエン酸（DHA）[21]，ニンニクやタマネギに含まれる含硫化合物[22]などが見いだされている．近年，ハーブ類についても血栓形成抑制に関する研究が進められ，クローブ，オールスパイス，ナツメグ，ショウガ，ターメリック，シナモン，レモングラスなどでもその作用が確認されている[23]．

従来，血液の流動性に及ぼす食品の影響を調べる方法としては，上述の血栓形成抑制作用などを試験管内の実験で評価する，すなわち間接的な手法が主であった．近年では，血液の流動性を直接調べる手法が確立され，黒酢，梅干し，黒ダイズなどが血液の流動性を高める作用を持つことが明らかとなっている[24]．また，血液の流動性を高めることは，血栓形成抑制のみならず体内の物質運搬や活性酸素による障害などを軽減させ，総合的に見て健康の維持増進に役立つことも示唆されている．

### （4）糖尿病

飽食時代といわれる今日，糖尿病の発症頻度は歴史上最も高く，時に先進国では深刻な問題となっている．しかも，その死因としては糖尿病が直接の原因である糖尿病性昏睡はわずかで，その多くは血管性合併症である．糖尿病にはインスリン依存型（1型）と非依

存型（2型）の2種類のタイプがある．1型は，インスリンを作る細胞がウイルスや免疫異常によって破壊されて発病すると考えられているが，日本では少なく，全糖尿病の5％以下といわれている．中年以後に多く発病する2型は，遺伝的に糖尿病になりやすい体質に，過食，運動不足，肥満，ストレスなどの要因が加わり，インスリンの働きが悪くなって発病すると考えられている．日本人の糖尿病はほとんどが2型である．

糖尿病の是正を目的とした療法には，食事療法と，古くからのインスリン療法，それに最近各種開発されている経口血糖降下療法などがある．経口血糖降下療法とも関連するが，糖尿病やその予防に効果のある食品の機能性成分としては，摂取エネルギー抑制作用に関連するものが主で，具体的には，糖を分解する消化酵素の働きを抑えたり[25,26]，糖の吸収を阻害[26]・遅延[27]したりする成分である．

### (5) 肥　満

摂取エネルギーが消費エネルギーを上回り，この状態が長く続くと脂肪として蓄積され，体重が増える．高齢者は基礎代謝量が低下するので，肥満となりやすい．

肥満は，一連の生活習慣病と密接に関連しており，特に内臓脂肪の蓄積により代謝系のバランスが崩れると高血圧，高血糖，高脂血症を重複し，その結果心筋梗塞や脳梗塞を引き起こす可能性が高いといわれている（図1-6）．このような糖代謝や脂質代謝の異常により発症した様々な疾病が重なって存在する病態をメタボリックシンドロームと呼び，生活習慣病を防ぐ新たな指標として注目されている[28]．

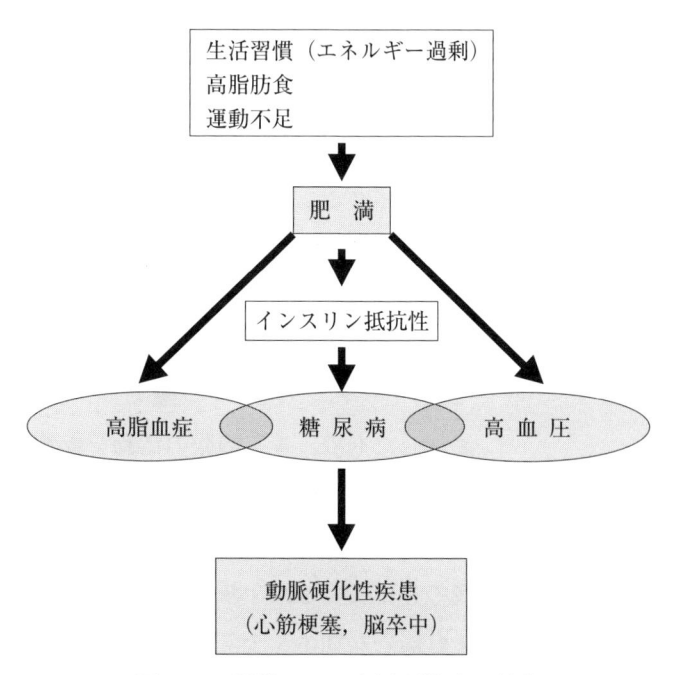

**図 1-6** 肥満による生活習慣病の併発

肥満を予防するためには，食事制限，運動などが重要なポイントとなることはいうまでもないが，糖の吸収を遅延させたり，消化酵素の活性を阻害したり，あるいは脂肪の燃焼を促進させる機能性食品の利用も有効であるかもしれない．肥満を予防するのに効果がありそうな食品成分としては，血糖低下作用を有するバナバの葉，ギムネマの葉，$\alpha$-グルコシダーゼ阻害活性を有するクワの葉，脂肪酸酸化を促進するガルシニア果実や緑茶，エネルギー代謝量を増大させるトウガラシなどがある[25]．一方で，効果が期待できないダイエット用サプリメントや健康を害する食欲抑制剤を含んだ悪質なサプリメント（違法）も数多く出回っており，大きな社会問題となっていることも事実である．

肥満を予防することは，種々の生活習慣病予防にもつながる．苦労せずに肥満を予防するとの考えには賛否両論あろうが，総合的な生活習慣病予防の見地から，この方面の研究および商品開発は今後ますます盛んになるものと思われる．

### (6) 骨粗鬆症

骨粗鬆症は骨の質的な変化無しに骨量が減少する症状で，一般に老齢期，特に閉経以後の女性に起こりやすい．高齢者が骨粗鬆症により骨折入院したり，入院中に骨折することが引き金となり，老化が促進されたり，認知症が始まったりすることもあるという．健康寿命をのばし，高いQOLを得るためには骨粗鬆症の予防が重要である．ヒトの骨重量は，骨芽細胞の骨形成能力と骨吸収・骨破壊能力のバランスによって左右される．加齢により骨重量が減少するのは，エストロゲン，副甲状腺ホルモン，カルシトニンなどのホルモンバランスの変化，胃酸分泌の低下や腸の吸収機能の低下，腎臓での尿へのカルシウム排泄の増加などが関係しており，結果的に骨吸収・骨破壊能力が骨形成能力を上回ることにより起こる．これら骨量の減少に関係する因子を表1-1にまとめた．骨粗鬆症を予防するために必要な栄養素としては，カルシウム，ビタミンDが代表的であるが，近年，骨形成にビタミンKの関与が明らかとなり，ビタミンKの摂取が骨粗鬆症の予防に有効であるとの報告がある[29]．

骨粗鬆症の予防を目的として開発された食品としては，カルシウムの吸収を高めるカゼインホスホペプチド（CPP）[30]やクエン酸リンゴ酸カルシウム（CCM）[31]などを添加したもの，骨芽細胞の活動を促進させ骨形成能を高める乳塩基性タンパク質（MPP）[32]入りの牛乳，上述のビタミンKを高含有した納豆などがある．また，閉経直後の骨密度の急激な減少を予防する目的で，大豆中に含まれ弱い女性ホルモン様作用を示すイソフラボン[33]を強化した食品も開発されている．ここで，イソフラボンに

表1-1 骨量の減少に関係する因子

| |
|---|
| 加齢 |
| 閉経（女性） |
| 遺伝 |
| カルシウム不足 |
| ビタミンD不足 |
| ビタミンK不足 |
| 日光浴不足 |
| 運動不足 |
| 喫煙，飲酒，カフェイン |
| 塩分，糖分 |
| ストレス |

関しては,近年,内閣府・食品安全委員会の専門調査会において過剰摂取に注意を促す報告書案がまとめられており,今後の動向が注目される.

**(7) 下痢・便秘**

腸内には人体にとってプラスに働く細菌（善玉菌）とマイナスに働く細菌（悪玉菌）が共存している.おなかの調子を整えることにより健康を保持するためには善玉菌を増やし,悪玉菌を減らすことが有効である（図1-7）.高齢者では腸内の善玉菌が減少するとの報告がある[34].

腸内の代表的な善玉菌である乳酸菌やビフィズス菌を増殖させるには,これらの有用細菌そのものを摂取する以外に,オリゴ糖などを摂取して,はじめから腸内にいる善玉菌を増殖させてやるのも一法である[35,36].整腸効果を目的に多くの特定保健用食品が市販されているが,ほとんどの商品は,生きた乳酸菌やビフィズス菌を添加したものか善玉菌の栄養源となるオリゴ糖を添加したもの,あるいは両者を含むもののいずれかである.

食物繊維は,ヒトの消化酵素で消化されない食品成分と定義され,主体は難消化性多糖とリグニンである.十分量の食物繊維を摂取することは,消化管内の内容物が増加し,糞

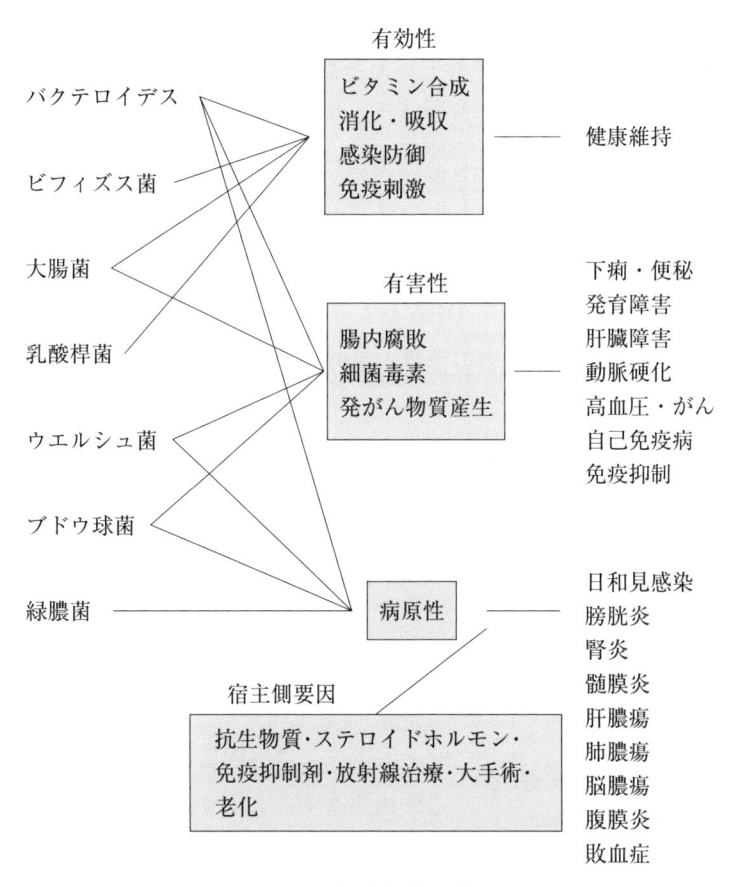

図1-7 腸内細菌の作用

便量が増え，便秘の解消に有効である．高齢者は，腸の筋肉が弱まり蠕動（ぜんどう）運動が低下するので，便秘予防の観点から十分な食物繊維を摂取することが望ましい．日本人の食事摂取基準によると，食物繊維の目標量は成人男性で1日17～20g，女性で15～17gであるが，我々の食生活では非常に少なくなっており，1日の平均摂取量は約14gと推定されている．また，食物繊維は，便秘予防に有効である以外に，血清コレステロール低下作用[37]や血糖値低下作用[38]などを持つことが知られている．このような理由から，健康の維持・増進のためには，十分な食物繊維を摂取することが望ましく，食物繊維を強化した数多くの食品が市販されている．

### (8) 認知症・記憶学習能低下

老年期に発症する認知症の大半は，多発梗塞性認知症とアルツハイマー型老年認知症である．このうち，わが国で多いのは，前者の，いわゆる脳血管性認知症であり，全体の半数以上を占めている．脳血管性認知症は血行障害に起因し原因が明確なことから，前述した血栓溶解や凝血抑制作用を持つ食品あるいは成分は，その発症の予防に有効である．

魚油に多く含まれるドコサヘキサエン酸（DHA）は，脳細胞の神経伝達物質放出に係わるシナプトソームやタンパク質合成に係わるマイクロソームに多く分布することから，神経成長因子に関与することが推測されている．動物を用いた実験において，DHAを多く含むイワシ油を添加した飼料を与えた群は，n-3系高度不飽和脂肪酸を含まない飼料を与えたそれと比べ，迷路試験の結果が有意に優れていたとの報告がある[39]．また，大豆食品に豊富に含まれるレシチンにも記憶力増強効果があることも動物実験により報告されている[40]．レシチンの記憶力増強効果は，レシチンの構成成分の一部であるコリンが関与しているものと考えられる．このようにDHAやレシチンは記憶学習能の低下，さらにはアルツハイマー型認知症の予防に役立つ可能性があり，今後の研究の発展が期待される．

### (9) 精神的不安

高齢者は，生理的要因のみならず環境要因などにより精神的変調をきたし情緒不安定となる場合がある．このような場合，自殺や認知症の引き金となる可能性もあり，事態は深刻である．近年，様々な食品成分が脳に移行し，神経系などに影響を及ぼすことが明らかとなりつつある．一例を挙げると，緑茶の旨味成分で，グルタミン酸の誘導体であるテアニンがそうである（図1-8）．テアニンは脳内に働きかけ，ストレスを緩和する作用を有することが明らかとなっており[42]，テアニンを利用したストレスにやさしい機能性食品もすでに市販されている．

**図 1-8** グルタミン酸とその誘導体であるテアニン

ところで，古くから精神を安定させ，免疫力を高める代替療法の１つにアロマセラピーがある[42]．森林の香りや花の香りを嗅（か）ぐことで，鎮静効果や安静効果，あるいは免疫賦（ふ）活（か）化などが期待できるという．今後，抗ストレス食品の需要は伸びることが予想され，香りを機能性素材として用いた食品など様々な機能性食品が開発・市販されるものと思われる．

## 4 安全性と効能

体によいといわれ市販されている機能性食品のなかには，摂り方を間違えるとかえって健康を害するおそれのあるものもある．例えば，亜鉛や銅などの重金属や脂溶性ビタミンが強化された食品を大量に摂取したりすると，過剰症が現れ，危険を伴う場合がある．また，ブロッコリースプラウトやワサビに含まれるイソチオシアネート類は解毒活性誘導作用を持つことが知られているが，サプリメントなどで極度な濃縮を行うと，逆に発がん物質になりうる可能性も指摘されている[13]．抗酸化作用を持つビタミンCやポリフェノールなどは，条件次第で酸化を促進させる，いわゆるプロオキシダントとして作用することも報告されており[43,44]，抗酸化物質も摂取量や摂るタイミングにより健康を損ねる可能性を否定できない．このように，様々な機能性成分の安全面での最大許容量についての検討は不十分であり，早急に解決しなければならない問題である．

一方，機能性食品自体に問題は無いが，その摂取の仕方によってはマイナスに作用する場合もある．例えば，血液凝固抑制剤（ワーファリン）を服用している場合には，医師や管理栄養士などから「血液を固まりやすくする作用を持つビタミンKを多く含んだ食べ物は控えてください」と注意を受けることがある．前述したように，ビタミンKは血液凝固に関与する以外に，骨の形成を促進させることがわかっている．ワーファリンを服用している人が血液凝固と関係ないと信じ，ビタミンK強化納豆を常食したりすれば大変なことになりかねない．また，最近では，グレープフルーツ[45]を多食したり，ストレスに効果があるといわれるセントジョンズワート（西洋オトギリソウ）[7]を摂取したりすると，薬物の代謝活性が高まり，薬効に影響を及ぼすとの指摘がある．

機能性成分の医薬品あるいは食品成分との相互作用については，本格的な研究が始まったばかりである．最終的には，ヒトへの介入試験も視野に入れ，安全性と効能の両面から科学的検証が行われることが望まれる．

## 5 高齢者向け機能性食品の開発

　高齢者の健康の維持・増進，疾病の予防には，栄養，運動，精神的安定などが基本となる．しかし，食は生命を維持するために必須であり，食べなければ生きられないという性質上，食を通した健康の維持・増進は，ますます重要性が高まるものと思われる．

　今後，高齢者向け機能性食品は，「栄養面を強化した食品」と「疾病の予防・改善，老化防止をターゲットにした食品」に二極化することが予想される．前者は地産地消などをウリにすることも可能であり，地域ごとに様々な食品が開発されることを期待したい．また，後者は，テロメア説[46]に基づいた老化防止食品やDNAの酸化損傷防止をターゲットにした遺伝子にやさしい食品など，一歩踏み込んだ新規機能性食品の開発が期待される．他に，高齢者用では，形態や物性，あるいは味に工夫をすることも重要で，介護食タイプも含め様々な形態の機能性食品の開発が望まれる．

### 参 考 文 献

1) L. Lexell, C. C. Tayler and M. Sjostrom : *J. Neurol. Sci.*, **84**, 275（1988）
2) N. W. Shock *et al.*: Normal human aging. National Institute on Aging, NIH Publication No. 84-2450, Washington D. C., U. S. Government Printing Office（1984）
3) D. Harman : *Age*, **18**, 97（1956）
4) 北岡正三郎：入門栄養学，p. 183，培風館（2005）
5) R. M. Russell : *J. Nutr.*, **131**, 1359S-1361S（2001）
6) 久木野憲司他：福岡医学雑誌，**89**, 97（1998）
7) 厚生労働省ホームページ：http://www1.mhlw.go.jp/
8) 内藤通孝：ビタミンと食品機能，長寿食のサイエンス，木村修一他編，p. 435，サイエンスフォーラム（2003）
9) 福澤健治：食の科学，**177**, 36（1992）
10) 渡辺　晶，卓　興鋼：日本補完代替医療学会誌，**2**, 101（2005）
11) I. Berenblem : *Cancer Res.*, **1**, 44（1941）
12) 小清水弘一：からだの科学，**160**, 70（1991）
13) 光森康次郎：イソチオシアネート，がん予防食品開発の新展開，大澤俊彦監修，p. 175，シーエムシー出版（2005）
14) W. J. Blot *et al.* : *J. Nat. Cancer Inst.*, **85**, 1438（1993）
15) 須見洋行：食品機能学への招待，p. 21，三共出版（2005）
16) 松井俊郎，川崎晃一：栄食誌，**53**, 77（2000）
17) 大森正司他：農化誌，**61**, 1449（1987）
18) 隈元浩康他：日食工誌，**58**, 137（1984）
19) H. Sumi *et al.* : *Experientia*, **43**, 1110（1987）
20) H. Sumi *et al.* : *Acta Haematol.*, **84**, 139（1990）

21) A. P. Simopoulos : *Am. J. Clin. Nutr.*, **54**, 438（1991）
22) 山口了三，五十嵐紀子，並木和子：こんな野菜が血栓をふせぐ，講談社（1993）
23) 中谷延二：栄食誌，**56**，389（2003）
24) 菊池祐二：金沢大学大学院補完代替医療学講座開講記念講演要旨集，p.10（2002）
25) 蒲原聖可：薬物療法，肥満症診療ハンドブック，蒲原聖可，砂山　聡編，医学出版社（2001）
26) 森本聡尚他：栄食誌，**52**，285（1999）
27) D. J. A. Jenkins : *Diabetologia*, **23**, 477（1982）
28) 河口明人：メタボリックシンドロームの臨床病態とその系譜，科学評論社（2004）
29) 原久仁子：ビタミン，**76**，134（2002）
30) H. Tsuchita *et al*. : *J. Nutr.*, **126**, 86（1996）
31) J. Z. Miller *et al*. : *Am. J. Clin. Nutr.*, **48**, 1291（1988）
32) Y. Toba *et al*. : *Biosci. Biotechnol. Biochem.*, **65**, 1353（2001）
33) 家森幸男，太田静行，渡邊　昌編：大豆イソフラボン，幸書房（2001）
34) X. Hebuterne : *Curr. Opin. Clin. Nutr. Metab. Care*, **6**, 49（2003）
35) H. Hidaka *et al*. : *Bifidobacteria Microflora*, **5**, 37（1986）
36) H. Hidaka, T. Tashiro and T. Eida : *Bifidobacteria Microflora*, **10**, 65（1991）
37) D. J. A. Jenkins *et al*. : Fiber in the treatment of hyperlipidemia, CRC Handbook of Dietary Fiber in Human Nutrition, G. A. Spiller ed., p. 419, CRC Press（1993）
38) 斎藤衛郎，高橋敦彦，武林　亨：栄食誌，**53**，87（2000）
39) H. Suzuki *et al*. : *Mech. Age. Develop.*, **101**, 119（1998）
40) S. Y. Lim and H. Suzuki : *J. Nutr.*, **131**, 1692（2000）
41) L. R. Juneja *et al*. : *Trend. Food Sci. Technol.*, **10**, 199（1999）
42) 今西二郎：日本補完代替医療学会誌，**1**，53（2004）
43) M. Paolini *et al*. : *Life Sci.*, **64**, 273（1999）
44) M. Yoshino *et al*. : *Mol. Genet. Metab.*, **68**, 468（1999）
45) 山添　康他：薬物動態，**12**，5122（1997）
46) T. von Zglinicki and C. M. Martin-Ruizi : *Curr. Mol. Med.*, **5**, 197（2005）

〔榎本俊樹〕

# II-2 高齢者の食事バランスと野菜加工食品の開発

## 1 高齢者の健康状態

　内閣府が実施した，60歳以上の人を対象にした「高齢者」に対する意識調査[1]によると，1999年度の調査では，「65歳以上を高齢者」とした人の18.3％に対し，「70歳以上が高齢者」と答えた人は48.3％にも上る．2004年度の調査では，「65歳以上」，「70歳以上」と答えた人の割合は，それぞれ減少，「75歳以上」と答えた人は，14.7％から19.7％へ5ポイントも増加した．これは，高齢者と言われる世代になった人が，自分自身の生活や健康状態から，高齢者は，おおよそ70歳以上と認識し，その認識は，時代とともに更に高年齢化していること，つまり，「まだ自分は高齢者ではない」との意識を持った，「高齢者」を実感していない比較的健康な高齢者の比率が増えていることを示している．

　一方，「高齢化社会（高齢化率：7％）」から「高齢社会（高齢化率：14％）」へ世界でも類をみない早い速度で駆け抜けた日本の老人保健（医療分）給付金は，平成2年から平成14年の12年間で，1.9倍（10.7兆円）に膨れ上がっている[2]．国民生活基礎調査[3]によると，65歳以上の人口は平成12年現在で2,170万人，このうち在宅人口は2,030万人に上る．この中で，要介護者は110万人，疾病治療を要する人は1,300万人と言われていることから，介護や治療を必要としない健常な65歳以上の人は，全体の約30％（620万人）である．高齢者と呼ばれる世代は，疾病治療を要する人はもちろん，健常な人においても，健康に対する意識はどの世代よりも高く，特徴的な世代である．この世代に，より健康を維持して頂くための食品，つまり，「QOL（生活の質）」の向上をサポートできるような食品を「野菜」という素材を通して，高齢者世代に提供することが，私たちの使命の1つと考えている．商品開発を進める上では，例えば，「対象とする世代は65歳以上」といったように，ターゲットを年代で括ってしまうことは全く意味がなく，同じ価値観，同じ健康状態の人たちをグルーピングし，それを1つのターゲットとして商品開発することが望ましい．高齢者世代の人たちの健康状態は千差万別であり，これを大括りにして商品開発を行うと，その商品の持つ価値は極めてぼけたものになってしまう．顧客満足を得られる商品は絶対につくれない．本章においては，「介護を必要としない，比較的健康な高

齢者世代」をメインターゲットとして,「野菜加工食品の開発」における,その背景や今後の方向性について述べる.

## 2 高齢者の食行動

### 2-1 偏った食事が引き起こす低栄養

　高齢者になると,摂取する食品に偏りが生じる.比較的食べやすい糖質中心の食事になりやすく,その結果,多くの高齢者が慢性的に低栄養状態に陥ってしまう.また,高齢化が進み,咀嚼,嚥下に不自由を感じると,繊維質が多いもの,食感が堅い食品を避けてしまう傾向にある.その結果,肉,海藻,果実,野菜などが不足がちとなり,淡白な食品を好んで摂るようになる.このようなことから,栄養学的には,脂溶性ビタミン類,鉄,カルシウムなどのミネラル,必須脂肪酸,良質なタンパク質などが不足となる.

　東京都老人総合研究所の調査[4]による,東京都内の在宅高齢者（65～79歳）に対する1991年から5年間の追跡調査で,1日に摂取する食品数と死亡率に関係が見出されている.食品数が30品目より少ない群において,その男性死亡率は20％であったのに比べ,30品目を摂取している群で約11％,さらに30品目より多く摂取している群では5％を下回る結果であった.その調査結果の詳細から,エネルギー,タンパク質,動物性タンパク質,カルシウム,鉄,ビタミン類を多く摂取している人たちが長寿の傾向であったとされた.高齢者世代において,栄養摂取の方法が,その後の疾病予防や余命にも大きく影響を及ぼすものと考えられる.特に,高齢者世代では,例えば野菜だけを摂取していれば,それで健康が維持できる訳ではなく,野菜も含め,たくさんの品目をバランス良く摂取する食生活を心がけ,低栄養状態にならないことが重要である.

　熊谷ら[5,6]は,「老化遅延のための食生活指針」を1999年に発表している.この指針には,食事のバランスを意識した,以下の15項目が示されている.① 3食のバランスをよくとり,欠食は絶対にさける.② 油脂類の摂取が不十分にならないように注意する.③ 動物性タンパク質を十分摂取する.④ 魚と肉の摂取は1：1程度にする.⑤ 肉はさまざまな種類を摂取し,偏らないようにする.⑥ 牛乳は毎日200mL以上飲むようにする.⑦ 野菜は緑黄色野菜,根菜類など豊富な種類を毎日食べる.加熱調理し,摂取量を確保する.⑧ 食欲がないときは,とにかくおかずを先に食べ,ご飯を残す.⑨ 食材の調理法や保存法を習熟する.⑩ 酢,香辛料,香り野菜を十分に取り入れる.⑪ 味見してから調味料を使う.⑫ 和風,中華,洋風とさまざまな料理を取り入れる.⑬ 会食の機会を豊富につくる.⑭ 噛む力を維持するため義歯は定期的に点検を受ける.⑮ 健康情報を積極的に取り入れる.

この食生活指針を用いた有料老人ホームにおける介入研究によって，2年後の介入群において，肉類をほぼ毎日食べる人は27%から55%に，卵をほぼ毎日食べる人は39%から59%に増加し，BMI（体格指数）は有意に増加したことが報告されている．低栄養状態を改善するためには，食事バランスが重要なのである．

## 2-2 野菜の摂取

次に，バランスのよい食事を構成する要素の1つである「野菜」に目を向けてみる．厚生省（現厚生労働省）が策定した「21世紀における国民健康づくり運動（健康日本21）の推進について」[7]（平成12年3月31日）の中で，2010年における成人の1日当たりの野菜の平均摂取量（目標）を，350gと設定している．また，緑黄色野菜においては，牛乳・乳製品，豆類と並び，カルシウムに富む食品として，成人の1日当たりの平均摂取量（目標）を，120gと設定している．「健康日本21」では，「カリウム，食物繊維，抗酸化ビタミンなどの摂取は，循環器疾患やがんの予防に効果的に働くと考えられているが，特定の成分を強化した食品に依存するのではなく，基本的には通常の食事として摂取することが望ましい．これらの摂取量と食品摂取量との関連を分析すると，野菜の摂取が寄与する割合が高く（以下略）」，とされている．つまり，野菜は，生活習慣病を予防する総合的な一次予防の手段と位置づけられている．加えて，緑黄色野菜は，カルシウムの摂取源としての期待も高い．

また，平成17年6月に，厚生労働省と農林水産省が合同で公表した「食事バランスガイド」[8]でも，野菜摂取の重要性が示された．このガイドは，「何を」「どれだけ」食べたら良いかを一般の消費者に分かりやすく伝えることを目的に，バランスのよい食事が簡単に図示されている．その中で，各種ビタミン，ミネラルおよび食物繊維の供給源となる野菜，きのこ，いも，海藻料理といった副菜の主材料重量を5サービング（1サービング＝70g），つまり350g摂取することが推奨されており，野菜は世代を問わず，その摂取が求められている重要な食素材である．

「国民栄養の現状」（平成14年）[9]によると，50歳以上の1日の野菜摂取量は305.4g，70歳以上でも287.4gである．これは，20歳代の野菜摂取量246.5gを上回っている．1日の摂取量が300gを超えている世代は，他には見当たらない．高齢者世代は，だれよりも野菜をたくさん食べてはいるが，それでも1日の摂取量（目標）の350gには残念ながら及んでいない．緑黄色野菜の摂取量も同様な傾向であり，50歳以上で103.4g，70歳以上で103.0gであって，全世代を見ても最も多い摂取量ではあるが，決して目標量を満たしている訳ではない．緑黄色野菜の摂取目的の1つであるカルシウム補給の面から見ると，1日の必要な所要量（食事摂取基準）600mgに対し，摂取量は，50歳以上で569mg，70歳

以上は 557mg に止まっている．「健康日本 21」で推奨されているように，牛乳・乳製品，豆類，そして緑黄色野菜の更なる摂取が必要である．

## 2-3 野菜に対する意識

高齢者が野菜に対してどのような意識を持っているのか，平成 15 年 3 月に報告された，野菜等健康食生活協議会の報告書[10]の中で，健康や野菜の摂取行動に幾つかの示唆がなされている．これは，20～69 歳の男女 7,500 名に郵送でアンケートを配布し，回収できた 6,488 名（50～59 歳：1,337 名，60～69 歳：1,321 名）の回答の解析結果である．

① 1 日 5 皿以上（1 皿＝70g 相当）の野菜料理を食べている人の割合は，男性で 7％，女性で 14％と少ないが，世代が高くなるにつれて摂取機会が増え，60 歳代となると，男性で 10％，女性で 21％となる．

② 野菜の摂取に対する関心度を比較すると，野菜の摂取に無関心だった男性は，20～29 歳の 63.4％に対して，60～69 歳では 48.7％と割合は下がり，関心を持つ人が増える．また，女性では，20～29 歳は 41.9％と男性に比べて野菜摂取に関する意識は高く，60～69 歳に至っては，無関心層は 25.5％に止まっている．女性は，男性よりも年齢が高くなるほど，野菜に対する関心は，より高くなる傾向であった．

③ 野菜の 1 日必要摂取量を 350g として正しく理解している人は，女性では，年代によって大きな差異はなく 40～45％，男性は，年齢が高いほうが理解度は下がる傾向にあった（20 歳代 37.4％に対し，50 歳代で 26.5％，60 歳代で 30.3％）．

④ 野菜を食べることが健康にとって良い結果をもたらすと期待している人は，「まあ効果がある」と答えた人も含めると 95％以上にも上るが，一方で，野菜を 350g 食べることについて，できるという「自信がある」「どちらかと言えば自信がある」と答えた人は，男性で 26.0％，女性で 36.1％に止まる．さらに，これを 60 歳代に限ってみると，男性で 36.4％，女性で 47.5％と，半数以上の人は，野菜は健康に良いと思うが必要摂取量を食べる自信がないと答えている．

⑤ 野菜料理ができるかどうかの質問に対して，女性は 92.9％，60 歳代に限れば，実に 97.2％の人が「できる」「どちらかと言えばできる」と答えているが，男性では 57.2％，60 歳代では 60.8％程度である．

⑥ 一人暮らし世帯では，他の家族形態に比べて，野菜摂取量が少ない傾向にあった．要因としては，調理技術の不足や，その保存性の問題などから野菜を常備できないため，外食の利用が多くなってしまうことなどが挙げられた．一人暮らし世帯に対して，野菜の入手や摂取を支援できるような環境作りが必要である．

これらのアンケート結果から，今の高齢者世代は，野菜はたくさん摂りたい，その重要

性も十分に理解しているが，特に一人暮らしになると，生野菜のストックの難しさや，調理技術の点から，野菜の摂取に対して不安を感じていることが読み取れる．

津村ら[11]は，コンビニエンスストアで販売されている弁当類について，特に70歳以上の高齢者の食事としての栄養学的な評価結果を示している．70歳以上の生活活動強度Iの高齢者が，コンビニ弁当を1日に1回利用すると，エネルギー，タンパク質，炭水化物，脂質の充足率は，いずれも100％を超えてしまう．特に，脂質は平均摂取量が23.8±7.6gとなり，脂質エネルギー比25％の相当する脂質量（男性：14.8g，女性12.0g）の2倍近くになる．6つの食品群別充足率では，卵，肉，大豆，大豆製品を含む1群，米，パン，めん類，いも類，砂糖を含む5群，油脂類の6群では摂取基準値を超えたが，2群の牛乳，乳製品，海藻，小魚類，3群の緑黄色野菜，4群のその他の野菜，果実の充足率は，それぞれ3.0±5.5％，21.3±24.2％，17.2±10.2％と極端に低かった．調理済み食品として「野菜炒め」や「煮物」が含まれている弁当は相当数あるが，そこに使われている野菜量は少なく，コンビニの弁当だけでは，野菜不足を解消することは到底不可能である，と結論づけられた．カット野菜，野菜惣菜や野菜ジュースなど，野菜を補給できる野菜加工品との組み合わせが重要であろう．

これまでも示したように，野菜摂取の重要性は，どの世代においても周知ではあるが，特に，高齢者においては低栄養状態に陥りやすい状況の中で，その摂取方法にも限りがあり，食事のバランスを維持しながら，野菜の摂取不足を解消する手段を見つけることは，なかなか難しいようである．解決する方向性として，大きく2つの食品形態が考えられる．1つは，従来の食事に加えて，野菜補給可能な食品をメニュー追加できるような補助型食品，もう1つは，食事バランスを総合的に考慮した調理済み食品などの完結型食品の提供であろう．補助型食品の代表例は野菜飲料のようなものであって，完結型食品には宅配のキット食品などが該当する．完結型食品の場合，これまでも述べてきたように，野菜のみならず，肉，魚，豆などを始めとする体に欠かせない必要な素材がバランスよく摂取できるメニュー，商品の提供が必須となる．

## 3 高齢者用野菜加工品の開発

### 3-1 市場動向

内閣府が発表した平成17（2005）年版の「高齢社会白書」[2]の中で，日本の総人口は，平成16（2004）年10月1日現在1億2,768万人で，この1年間で7万人（0.1％）増加したが，増加数，増加率とも戦後最低であった．しかしながら，65歳以上の高齢者人口は，過去最高の2,488万人（前年2,431万人）となり，総人口に占める割合（高齢化率）も

19.5%（前年19.0%）に上昇している．平成17年中には，高齢化率が20%，つまり5人に1人が高齢者になるだろう．さらに，図2-1に示したとおり，高齢者人口は平成32 (2020) 年まで急速に増加し，その後はおおむね安定的に推移すると見込まれている[12]．一方で，総人口が平成18 (2006) 年にピークを迎えた後，減少に転ずることから，高齢化率は上昇を続け，平成27 (2015) 年には高齢化率が26.0%，平成62 (2050) 年には35.7%に達する．国民の約3人に1人が65歳以上の高齢者という極めて高齢化の進んだ社会が到来する．

この高齢者世代をターゲットとする高齢者用食品には，確かな定義がないため，その市場規模は明らかになっていないが，15年後には約1,000万人の増加が見込まれる高齢者世代人口の伸張率から考えると，高齢者用食品のニーズが，より一層高まることは容易に想像できる．高齢者用食品は，そのターゲット（対象者）から，大きく，①病者用食品，②介護用食品，そして健常な高齢者世代を対象にした，③健康サポート食品に分類されると考えられる．ますますの高齢社会になる日本の現状を考えると，①②といった特定ニーズに絞り込んだ食品カテゴリーの拡大が期待される一方で，③カテゴリーのニーズも確実に高まるであろう．①②に相当する咀嚼，嚥下，アレルギー対応食品の市場だけでも，1996年には580億円程度であったが，2000年に650億円，2005年には1,000億円を超える規模に急拡大することが予想されている[13]．

平成13年の食品産業センターの調査[14]によると，高齢者世代が，今後，良くして欲しいと希望している食品は，市販のお持ち帰り弁当，グラタンなどのチルド食品や，市販の和風煮物惣菜などである．それ以外にも，冷凍食品，インスタント味噌汁やレトルトおかゆなど，そのまま食べたり，加熱するだけで食べることができる調理済み食品などへ改良の希望が多い．高齢者世代の食行動の変化に伴い，このような調理済み食品に対するニー

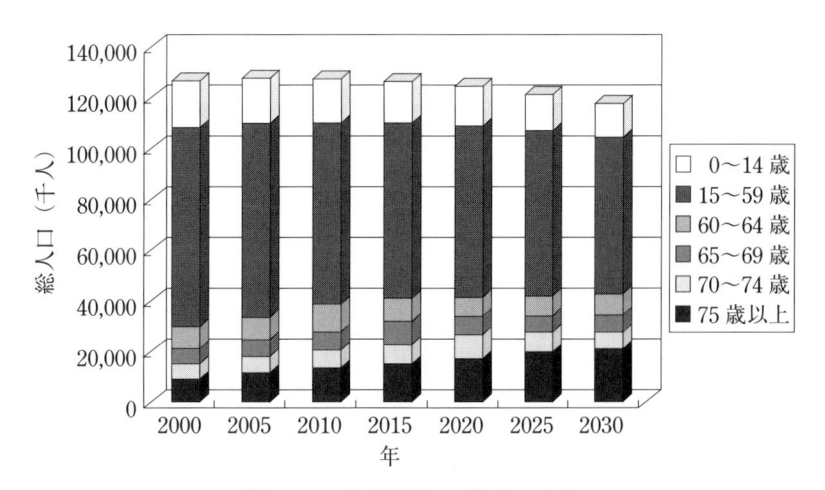

図2-1 年次別人口構成の変化

ズが高まっており，食品企業からの新しい提案が期待されている．一方で，高齢者世代が食生活において困っている点は，字が小さくて読みにくいといった食品表示の点や，開封性など包装に関することが上位となるが，続いて，「献立がいつも同じようなものになりがち」，「市販の（惣菜，弁当など）は味付けが濃すぎる」「ファミリーレストランは若い人向けのメニューが多い」など，メニューや味のバリエーションに対する不満も多い．

このような高齢者世代へのニーズに応えるため，現在では高齢者向けの食品として様々なメニューが店頭に並んでいる．例えば，加卜吉は，医療食メーカーである関東医学研究所と提携して，冷凍食品「こまやかさん」を，市販用，業務用合わせて50～60アイテムほど展開している．介護食品として軽度な障害者を対象とし，栄養バランスを重視し，食感も楽しめるような設計となっている．キャッセイ薬品工業は，高齢者・介護補助食品，病者用食品を中心に40アイテムを品揃えしている．特に，嚥下に不自由を感じている在宅高齢者をターゲットとしている．キユーピーも，嚥下困難な高齢者向けのレトルト食品「やさしい献立」を25アイテム程度，明治乳業は，野菜の煮物，肉じゃがなど，高齢者世代が受け入れやすいメニューに加え，果物を刻んだゼリー，小豆のムースなどデザート分野も合わせ，「食療館」として20アイテム以上を展開している．また，日本ジフィー食品は，独自のフリーズドライ技術を活用し，「旬感メニューやわらか煮」として，具材を小さめに刻み，柔らかく煮込んだフリーズドライ食品を6アイテム程度展開している．日本ハムは，高齢者世代に不足しがちな動物性タンパク質を容易に摂取できるよう，肉類を軟らかい食感に仕上げて商品化している．ここに挙げたのは，ほんの一例ではあるが，現在は，嚥下・咀嚼に不自由を感じる高齢者世代をターゲットとした商品群が高齢者食品の市場を牽引している．今後は，更なる市場拡大を目指して，これまでにできなかった新しい切り口での商品提案が必要となるだろう．

### 3-2 これからの高齢者用食品

現在の高齢者世代は，野菜の重要性をよく理解しており，実際に若い世代に比べても野菜の摂取量は多い傾向にあることを述べてきた．しかしながら，図2-2に示したように，1980年からの家計調査[15]より，加齢による生鮮野菜の購入量変化を検証してみると，加齢につれて，野菜量をしっかり摂るようになると予想できる世代は，現在の50歳以上であり，50歳未満のより若い世代が高齢者世代となる，遅くても10～20年後には，高齢者世代の野菜摂取量は，現在の摂取量を確実に下回っているだろう．これからの高齢者用食品は，単純に高齢者の嗜好や機能低下に合わせたバリエーション開発だけではなく，健康状態の変化に合わせた商品開発はもちろんのこと，高齢者世代の食生活変化を念頭においた健康サポート的な商品の開発が求められる．特に，「野菜」を使った食品の開発を進め

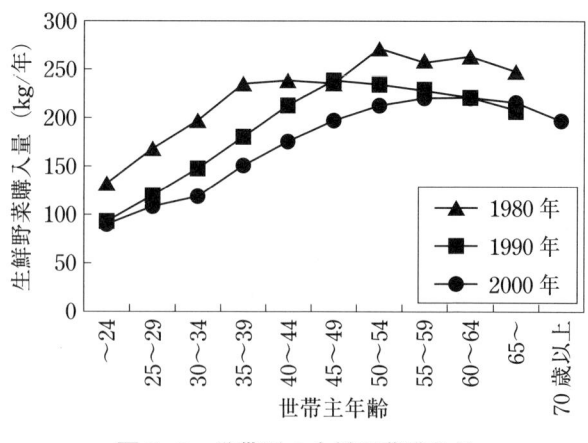

図 2-2 世帯別の生鮮野菜購入量

るにあたっては，高齢者世代に対して，野菜の摂取量が減ってくるだろう今後の変化を睨み，野菜摂取量の維持・向上を目的とした野菜加工食品の開発が必要となる．

## 4 野菜の機能性研究

野菜を使った食品を開発する上で，食品の一次機能である「栄養」，二次機能である「おいしさ」に加えて，三次機能である「生体調節機能」に注目した提供価値の創出は，高齢者世代の健康をサポートする点において重要である．しかしながら，「食品」に，その効能を記載することは薬事法で禁止されているため，野菜そのものの価値を高め，その素材の価値を消費者に伝えることが必要となってくる．それは，結果的に野菜や野菜加工食品の摂取促進につながり，不足しがちなカルシウムやビタミンなどの栄養素の摂取量向上にも有効な手段となる．ここでは，高齢者世代が抱える健康問題に対して，野菜による改善効果が認められた研究報告を紹介し，商品開発の方向性を示す．

### 4-1 加齢性黄斑変性症の抑制効果

加齢性黄斑変性症は，網膜の変性が原因で発症する病気の1つで，アメリカでは成人の失明原因の第1位となっており，1,400万人を越える多くの高齢者が抱える深刻な問題である．日本でも高齢者世代の増加に伴い，毎年その患者数が増加している．特に50歳以上の男性に多く発症すると言われ，網膜変性の原因の1つとして，網膜中での活性酸素による過酸化脂質の生成が考えられている．これらの疾病を予防するためには，この原因となる活性酸素を消去することが必要であるが，それには，カロテノイドやビタミン類が有効だと言われている．中西らは，図2-3に示すように，ウシの網膜を用いたモデル系に

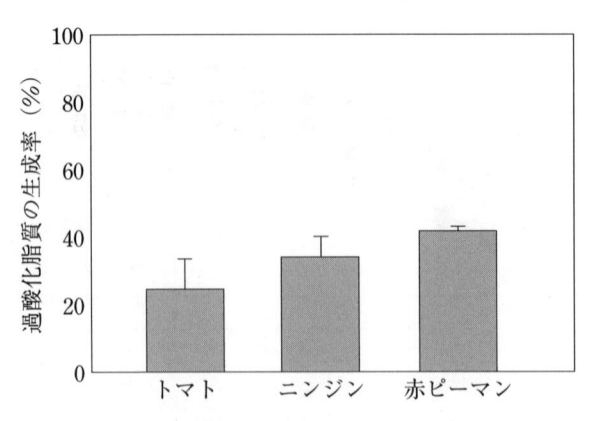

図 2-3 野菜摂取の過酸化脂質生成に及ぼす影響

おいて，トマト，ニンジン，赤ピーマンに過酸化脂質の生成を抑制する効果があったことを報告している[16]．ラジカル惹起剤である鉄（$FeCl_3$）を加え，生成した過酸化脂質量を測定した結果，野菜抽出物を全く添加していない区分に対し，野菜抽出物を添加した区分は，過酸化脂質の生成が，トマト抽出物で 24.6%，ニンジン抽出物で 33.9%，赤ピーマン抽出物で 41.5% まで抑制された．野菜に含まれているカロテノイド単独での結果に比べても抑制効果が強かったことから，野菜からカロテノイドの単一な機能性成分を抽出して製造されたサプリメントのようなものよりも，野菜そのものを摂取することが，加齢性黄斑変性症の抑制に，より効果的であることが示された．今後，更に増加することが想定される加齢性黄斑変性症の予防の観点からも，高齢者用野菜加工食品の展開が期待される．

## 4-2 パーキンソン病の抑制効果

パーキンソン病の発病率は，人口 10 万人当たり約 100 人と言われていることから，日本では，現在 12 万人程度の患者がいると推定される．加齢性黄斑変性症と同じく，高齢者世代の発症率が高いとされる．特にパーキンソン病は，運動障害を伴う神経変性の疾患であって，55〜65 歳をピークにその前後に患者数が拡大傾向にある．この病気の原因ははっきり分かっていないが，1979 年，麻薬を作る際の副産物である MPTP（1-methyl-4-phenyl-1, 2, 3, 6-tetrahydropyridine）を摂取すると，重度のパーキンソン病様の症状が現れることが見出されている．この MPTP がドーパミン神経に取り込まれた後にできる活性酸素の一種（$MPP^+$）が，細胞の中でエネルギーを作り出すミトコンドリアに障害を与えて，最終的に神経細胞を死滅させてしまう．実際には，MPTP は自然界には存在せず，これがパーキンソン病の直接原因とは考えられないが，類似した成分が原因となっていることが推定される．菅沼らは，マウスにパーキンソン病様の症状を発生させる MPTP を投与し，線条体のドーパミン量を測定することで，トマト摂取によるドーパミン量の低

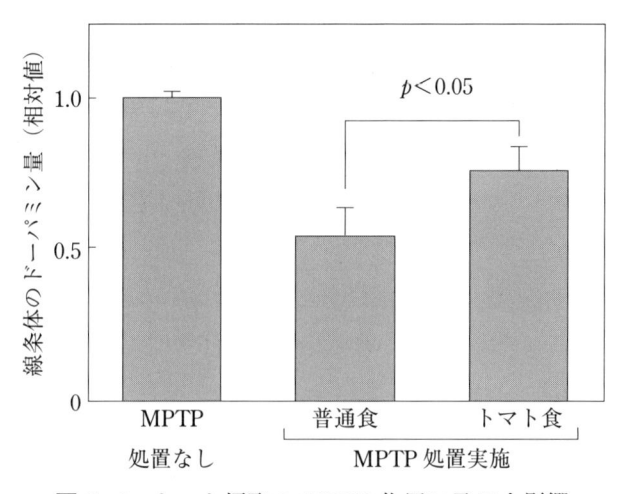

**図 2-4** トマト摂取の MPTP 作用に及ぼす影響

下抑制効果を検討した[17,18]. その結果, 図 2-4 に示すように, 普通食を食べているマウスに MPTP 処置を行うと, MPTP 処置を施していない対象区分の約 50％までドーパミン量が低下した. それに対し, MPTP 処置前にトマトジュースの凍結乾燥粉末を摂取させると, ドーパミン量の減少は有意に抑えることができた. このことから, トマトを摂取することにより, その中に含まれる抗酸化物質であるリコピンが, 活性酸素の一種である $MPP^+$ によるミトコンドリアの障害を抑制し, ドーパミン神経を保護することが確認された. つまり, トマトの摂取は, パーキンソン病の予防に効果的であることが示唆された. 現在の高齢者世代は, まだ和食を好む傾向にあるので, トマトを「旨味」として取り入れた和食メニューの提案, その嗜好に合った野菜加工食品の開発が必要である.

## 4-3 老化防止

　高齢者世代において老化対策は切実な問題である. 老化とは, 発生, 発育期, 成熟期を経て, やがて各臓器の機能が衰えて死に至る過程で, 一般に, 成熟期以降を示す. 老化は不可避なものであり, 遺伝子により規定されている過程とされているが, その遅速には環境因子も関与している. 菅沼らは, 老化促進モデルマウス (SAM) を使って, 赤ピーマンの老化抑制効果を検討した[19-21]. マウスの毛艶, 行動, 背骨の湾曲などの項目を点数化した老化度を算出して比較した結果, 図 2-5 に示すように, 市販の餌に赤ピーマン粉末を混ぜて摂取させた区分において, SAM の老化に明らかな遅延効果が認められた. 学習・記憶能の評価（認知症）においても, 同様な結果が報告されている. 老化は避けては通れない問題ではあるが, 老化現象（老化に伴い認められる身体的変化）は機能の低下を伴うものであり, 生体にとって有害であることから, その遅延は, 健康を維持する上で極めて重

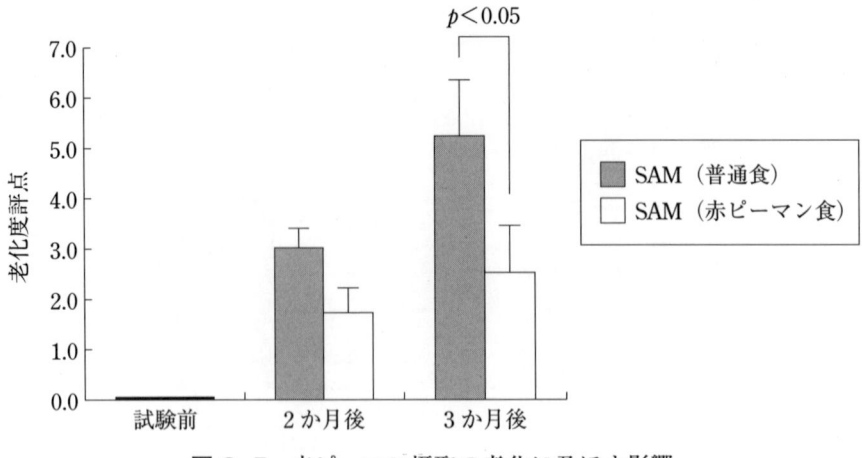

**図 2-5** 赤ピーマン摂取の老化に及ぼす影響

要なことである．

　野菜の摂取は，必要な栄養素を摂取するだけでなく，生体調節機能として，様々な疾病に対する予防効果が期待できる．このことから，先に述べたように，野菜は健康をサポートする食品の素材として大いにその活用が期待できる．

## 5　食事バランスと野菜加工品の役割

　高齢者世代において，最も重要なのは「食事バランス」である．特に高齢者世代をターゲットとした商品開発において，「食事バランス」は絶対に忘れていけないキーワードである．高齢者世代が抱える問題点を改善できるような「野菜加工品」の提供は，将来的に野菜摂取量が低下すると考えられるこの世代において，「QOL」の向上という視点からも重要な手段の1つである．WHOが2000年6月に発表した1999年の日本人の健康寿命は，男性が71.9歳，女性が77.2歳であり，日本は，世界一の健康国でもある．一方，厚生省（現厚生労働省）が発表した1999年簡易生命表によると，日本人の平均寿命は，男性が77.1歳，女性が83.99歳であった．健康寿命との差異は5～6年である．健康寿命を延ばし，自立した老後を迎えるためにも，そこに至る長年の食生活の心がけが重要である．そのサポートとして「食事バランス」の改善を図ることが可能で，高齢者世代の抱える様々な問題の解決の一助となる「野菜加工品」の今後の果たす役割は極めて大きいと考えている．

### 参 考 文 献

1)　内閣府：平成15年度年齢・加齢に対する考え方に関する意識調査（2004）

2) 内閣府:平成17年版高齢社会白書 (2005)
3) 厚生労働省大臣官房統計情報部:平成15年国民生活基礎調査 (2004)
4) (財)東京都老人総合研究所:サクセスフルエイジングをめざして (2000)
5) 渡辺修一郎他:*GERONTOLOGY*, **15** (3), 221-226 (2003)
6) 熊谷　修他:日本公衆衛生雑誌, **46** (11), 1003-1012 (1999)
7) 厚生省:21世紀における国民健康づくり運動(健康日本21)の推進について (2000)
8) 厚生労働省・農林水産省:フードガイド(仮称)の名称及びイラストの決定・公表について (2005)
9) 健康・栄養情報研究会編:厚生労働省 平成14年国民栄養調査結果 (2004)
10) (財)食生活情報サービスセンター:平成14年度野菜等健康食生活協議会　野菜等消費啓発効果検証委員会小委員会報告書 (2003)
11) 津村有紀他:生活科学研究誌, **1**, 17-24 (2002)
12) 国立社会保障・人口問題研究所:日本の将来推計人口(平成14年1月推計) (2002)
13) (株)日本マーケティング・レポート:高齢者・介護食市場の実態と展望 (2005)
14) (財)食品産業センター:拡大するシニア市場への食品戦略 (2001)
15) 総務省:家計調査年報 (1981, 1991, 2001)
16) 中西孝子他:第104回日本薬理学会関東部会講演要旨集, p.10 (2001)
17) 菅沼大行他:日本農芸化学会2000年度大会講演要旨集, p.78 (2000)
18) H. Suganuma *et al.*:*J. Nutr. Sci. Vitaminol.*, **48**, 251-254 (2002)
19) 菅沼大行他:第54回日本栄養・食糧学会講演要旨集, p.142 (2000)
20) H. Suganuma *et al.*:*J. Nutr. Sci. Vitaminol.*, **45**, 143-149 (1999)
21) H. Suganuma *et al.*:*Food Sci. Technol. Res.*, **8**, 183-187 (2002)

〔深谷哲也〕

# II-3 高齢者用食品のユニバーサルデザイン

　食の基本は，安全・おいしさ・健康であり，食品を包むパッケージはその基本を保護するだけでなく，より良いパッケージを開発することは商品の価値を高める手段の1つと考えられる．高齢化社会に向けて，誰もが暮らしやすい豊かな社会の実現を目指し，使いやすく，見やすく分りやすい表示などユニバーサルデザイン（年齢，性別や身体能力にかかわりなくすべての生活者に対して適合する製品のデザイン）の重要性がさまざまな分野で高まっている．

## 1　食品包装における高齢者用設計とユニバーサルデザイン

　食品包装における高齢者用設計とユニバーサルデザインとは，身体的弱者に対する配慮については類似する部分が多い．しかし，実際の包装開発における高齢者用設計で何が重要かとなると，著者の経験では安全性の視点からのアプローチが最も重要と感じている．
　これは，高齢者の特性としての身体的能力の低下だけでなく，これまでに培われた経験が，いろいろな判断や行動のベースになる傾向があるからである．よって，従来製品の機能部分の変更や新機能を有するような新製品導入時は特に注意が必要である．
　一例として，1998年に業界に先駆けて開発したアルミレスパウチを用いた電子レンジ加熱・湯煎(ゆせん)加熱併用可能なレトルト食品「商品名：ヴェルデ・レンジでGO：カレーシリ

表3-1　高齢者用食品包装設計のポイント

| |
|---|
| ① 見やすい表示<br>　（文字の大きさや明度差，字体など）<br>② 分かりやすい表現<br>　（日頃使う言葉や名称，口語調など）<br>③ より簡単な操作<br>　（ワンタッチ，シングル動作など）<br>④ 過去に遡った類似商品の調査・比較<br>　（類似商品の過去クレームや問い合わせ情報なども有効） |

（表面）　　　　　　　　　　　　（裏面）

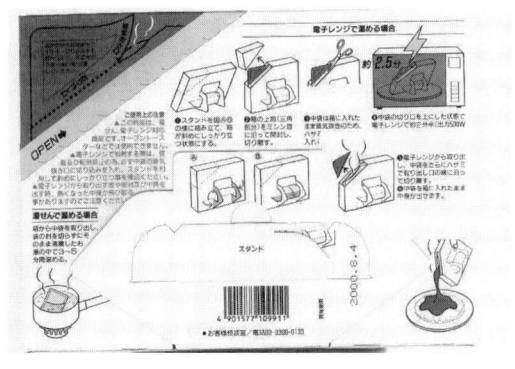

**写真 3-1**　白内障対応表示：湯煎および電子レンジ加熱可能なレトルト食品

ーズ」（写真 3-1）を紹介するが，これは開発途中でのモニター調査の結果，食品包装では初めて白内障対応などの表示を導入したケースである．

　これまで湯煎が当たり前のレトルト食品であったが，よりクリーンで安全な加熱方法として，アルミレスパウチを利用することにより電子レンジ加熱も可能となった．しかし，商品化を進める中で広範囲な年齢層を対象にモニター調査を実施したところ，高齢者（60歳以上）のグループ中に，異常結果が集中する傾向が見られた．こうしたモニターの人達の声をよく聞いていくうちに，普段の生活でも「説明書を読まない」，「経験からの判断が先行する」ケースが多いことや，白内障などの視力弱者の実態を知ることができ，この新製品には安全性を高める工夫として，凸版印刷(株)と共同して PL 表示などに白内障対策表示などを行った．また，その内容については業界の技術発表会などで広く公開させていただいた．

　現在では，食品包装においても視力弱者に配慮した白内障対応などの表示はユニバーサルデザインの一手法として利用されているが，視力弱者の多い高齢者用包装では，安全性を確保する上では表示やデザインなどの工夫は重要な要件のひとつといえる．

　次に，高齢者を含む全ての人を対象とする食品包装のユニバーサルデザインを考えるにあたってはどういう配慮が必要なのか，それには故ロナルド・ロン・メイス氏の提唱したユニバーサルデザイン 7 原則や「ISO/IEC ガイド 71」，「JIS」などが参考となる．

　上記の 7 原則は，建築・自動車・日用品などあらゆる分野に共通したもので，基本的な部分は食品包装設計にも共通するといえる．

表3-2 ユニバーサルデザイン7原則，ISO/IECガイド71および関連JIS

●ユニバーサルデザイン　7原則
1. Equitable Use：誰もが公平に使用できる．
2. Flexibility Use：使う上での柔軟性がある．
3. Simple and Intuitive Use：簡単に直感的に使用できる．
4. Perceptible Information：知覚的な情報が用意されている．
5. Tolerance for Error：エラーに対する許容性がある．
6. Low Physical Effort：身体的な負担が小さい．
7. Size and Space for Approach and Use：接近して使えるような寸法・空間となっている．

●ISO/IECガイド71，関連JIS
・ISO/IEC GUIDE 71（Guidelines for standards developers to address the needs of older persons and persons with disabilities）（2001年）
・JIS Z 8071　高齢者及び障害のある人々のニーズに対応した規格作成配慮指針（2003年）
・JIS S 0021　高齢者・障害者配慮設計指針―包装・容器（2000年）
・JIS S 0022　高齢者・障害者配慮設計指針―包装・容器-開封性試験方法（2001年）

## 2　食品包装設計上での配慮および評価方法

　包装設計を行う際には，高齢者用設計配慮やユニバーサルデザインに着目し設計に盛り込む必要があり，商品開発の段階で，できるかぎり問題点を見つけ出し解決しておくことが重要である．そうしたチェックを効果的に行う手法として，アヲハタ(株)では2005年4月にユニバーサルデザイン評価自主基準を策定し運用しているのでここに紹介する．

### 2-1　容器包装のユニバーサルデザイン性評価―アヲハタ(株)自主基準

　ここで紹介する，ユニバーサルデザイン評価自主基準は，前述の7原則や関連JISなどを参考にし，当社の製品に利用する容器包装の設計・評価用として工夫・策定したものである．
　上記のユニバーサルデザイン性と併せて，次の2点についても評価を行っている．
　(1)　食品の容器包装として適正（安全・衛生的）であること．
　容器包装の本来の使命である内容物の保護・保存，安全性，衛生性などの機能を，十分にみたしていること．
　(2)　環境にやさしい容器包装であること．
　別途社内で定めている「容器包装の環境影響評価」によって，この部分についてもチェックしている．
　また，容器包装技術は日々進歩しており，より良い容器包装を利用するためには，パートナーである容器メーカー各社にも協力頂き，常に最新の技術情報を収集し，開発・改善

表 3-3　アヲハタ・ユニバーサルデザイン 7 原則（2005 年）

| |
|---|
| 原則 1：誰にでも公平に使用できること<br>　　　　誰にでも利用できるように作られており，かつ容易に入手・購入（経済的な配慮，容器包装の価格など含め）できること．<br>原則 2：使う上で自由度が高いこと<br>　　　　使う人のさまざまなシーン，好みや能力に合うように作られていること．<br>原則 3：使い方が簡単ですぐ分ること<br>　　　　使う人の経験や知識などに関わりなく使い方が分りやすく作られていること．<br>原則 4：必要な情報がすぐ理解できること<br>　　　　使用状況や使う人の視覚・聴覚などの身体能力に関係なく，必要な情報が効果的に伝わるよう作られていること．<br>原則 5：うっかりミスや危険につながらないこと<br>　　　　「ついうっかり」や意図しない行動が危険や思わぬ結果につながらないように作られていること．<br>原則 6：無理な姿勢を取ることなく，少ない力で楽に使用できること<br>　　　　効率よく，気持ちよく，疲れないで使用できること．<br>原則 7：利用しやすい大きさや形状であること<br>　　　　どんな体格や姿勢，移動能力の人にも利用しやすい大きさや形状であること． |

に努めることを心がけている．

## 2-2　評価の進め方

### （1）ユニバーサルデザインとして評価すべき項目

　容器包装と言ってもその形状や素材，機能，用途など多種多様であり，当社のユニバーサルデザイン 7 原則に則り，こうした進歩性多様性にも対応できるよう工夫し，評価すべき項目を定めた．

　表 3-4 は，製品の容器包装（パッケージ）に求められるユニバーサルデザイン評価項目について，どのような形状・用途のパッケージにも適用できるよう［総合基準型］を作成したものである．

　表 3-5 は，製品の表示・デザイン部分についてまとめた［表示等基準型］を作成したものである．

　各製品パッケージの評価票の作成は，これら［基準型］を参考に，その商品の特徴やコンセプトに合わせて，適切な表現の評価項目に置き換えていくことで広く対応できるよう工夫している．

### （2）評価方法

　評価方法については，評価結果の妥当性を確保するために，評価商品と比較商品とを同時・同条件で行う調査（相対評価）を基本とした．ただし，新規性が高く適切な比較商品

表3-4 容器包装のユニバーサルデザイン性評価票(総合基準型)

| 評価日:H ＊ 年 ＊ 月 ＊ 日　商品名: | 回答者氏名: |
|---|---|
| 商品の特徴及びコンセプト(主な対象者や使用場面)など: | |
| 比較対照商品: | |

| 区分 | | | 項目 | よい | ややよい | どちらともいえない | ややよくない | よくない |
|---|---|---|---|---|---|---|---|---|
| 購入 | 商品の識別 | | この商品が何であるか簡単に識別できますか<br>(他の商品と誤って購入する心配はありませんか) | 5 | 4 | 3 | 2 | 1 |
| | | | 視覚だけに頼らなくても商品の識別ができますか<br>(触覚識別:特徴のある形状や点字等) | 5 | 4 | 3 | 2 | 1 |
| | 持ち運び | | 持ち運びやすいですか<br>＊形状,重さ,大きさ等が適当ですか | 5 | 4 | 3 | 2 | 1 |
| 使用 | 開封 | 開封箇所 | 開封箇所はわかりやすいですか<br>＊開封箇所の表示 | 5 | 4 | 3 | 2 | 1 |
| | | 開封方法 | 開封方法は簡単でわかりやすいですか<br>＊止むを得ず複雑なものは,開封表示は分りやすいか | 5 | 4 | 3 | 2 | 1 |
| | | 開けやすさ | 開けやすいですか<br>＊小さな力で開封,つまみ部,滑り止め等の工夫 | 5 | 4 | 3 | 2 | 1 |
| | 持ちやすさ | | 持ちやすいですか<br>＊片手で扱える,握りやすい,滑り難い等 | 5 | 4 | 3 | 2 | 1 |
| | 使い方 | | 使いやすいですか<br>＊楽な姿勢・容器の機能性や形状,重さ,大きさ等 | 5 | 4 | 3 | 2 | 1 |
| | | | (使用上注意事項等もわかりやすく表示されていますか) | 5 | 4 | 3 | 2 | 1 |
| | 中身の取り出しやすさ | | 中身が容易に取り出せますか(注げるか)<br>＊出難い,出過ぎ等 | 5 | 4 | 3 | 2 | 1 |
| | | | こぼれ,たれは起きにくいか<br>＊継続使用の場合等 | 5 | 4 | 3 | 2 | 1 |
| | | | 最後まで中身が容易に取り出せますか | 5 | 4 | 3 | 2 | 1 |
| 保管 | 再封性 | | 再封方法はわかりやすいですか<br>＊止む得ず複雑なものは,再封表示は分りやすいか | 5 | 4 | 3 | 2 | 1 |
| | | | 再封しやすいですか | 5 | 4 | 3 | 2 | 1 |
| | 保管の配慮 | | 期限表示(賞味期限)はわかりやすいですか<br>＊開栓前・未開栓などの親切表示など | 5 | 4 | 3 | 2 | 1 |
| | | | 保存方法の表示はわかりやすいですか<br>＊開栓後の要冷蔵表示や消費期限表示など | 5 | 4 | 3 | 2 | 1 |
| | | | 保管はしやすいですか<br>＊倒れ難い,漏れない等 | 5 | 4 | 3 | 2 | 1 |
| 分別,廃棄 | | | 素材分別は容易にできますか<br>＊分別,減容化,ラベルの剥がしやすさ等 | 5 | 4 | 3 | 2 | 1 |
| 安全性 | | | 安全に使えますか<br>＊使用中のケガ等の危険性 | 5 | 4 | 3 | 2 | 1 |
| 感想・意見等 | | | | | | | | |

## II-3 高齢者用食品のユニバーサルデザイン

**表3-5** 容器包装の表示部分についてのユニバーサルデザイン性評価票

| 評価日：H ＊ 年 ＊ 月 ＊ 日　商品名： | チェック者氏名： |
|---|---|
| 商品の特徴及びコンセプト（主な対象者や使用場面）など： | |
| 比較対照商品： | |

| 区　分 | | 項　目 | よい | ややよい | どちらともいえない | ややよくない | よくない |
|---|---|---|---|---|---|---|---|
| 購入時での配慮 | 商品識別 | この商品が何であるか簡単に識別できますか<br>（他の商品と誤って購入する心配はありませんか） | 5 | 4 | 3 | 2 | 1 |
| | | 視覚だけに頼らなくても商品の識別ができますか<br>（触覚識別：特徴のある形状や点字等） | 5 | 4 | 3 | 2 | 1 |
| | | 入り数，人数前，中身の形態など商品情報を伝えていますか | 5 | 4 | 3 | 2 | 1 |
| | デザイン表示 | 裏面表示文字の大きさは十分ですか<br>　＊8ポイント以上 | 5 | 4 | 3 | 2 | 1 |
| | | 表示文字色と背景色とのコントラストは十分ですか？<br>　＊明度差5以上 | 5 | 4 | 3 | 2 | 1 |
| | | 行間を詰めすぎていませんか<br>　＊行間は文字の半分が理想的 | 5 | 4 | 3 | 2 | 1 |
| | | 表示文字はゴシック系書体を使用していますか | 5 | 4 | 3 | 2 | 1 |
| | | 誰にでもわかる言葉・表現を使用していますか | 5 | 4 | 3 | 2 | 1 |
| | | イラストなど理解しやすい表示方法を採用していますか | 5 | 4 | 3 | 2 | 1 |
| | | 必要の無い表示（まぎらわしいコピー）を使用していませんか | 5 | 4 | 3 | 2 | 1 |
| | | 一括表示や期限表示に枠線などを使用してわかりやすくしていますか | 5 | 4 | 3 | 2 | 1 |
| 使用時での配慮 | 安全安心 | 重要度の高い表示の一読性について配慮していますか | 5 | 4 | 3 | 2 | 1 |
| | | 重要度の高い表示は色使いやイラストなどで誘目性を高めていますか | 5 | 4 | 3 | 2 | 1 |
| | | 重要度に合わせて表示にメリハリをつけていますか | 5 | 4 | 3 | 2 | 1 |
| | | ケガなどへの注意表示は十分ですか | 5 | 4 | 3 | 2 | 1 |
| | | 問い合わせ先電話番号など大きくわかりやすく表示していますか | 5 | 4 | 3 | 2 | 1 |
| | 開封 | 開封部にはわかりやすい「あけくち」表示をしていますか | 5 | 4 | 3 | 2 | 1 |
| | | 開封部にはわかりやすい開封方法表示をしていますか | 5 | 4 | 3 | 2 | 1 |
| | 調理 | 作り方，使い方表示は一箇所にまとめて表示していますか | 5 | 4 | 3 | 2 | 1 |
| | 保存 | 使用中の保存方法などは分りやすく表示していますか | 5 | 4 | 3 | 2 | 1 |
| | 廃棄 | 使用後の分別廃棄方法を分りやすく表示していますか | 5 | 4 | 3 | 2 | 1 |
| 感想・意見等 | | | | | | | |

がない場合には，評価商品のみの調査でも可としている．

① 評価モニターについては，開発・試作段階および小額の新製品，部分的な改良において，時間的制約や開発・調査費用が高額とならぬことを考慮し簡易の方式（社内モニターなど）を用いるものとする．

② 特殊な性格の商品（高齢者・障害者向け限定商品）や市場への影響度（販売額やシェアなど）の高い製品については必要に応じて外部第三者評価を実施検討するものとする．

③ 商品の機能維持のために不可欠と判断される場合や，社会一般的に妥当と判断される場合および法律上（安全衛生上）の規格品などを利用する場合には，評価を比較対照商品より低下させないよう配慮する．

④ 既存製品の継続的な改善（部分改善）の評価については，［総合基準型］に挙げる評価項目を改善部分にのみ適用し評価できるよう工夫した．（これは，改善が部分的な場合について総合型評価を適用すると，評価が平均化，矮小化するのを避けるためで，小さな改善もコツコツ積み重ねることに対応した．）

⑤ 評価結果を把握しやすくするため，評点に加えモニターの意見や感想をコメント欄に記載できるようにした．

### (3) 評価点

① 評価点の付け方は，表3-5のとおり5段階評価とする．

| 段階 | 評価内容 | 評価点 |
|---|---|---|
| 5 | よい | 100点 |
| 4 | ややよい | 75点 |
| 3 | どちらともいえない | 50点 |
| 2 | ややよくない | 25点 |
| 1 | よくない | 0点 |

（細則）

(1) 市場品と比較して平均的な状態や対照商品と差が少ない場合については"3（どちらともいえない）"として評価する．

(2) また，商品によって求められる機能について，特段の必要性や不満がない場合には"3（どちらともいえない）"として評価する．

(3) 部分的な改良の場合，従来と同様部分については評価項目から削除することも可能とする．（3段階の評価項目が増え，評価点が平均化されるのを防ぐため）

## 2-3 評価結果からの判定

ユニバーサルデザイン性を配慮した容器包装としての判定基準としては，
① 全項目の総合平均点が60点以上であること．
② 平均点が40点未満の項目がないこと．
③ 平均点が80点以上の項目があること．

とした．

## 2-4 評価結果からの是正処置など

評価結果から，改良改善を行うことが本ガイドラインの大きな目的でもある．
① 平均点が50点未満の項目については，改善を検討する．
② 平均点が40点未満の項目については，速やかに改善を行う．

ものとする．

## 3 ユニバーサルデザインに配慮した食品包装の自社製品事例

次に，ユニバーサルデザインに配慮した食品包装の自社事例のいくつかを紹介する．

### (1) 表 示

当社で生産している「キユーピーやさしい献立」（介護食）には，日本介護食品協議会で設けた自主基準に準じて，「ユニバーサルデザインフード」のロゴマークと噛む力の目安や飲み込む力の目安などから区分を設けた区分数値を，商品やパンフレットに表示することにより，利用者の能力に応じて選択しやすいよう表示している（図3-1）．

図3-1 介護食用の表示

また，「アヲハタ55ジャム」「アヲハタ・スーパーフルティー・35」には，利用者が開栓日を記入できる「開栓日メモ」欄をラベルに設けている．これは，ジャムの低糖度化が進む中で，内容物が生のフルーツ同様に一度容器を開けると使用条件や時間とともに，カビなどの微生物が増殖しやすくなるため，利用者自身が開栓後の保管管理がしやすいように設けたもので

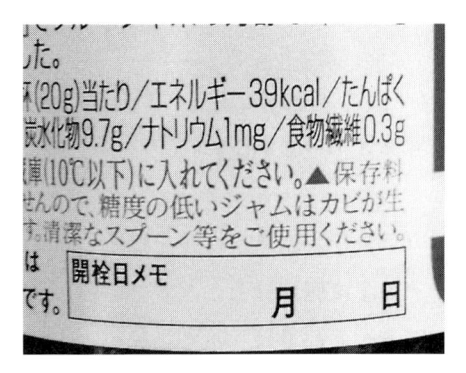

図3-2 開栓日メモ

**写真 3-2** 軽くて開けやすいびん詰

**写真 3-3** 滑りにくくしたびん詰

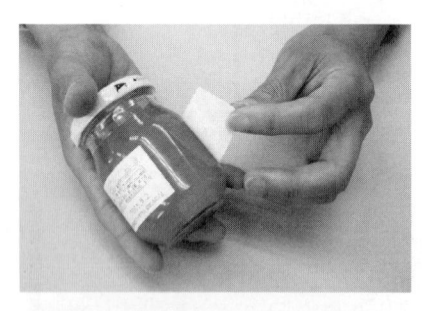

**写真 3-4** 剥がしやすいラベル

ある（図3-2）．

### (2) 軽くて開けやすいびん詰

びん詰容器は食品容器として歴史が古く，世界的にも広く利用されリサイクル性にも優れた容器である．

しかし，広口びんと金属キャップの組み合わせについては，「重い・開けにくい」の代名詞といわれてきた．そこで，広口ガラスびんについては東洋ガラス(株)と共同で，L値0.7以下（従来比31.6％減）の超軽量広口びんを，世界で初めて実用化に成功した．

また，キャップについては，保存性などを保つため天面部分は従来同様の金属製パネルからなり，ネジの部分は柔らかく滑り性の良いプラスチック製シェルを組み合わせたニューイージーオープンキャップを東洋製罐(株)と日本クラウンコルク(株)との共同により実用化を果たした．開栓トルクを従来対比35％低減している（写真3-2）．

### (3) ユニバーサルデザインびん

広口ガラスびんに，握りやすいリブと触覚認識が可能な点字を設け軽量化も併せて行った．握りやすいリブの設計については，ユニバーサルデザインの指針としての「JIS S 0021 高齢者・障害者配慮設計指針―包装・容器」5．握力が低下した使用者においても使いやすい容器形状．b) 容器の表面に手指が掛かりやすいよう凹凸のリブを設ける，を参考に人間工学上のデータや試作品モニターなどを行い設計開発した．また，点字の触覚記号については，日本ガラスびん協会のガラスびん点字規格に対応するようにしている（写真3-3）．

### (4) 容易に剥がせる紙ラベル

ガラスびんに紙ラベルを貼るための糊を改良することにより，お湯につけたりせずに手でそのまま剥がせることができるよう改良した．リサイクル意識の高揚の中，家庭でラベルを剥がす作業は，爪や指先の力が必要であったり，結構手間を要するものであった．これを容易にするために，常盤化学糊(株)と共同で糊の改良を行った（写真3-4）．

上記の (2)〜(4) は，ジャム製品に使用している．

### (5) 指を切りにくいフルオープン缶蓋（ダブルセーフティー・エンド）

缶のイージーオープン蓋は，切り取った缶蓋と本体の缶に残った蓋エッジが非常に鋭利であるため，この部分に指が触れると怪我をする危険があった．東洋製罐(株)と共同で実用化したダブルセーフティー（イージーオープン）エンドは，切り取り部分近傍を折り曲げ加工することにより，エッジ部に指が当たりにくい形状にしている．リサイクルへの意識が高まる中で，使い終わった容器(缶)を家庭で洗う機会が増えてきたことにも対応した改良である．また，蓋中央部には開栓時に開栓をボタン形状の隆起と音で知らせるセーフティーボタン機能を設けている（写真3-5）．

写真 3-5　セーフティー缶

### (6) 湯煎取り出し保持穴が設けられたパウチ

再加熱の際に，沸騰した湯の中で温めて食べるレトルト食品だが，湯の中で熱くなったパウチを取り出す際に便利な保持穴（箸穴）を設けた．また，開封時には袋を持つ部分のシール幅を広げるなど，熱い思いをすることなく，安全安心に取り出せるよう配慮した（写真3-6）．

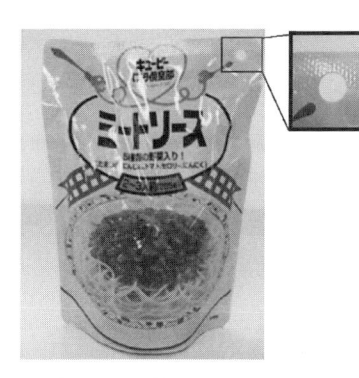

写真 3-6　箸穴付きレトルトパウチ

### (7) あけ口を大きくしたパウチ

自立可能なスタンディングパウチに対し，平袋は両手で切り取り部分とパウチ本体を保持して開封しなければならない．台所仕事では手が濡れている場合もあり，こうしたパウチの開封操作をもっと簡単にできないかというお客様の声を参考に，あけ口を中央部に大きく設け開封を容易にしたパウチを凸版印刷(株)と共同で実用化した（写真3-7）．

写真 3-7　易開封パウチ

上記の (5)〜(6) はパスタソースなどの調理食品に使用している．

## 4　消費者の期待に応えるユニバーサルデザインを

　高齢者用の食品包装設計やユニバーサルデザインというと難しく考えがちであるが，消費者から見れば，パッケージは商品の顔であり，普段の生活に大きく関わっている．そういう期待に応えるためにも，こうした機能は本来食品包装が備えていなければならないものと感じる．

　また，食品容器の役割として安価で安定的な供給を果たすべく，これまで機能や形状，形態の規格化統一化を進めてきたことも考慮しなければならない．開発設計の際には，共同のパートナーである容器メーカーの生産性や採算性も併せて配慮し，誰もが使いやすいパッケージを設計・開発することで，お客様の満足度を増すだけではなく，誰からも支持される新しいスタンダードとなるものと考える．

### 参 考 文 献

1) 凸版印刷：トッパンユニバーサルデザイン考（2002）
2) 山下和幸：新・ユニバーサルデザイン，第8章，日本工業出版（2005）
3) 高橋宏明：新・ユニバーサルデザイン，付録B，日本工業出版（2005）
4) 野田治朗：食品包装からみるユニバーサルデザインの考え方，包装技術，**42**（12），25-28（2004）
5) 日本介護食品協議会：ユニバーサルデザインフード自主規格．
6) JIS S 0021：2000（高齢者・障害者配慮設計指針—包装・容器）
7) JIS S 8071：2003（高齢者及び障害のある人々のニーズに対応した規格作成配慮指針）
8) ISO/IEC GUIDE 71-Guidelines for standards developers to address the needs of older persons and persons with disabilities（2001）

〔正井慎悟〕

# Ⅲ 高齢者のニーズに合わせた食品開発

# 序論　高齢者用・介護用食品を取りまく状況

　国連は65歳以上の人が総人口比7％以上の社会を老年社会（Aging Society）＝Aとし，14％以上を高齢社会（Aged Society）＝B，20％以上を超高齢社会（Ultra Aged Society）＝Cと1956年に定義した．日本では1970年にAの7％老年社会国となり，わずか24年後の1994年に2倍のBランク14％高齢者国となった．しかもこの率の増加速度が急増中で，2004年に19.5％となり多分2006年には20％のCランク超高齢者国になる見込みである．近年，日本同様，東南アジア諸国，韓国，シンガポール，中国，インドネシアがBの高齢者国となっている．（日本人口の予測ピークは2007年で，45年後2050年には人口1億500万人と減少予測しているが，65歳以上の人は32％，70歳以上も25％と予測している．100歳以上も敬老の日発足年1963年にはわずか153人であったが，1995年7,400人，2004年は23,000人となった）（表1, 2参照）．

　加齢と共に介護を必要とする人が増加するのはやむを得ないことであるが，その概数は現在約300万人で，その半分は肢体障害者で行動不自由な方である．

　また介護者にとって最も手間を費やしている高齢者介護は嚥下障害者ケアである．この障害は栄養障害，脱水症状を招きやすく，また誤飲による肺炎や窒息の危険性を招き，経口摂取努力を鈍らせ鼻経管摂取や静脈栄養依存になりやすいのが現状である．非経口食は障害者にとっては心の介護の観点からはなるべく避けるべきで，高齢者，障害者の人権尊重，QOL（Quality of Life：生活の質）の点からも好ましくない．

　著者自身，6年前，余命数か月と宣告された当時93歳の義母を故郷の介護ホームから引き取り，娘である家内が介護し始めた結果，持病の喘息も出ず近く99歳の白寿を迎えるが，介護はいかに精神面，愛情が肝要であるか，そしてQOLの重要性を実際に認識した．その義母の関連ホームから春6週間，秋1週間の食事データを集計し表3, 4にまとめたが，これを要約すると，主食はご飯主体で朝食に時々ロールパン，昼食はお粥程度である．間食，デザートはゼリー類が主体で時にはソフトせんべいも出る．主菜は野菜煮，焼き魚・煮魚，肉類はシチュータイプが中心となる．栄養価ではエネルギーは約1,650kcal，タンパク質60g/日，脂質40g，炭水化物200〜250gで，他に水分補給，Ca，Fe，ビタミンA，$B_1$，$B_2$，Cなどに注意している．一般的に現在の高齢者介護施設での食事はタンパク質不足が指摘されており，その程度は約40％の高齢者に見られると言われ

**表 1** 国連高齢者国定義（1956 年）

| 65 歳 7 %以上国 | 老 人 国 | 日本 1970 年 |
| --- | --- | --- |
| 65 歳 14%以上国 | 高齢者国 | 同 1994 年 |
| 65 歳 20%以上国 | 超高齢国 | 同 2006 年見込 |

**表 2** 高齢者人口推移予測（高齢者白書 2005.6：人口ピーク 2007 年）

| 年　度 | 総人口：万人 | 65 歳↑：% | 70 歳↑：% | 85 歳↑：人 | 90 歳↑：人 | 100 歳↑：人 | 100 歳↑up 率 |
| --- | --- | --- | --- | --- | --- | --- | --- |
| 1960 | 9341.8 | 5.7 | | 188 | | | ? |
| 1963 敬老の日 | | | | | | 153 | ← |
| 1970 | 10,372.0 | | | | | | ↑ |
| 1980 | 11,706.0 | 6.0 | | 296 | | 約 1,000 | ←↑年 3.8%up |
| 1990 | 12,361.1 | | | | 11,900 | | ↑ |
| 1995 | 12,557.0 | | | | 29,000 | 7,400 | ←年 49%up |
| 2000 | 12,692.6 | 14.6 | 9.5 | | 474,000 | 15,475 | ↑←年 42%up |
| 2004 | 12,728.6 | 17.2 | | | | 23,000 | ↑←年 37%up |
| 2004.10.1 | | 19.1 | | | | 23,000 | |
| 2005 予測 | 12,768.7 | 19.5 | | 1,016,000 | | | |
| 2007：予測ピーク | 12,778.0 | 19.6 | 13.9 | 2,764,000 | | | |
| 2015 予測 | 12,644.0 | 20.7 | | | | | |
| 2025 予測 | 12,091.0 | 25.95 | 17.8 | | | | |
| 2035 予測 | 11,311.0 | 28.67 | 21.7 | | | | |
| 2045 予測 | 10,476.0 | 30.94 | 22.1 | | | | |
| 2050 予測 | 10,500.0 | 32.00 | 24.8 | | | | |
| 2095 予測 | 6,000.0 | 34.68 | | | | | |

**写真 1** 介護食 UDF 区分 2, 3

る．このため厚生労働省は「栄養ケア・マネジメント」制度を導入し，低栄養高齢者の低減，食べる楽しみを重視し「食」のサービスの質の向上を期している（2005 年 10 月から法改正で施設での食費が自己負担にはなるが）．施設では医師，看護師，栄養士が連携し各々の高齢者の身体状況を把握し，食事の提供方法，嚥下能力，好き嫌いなどより栄養ケア計画を立て改善を図る方針を打ち出した（2005.6.26 朝日新聞）．

　表 5 に嚥下力程度 4 区分を定めたユニバーサルデザインフード（UDF）を示したが，その区分 4 クラスすなわち「かまなくて良い」介護食が約 60%を占めており高齢者介護食の主柱であるが，その製品状態は均質ゾル（くず湯など），均質ゲル（プリンなど），不均

表3 S-介護ホーム献立例データ（春42日分）

|   | 主食 | 主菜 | 副菜 | 漬物, 佃煮他 | 汁物 | 飲み物, 果物 | デザート |
|---|---|---|---|---|---|---|---|
| 朝食 | ご飯 30回<br>バターロール 5回<br>ミルクロール 2回<br>胚芽ロール 2回<br>黒糖ロール 1回<br>ロールパン 2回 | キャベツ料理 8回<br>卵料理 6回<br>もやし料理 3回<br>大根料理 5回<br>いんげん料理 3回<br>ほうれんそう 6回<br>カリフラワー 4回<br>煮物料理 7回 | 和え物 3回<br>ジャム類 12回<br>煮物 14回<br>卯の花 2回<br>納豆類 4回<br>卵類 6回<br>焼き魚 1回 | 佃煮類 8回<br>サラダ 10回<br>ふりかけ 14回<br>梅びしお 6回<br>味味噌類 4回 | みそ汁 30回<br>コンソメ 11回<br>ポタージュ 1回 | | |
| 午前間食 | | ヨーグルト 6回 | | | | グレープフルーツジュース 3回<br>ミルク類 15回<br>紅茶 5回<br>リンゴジュース 3回<br>オレンジジュース 3回<br>グレープジュース 3回<br>はちみつレモン 4回 | |
| 昼食 | ご飯類 27回<br>そば類 3回<br>うどん類 2回<br>カレーライス 4回<br>どんぶり物 2回<br>ラーメン 1回<br>鳥飯類 3回 | チキン料理 8回<br>豆腐料理 7回<br>煮魚 2回<br>牛, 豚肉料理 6回<br>フライ, 焼き魚 7回<br>刺身 1回<br>シチュー 1回<br>煮野菜 6回<br>春雨, ビーフン 3回<br>マカロニ 2回 | 卵料理 4回<br>もやしナムル<br>金平 3回<br>豆腐 2回<br>サラダ, なます 9回<br>野菜炒め 6回<br>点心類 3回<br>和え物 5回<br>煮豆 2回 | はりはり漬<br>ゼリー類 5回<br>ヨーグルト 1回<br>水羊羹 1回 | みそ汁 14回<br>吸い物 10回<br>スープ 5回<br>豚汁 1回 | | |
| 午後間食 | | おはぎ 2回<br>ケーキ類 17回<br>饅頭類 9回<br>せんべい類 5回<br>エクレア類 4回<br>羊羹類 3回<br>プリン 2回 | 今川焼, 鯛焼 4回 | | | ウーロン茶 11回<br>玄米茶 11回<br>紅茶 3回<br>麦茶 9回<br>ほうじ茶 8回 | |
| 夕食 | ご飯 42回 | 煮魚料理 11回<br>肉料理 14回<br>とり料理 6回<br>焼き魚 8回<br>根菜類 3回 | 卵料理 1回<br>野菜煮 8回<br>豆腐 8回<br>点心 1回<br>サラダ 5回<br>豆料理 3回<br>和え物 4回 | 刻みつぼ漬 4回<br>沢庵 2回<br>白菜 2回<br>佃煮 2回<br>しば漬 2回<br>しそ 2回<br>ハリハリ漬 2回<br>キュウリ漬 2回 | | | キウイ 5回<br>パイン缶 2回<br>オレンジ 6回<br>バナナ 6回<br>ゼリー 4回<br>黄桃 3回<br>ヨーグルト 1回 |

S-介護ホーム献立栄養価/日（42日間）

|  | 平均値 | 最小値 | 最大値 | 単位 |
|---|---|---|---|---|
| エネルギー | 1,646.02 | 1,493.00 | 1,770.00 | kcal/日 |
| タンパク質 | 61.85 | 53.20 | 74.40 | g/日 |
| 脂質 | 40.41 | 26.20 | 51.60 | g/日 |
| 炭水化物 | 251.68 | 222.40 | 295.20 | g/日 |
| 塩分 | 8.68 | 7.20 | 12.00 | g/日 |

表4　M-老人ホーム週間献立例（秋）

|  | 主食 | 主菜 | 副菜 | 漬物, 佃煮他 | 汁物 | 飲み物, 果物 |
|---|---|---|---|---|---|---|
| 朝食 | ご飯×6回<br>鶏雑炊×1回 | 温泉卵他×2回<br>いも煮<br>納豆<br>がんもどき<br>金平<br>野菜煮<br>マグロ煮 | ふりかけ<br>なます<br>にびたし<br>味味噌×2回<br>昆布巻き<br>おろし×2回 | 漬物 | 味噌汁×6回<br>トマトジュース |  |
| 昼食 | ご飯×4回<br>そば<br>サンド<br>おこわ<br>ちらしずし | 焼き魚×2回<br>卵料理×2回<br>天ぷら<br>いも煮×2回<br>野菜煮×2回 | カレイムニエル<br>もずく<br>煮魚<br>小魚 | 漬物 | 吸い物×3回<br>ポタージュ<br>味噌汁 | マスカット<br>みかん<br>オレンジ<br>ぶどう<br>柿 |
| 午後間食 | カステラ<br>ポテト<br>せんべい |  |  |  |  | バナナ<br>ゼリー<br>ヨーグルト×3回<br>牛乳×4回 |
| 夕食 | 麦飯×7回 | すきやき<br>肉団子<br>豚煮<br>焼き魚<br>煮魚<br>肉コロッケ | 和え物×3回<br>酢の物×2回<br>煮びたし×2回<br>野菜煮<br>豆腐<br>とろろコンブ | 漬物×2回 | 吸い物<br>スープ<br>味噌汁 | 缶洋ナシ |

M-老人ホーム献立栄養価/日（7日間）

|  | 平均値 | 最小値 | 最大値 | 単位 |
|---|---|---|---|---|
| エネルギー | 1,680.29 | 1,564.00 | 1,836.00 | kcal/日 |
| タンパク質 | 63.37 | 37.70 | 79.70 | g/日 |
| 脂質 | 42.63 | 30.90 | 57.40 | g/日 |
| 炭水化物 | 193.13 | 128.20 | 259.00 | g/日 |
| カルシウム | 674.00 | 427.00 | 1,369.00 | g/日 |
| 鉄分 | 9.16 | 7.80 | 10.50 | g/日 |
| ビタミンA | 1,025.86 | 610.00 | 1,204.00 | μg/日 |
| ビタミン$B_1$ | 0.92 | 0.63 | 1.33 | g/日 |
| ビタミン$B_2$ | 1.20 | 0.86 | 1.46 | g/日 |
| ビタミンC | 105.29 | 49.00 | 139.00 | g/日 |

表5　UDF介護食嚥下程度別製品区分

| ユニバーサルデザイン |  | 生産トン | % |
|---|---|---|---|
| 区分1 | 容易にかめる | 45.2 | 2 |
| 区分2 | 歯ぐきでつぶせる | 382.4 | 16.6 |
| 区分3 | 舌でつぶせる | 340.9 | 14.7 |
| 区分4 | かまなくてよい | 1,422.6 | 61.7 |
| とろみ調整 |  | 114.0 | 5 |
| 合計 |  | 2,305.1 | 100 |

質ゾル（魚にこごりなど），粘稠ゾル（マッシュポテトなど），不均質粘稠ゾル（お粥など），組織細胞＋ゾル（刺身山かけなど）と多様である．

嚥下しやすくするための粘稠性度合いはテクスチュロメーターで測定するが，粘稠度を高める調理法には長時間加熱法，ゼラチン，寒天などを使用したゼリー化，ソフト化のための寄せ鍋法，汁物にデンプン添加トロミ化，葛あん，クリームかけ，卵を加えた蒸し物化，油添加の喉越し化などがある．増粘材料としては以下のものがある．デンプン（コーン，バレイショ，小麦，片栗粉など）．寒天（90℃で溶解，要冷却：ペーストなど向き，レモン汁など酸を加え3分以上100℃加熱後冷却すれば流動ゼリー状となる）．ゼラチン（20～30℃で溶解：室温で溶けやすく，加熱溶解時レモン果実を加えると酵素により冷却後ゼリー状にとどまり固化しない）．カードラン（発酵多糖類：熱で固化し熱不可逆性ゲルで加熱で不溶，温寄せも

**表6 介護食製品タイプ別**

|  | 生産トン | % |
|---|---|---|
| 乾燥品 | 116.9 | 5.1 |
| 缶詰，レトルト品 | 1,680.6 | 72.9 |
| その他容器包装 | 507.6 | 22 |
| 合計 | 2,305.1 | 100 |

**表7 介護食業務用・市販用別[8]**

|  | 生産トン | % |  |
|---|---|---|---|
| 市販用 | 434.9 | 18.9 | 在宅用 |
| 業務用 | 1,870.2 | 81.1 | 介護ホーム用 |
| 合計 | 2,305.1 | 100 |  |

**表9 高齢者（70歳以上）標準栄養量**

| 栄養項目 | 男性 | 女性 | 含有食品例 |
|---|---|---|---|
| エネルギーkcal<br>（生活強度により−20%～＋10%） | 2,050.0 | 1,700.0 |  |
| タンパク質 | 1.13g/kg | 同左 | 牛，豚，鶏，魚，卵，牛乳，大豆類など |
| 脂質 | エネルギー×0.2～0.25/9.0 | 同左 | 牛，豚，バター，オイル，ケーキなど |
| ビタミンA | 2,000IU | 1,800IU | レバー，バター，卵黄，ウナギ，カボチャなど |
| ビタミン$B_1$ | 1.1mg | 0.8mg | 胚芽，大豆，卵，バター，レバー，豚肉など |
| ビタミン$B_2$ | 1.2mg | 1.0mg | ベーコン，卵白，納豆，レバー，セロリー |
| ナイアシン | 16mg | 13mg |  |
| ビタミンC | 100mg | 100mg |  |
| ビタミンD | 2.5μg | 2.5μg |  |
| 鉄 | 10mg | 10mg | レバー，ホウレンソウ，ゴボウ，カツオ |
| カルシウム | 600mg | 600mg | 小魚，牛乳，チーズ，ヒジキ，バター，魚干物 |
| 食塩 | 10g | 10g |  |

改定日本人高齢者標準栄養量（2000）

序論　高齢者用・介護用食品を取りまく状況

**表8　嚥下障害症状別食事例[3]**

| | 軽度障害食 | 中程度口腔障害食 | 中程度咽頭障害食 | 重度障害食 |
|---|---|---|---|---|
| 魚介類 | A：煮魚<br>イワシ団子と野菜みそ煮<br>鯛の煮こごり<br>かき豆腐 | 煮魚（トロミ）<br>鮭テリーヌ<br>鯛のしんじょう<br>はんぺんふわふわ煮<br>F：まぐろ月見風<br>コールドサーモン<br>まぐろ山かけ | | |
| いも類 | じゃがいも含め煮<br>里芋香りみそ<br>長いもレモン煮<br>さつまいもグラッセ<br>B：長いも甘煮 | さつまいもきんとん<br>月見いも<br>長いもおはぎ風<br>オクラのとろろ<br>じゃがいもマッシュ<br>さつまいもマッシュ<br>さつまいも抹茶団子<br>里芋団子汁<br>じゃがいもゼリー | さつまいもピューレ | |
| 肉類 | 和風ロール白菜<br>煮込みハンバーグ<br>コンビーフポテト<br>ミートボールクリーム煮<br>ミートボールととうがんのトマト煮 | 肉じゃが（トロミ）<br>ビーフシチュー（トロミ） | | 鶏肉ムース<br>N：ビーフコンソメゼリー |
| 野菜 | 麩と人参の煮付け<br>揚げなすの生姜みそ<br>野菜の香りみそ<br>ふろふき大根<br>野菜のクリーム煮<br>カリフラワー泡雪あん<br>C：野菜浸し<br>キャベツのキウイソース和え<br>みどり和え<br>かぼちゃ甘煮 | かぶら蒸し<br>G：かぼちゃマッシュ<br>小松菜ごま和え（トロミ）<br>小松菜ごまソース（トロミ） | | O：グリンピースのムース<br>ごまのムース |
| 卵 | 麩の卵とじ<br>ふわふわ卵トマトソース<br>お好み焼き風卵焼き | おとし卵ととうがんの葛あん<br>温泉卵<br>卵豆腐<br>かき玉ゼリー<br>抹茶かき玉ゼリー | J：卵豆腐 | |
| 牛乳 | ドリア<br>マカロニグラタン<br>カスタードクリームコロッケ | 桜くず湯<br>カスタードクリーム | かぼちゃクリームスープ<br>K：カスタードクリームピューレ | |
| 穀類 | 鮭とほうれん草の粥<br>かき雑炊<br>リゾット<br>グリーンクリームコロッケ<br>D：全粥 | そばがき<br>フレンチトースト<br>パン粥 | L：5分粥ゼリー鯛みそかけ<br>ライスミルクスープ | P：重湯ゼリー |
| 大豆, 豆腐 | | 豆腐のみぞれ煮<br>豆腐のみそグラタン<br>豆腐のゼリー寄せ<br>滝川豆腐<br>ごま豆腐<br>H：白味噌汁（トロミ） | 豆腐入りみそスープゼリー<br>M：グリンピースピューレ | 味噌スープゼリー |
| 果物ほか | フルーツおろし和え<br>E：りんご赤ワイン煮 | 抹茶くず汁粉<br>I：バナナとマシュマロのホイップ | グレープフルーツゼリー | Q：オレンジゼリー<br>桃ピューレ |
| 組み合わせ食 | A+B+C+D+E | D+F+G+H+I | J+K+L+M | N+O+P+Q |

2003年65歳以上嚥下事故死（2005.5.23朝日新聞）

| 件　　数 | 8,570人 |
|---|---|
| 原因食品順 | おかず，ご飯，餅 |
| おかず例 | こんにゃく，はんぺん，うずら卵 |

表10 介護食献立例—栄養目的別[1]

| | 主菜向き：タンパク源 | 副菜向き：ビタミン・ミネラル源 | 主食向き：エネルギー源 | 水分補給源 |
|---|---|---|---|---|
| 料理名<br>主材料<br>副材料 | 卵黄プリン<br>卵黄，砂糖，寒天 | ほうれん草の寄せもの<br>ほうれん草，寒天<br>コンソメ | とろろ汁<br>山芋，卵白，青海苔 | ヨーグルトゼリー<br>ヨーグルト，オリゴ糖<br>ゼラチン |
| 料理名<br>主材料<br>副材料 | 鶏肉コーンスープ<br>鶏もも肉，クリームコーン<br>卵，コーンスターチ | わかめ寒天寄せ<br>生わかめ，鰹節<br>寒天 | さといもの胡麻汁<br>里芋，白胡麻 | ミルクプリン<br>牛乳，砂糖，ゼラチン |
| 料理名<br>主材料<br>副材料 | 牛肉ゼリー<br>牛肉，ゼラチン | 野菜の白和え寒天寄せ<br>豆腐，ごま，青菜，人参<br>寒天，砂糖 | じゃがいも冷スープ<br>じゃがいも，玉葱<br>生クリーム，鶏スープ | レモンシャーベット<br>レモン汁，砂糖，卵白<br>ゼラチン |
| 料理名<br>主材料<br>副材料 | 鶏の寄せ蒸し<br>もも肉，卵，牛乳<br>吉野くず，ホワイトソース | ジャガイモ，人参寄せ合わせ<br>ジャガイモ，人参，いんげん<br>増粘剤 | 白粥の梅あんかけ<br>米，梅肉，片栗粉 | 水ゼリー<br>オリゴ糖，ゼラチン |
| 料理名<br>主材料<br>副材料 | 鶏の水炊き<br>もも肉，大根，人参<br>増粘剤 | カリフラワー寄せなめこ<br>カリフラワー，卵白<br>生なめこ，吉野くず | 雑炊の茶碗蒸し<br>胚芽米，鶏肉，人参<br>卵，椎茸，きぬさや | ポカリゼリー<br>ポカリスエット<br>寒天 |
| 料理名<br>主材料<br>副材料 | レバーのテリーヌ<br>鶏レバー，卵，豆腐<br>牛乳，ゼラチン | なすの寒天寄せ<br>なす，みそ，寒天 | 小田巻き蒸し<br>ゆでうどん，えび，卵<br>人参，椎茸 | 茶ゼリー<br>番茶，寒天 |
| 料理名<br>主材料<br>副材料 | 金目鯛のにこごり<br>金目鯛，砂糖<br>ゼラチン | 白菜の土佐和え<br>白菜，寒天 | 吉野くず冷団子<br>吉野くず，グリンピース | |
| 料理名<br>主材料<br>副材料 | 豆腐と豆のアイスクリーム<br>絹ごし豆腐，生クリーム<br>寒天，砂糖 | とうがんの吉野汁<br>とうがん，吉野くず | 里芋のみたらし団子<br>里芋，片栗粉，砂糖 | |
| 料理名<br>主材料<br>副材料 | マグロのたたき<br>まぐろ，卵 | 椎茸のバター寄せ<br>生椎茸，寒天 | じゃがいも寄せ梅ソース<br>じゃがいも，梅肉<br>寒天 | |
| 料理名<br>主材料<br>副材料 | むき鰈のホイル蒸し<br>かれい，卵白<br>マヨネーズ，片栗粉 | ぜんまいの煮付け<br>ぜんまい，人参，油揚げ<br>寒天 | カステラプリン<br>カステラ，牛乳，卵<br>コンデンスミルク，コーンスターチ | |
| 料理名<br>主材料<br>副材料 | 鮭のムース<br>生鮭，牛乳<br>生クリーム，卵白 | うどの甘酢寄せ<br>ウド，卵黄，寒天 | フレンチトースト<br>トースト，卵，牛乳<br>バター，砂糖 | |
| 料理名<br>主材料<br>副材料 | えび団子<br>剥きエビ，卵，片栗粉 | かぼちゃプリン<br>かぼちゃ，牛乳，寒天 | さつまいも水羊羹<br>サツマイモ，砂糖<br>寒天，水あめ | |
| 料理名<br>主材料<br>副材料 | 親子蒸し<br>米，鶏肉，卵<br>吉野くず，たまねぎ | ひじきの炒り煮寄せ<br>ひじき，人参，油揚げ<br>寒天 | | |
| 料理名<br>主材料<br>副材料 | 魚のとろろ蒸し<br>山芋，白身魚，卵<br>牛乳，吉野くず | 金毘羅牛蒡の寒天寄せ<br>ごぼう，人参，寒天 | | |
| 料理名<br>主材料<br>副材料 | 博多寄せ<br>卵豆腐，鮭，吉野くず<br>ほうれん草，寒天 | かぶの胡麻あんかけ<br>かぶ，胡麻 | | |

の向き），ペクチン（カルシウムが多い），コンニャク，マンナン，ヤマイモ，トロロ，オクラなども利用される．介護用加工食品の生産関連資料は表6，7のとおりで，現在は業務用主体で在宅介護用は缶詰，レトルト食品が主流である．介護食品開発を志す人の参考までに，嚥下障害食事例を表8に，高齢者標準栄養量を表9に，また栄養目的別献立例を表10に記した．

## 参 考 文 献

1) 手嶋登紀子他：介護食ハンドブック，医歯薬出版（1999）
2) 田中弥生：高齢者の介護食べさせ術，講談社（1998）
3) 藤谷順子他：嚥下障害食のつくりかた，日本医療企画（1999）
4) 読売新聞：超高齢時代，日本医療企画（1997）
5) 山本辰芳：病医院の新しい食事サービス，日本医療企画（2004）
6) 杉橋啓子他：実践介護食事論，第一出版（2003）
7) 中橋孝博：日本人の起源，講談社（2005）
8) 食品化学新聞，*Food Style 21*，No.3（2005）

〈西出 亨〉

# Ⅲ-1 シニアの食生活を支えるバランスの取れた食品開発

　便利さや豊かさが増すことで，好きなものを好きなだけ好きな時間に食べることができます．その結果，糖尿病・高血圧・高脂血症・動脈硬化などの生活習慣病，血圧が高め・血糖値が高い・コレステロール値がやや高いなど，生活習慣病予備軍が年々増加してきています．そして日本人の平均寿命はますます延びており，高齢化社会に突入しています．この状況をふまえ，トオカツフーズ株式会社が「おまかせ健康三彩」を商品開発するに至るまでの経緯を記したいと思います．

## 1 「健康三彩」とは

　健康を維持するためには「バランスの良い食事を摂ることが大切」と常に言われますが，どのような食事がバランスがよいのでしょうか？
　カロリー控えめ，塩分少なく，揚げ物控えめ，野菜はたっぷり……などと言っていますが，果たして自分は何キロカロリー摂取しているか，何グラム位塩分を摂っているのか，野菜は満足に摂取できているのか，栄養士や専門知識をもつ人，特別食事に関心のある人，治療で栄養指導を受けている人などはある程度理解できますが，分からない人のほうが多いのではないでしょうか．摂取カロリーだけを重んじるのではなく，色々な食品をどのようにしてどの位食べれば良いのかが重要なのです．

### 1-1 バランスの良い食事とは

　私たちが健康であるために必要とする栄養素には，糖質，タンパク質，脂質，ビタミン，ミネラルなどがあげられます．そして各栄養素の1日の必要量はその人にとってほぼ決まっています．これらの栄養素は摂りすぎても不足しすぎても身体に支障をきたします．各栄養素を過不足なくきちんと食べることが，バランスの良い食事と言えます．

### 1-2 「健康三彩」の特徴

　・料理は30（主菜＋副菜＋副菜）アイテム用意しました．

- 似かよった栄養素の食品を赤・緑・黄の3色に色分けをしました．

  赤は，身体をつくる基になる主にタンパク質を多く含む食品グループ

  緑は，身体の調子を調える働きをするビタミン・ミネラルなどを多く含む食品グループ

  黄は，身体を動かすエネルギー源で主に糖質を多く含む食品グループ

  この3色を組み合わせることで，特別な知識がなくても身体に必要な栄養素を簡単にカバーすることができ，3色を食卓に並べることでバランスの良い食事を摂ることができます．

- 1食で必要な副食はお任せいただいて，ご飯の量を自分の必要量に合わせて調節すれば良く，カロリー制限されている人にも対応ができます．
- 美味しさのこだわりはもちろん，GI（グリセミックインデックス）値に着目したメニュー開発を行いました．
- 食事は「目で食べる」と言われているように盛り付け，彩りを重要視しました．
- 化学的な味作り，旨味作りは極力避け，自然な味作りにこだわり，だしや素材の旨味を生かし，手作り感を大切にしました．
- それぞれの料理に適した量，多くても食べられる料理と少しでもいい料理のメリハリを大切にしました．
- 冷めても臭みが出ない，硬くならない料理や加工法，味作りに工夫をしました．
- 食感を生かした仕上がりを目指し，あくまでも「料理」であることにこだわり，美味しさを追求しました．
- しっかりした味が美味しい料理，薄味でも美味しい料理など，美味しく食べて頂くために，味付けにメリハリをつけました．
- 嚥下障害や歯の悪い方のために，「キザミ食」を用意している料理もあります．
- 魚類は全て「骨抜き」を使用していますので，高齢者の方でも安心して食べることができます．
- 全て調理済みの状態で冷凍していますので，温めるだけで特別な調理の必要はありません．
- 温め方は，レンジでも湯煎でもできます．料理にはそれぞれの調理時間が記されていますので，レンジタイム，湯煎時間に合わせて温めるだけです．容器から取り出し，お皿に盛り付けるだけで，美味しい家庭料理の出来上がりです．
- 全ての料理に便利な容器タイプと袋タイプの2種類を用意しました．
- ご飯が必要な方には，五穀米を使用した「梅ごはん」「ひじきごはん」「ジャコごはん」の3種類を用意しました．

「健康三彩」は，高齢者のみならず，健康人，ダイエットをしたい人，正しい食事の摂り方を身につけたい人など，様々な方にお勧めする食事です．

トオカツフーズはこれからの時代に向けて新しい健康食を誕生させました．そして，健康的で彩りのある毎日を「食」を通じてサポートすることが目標です．

## 2 ターゲットを健康な高齢者に

高齢社会が到来し，わが国の総人口における65歳以上の高齢者が20％を超えようとしています．一般的に高齢になるに従い，歯の脱落や入れ歯の噛み合わせの悪さにより咀嚼力の低下が生じてきます．また，食欲や味覚の低下，疾病や疾病による後遺症，唾液分泌量の減少による嚥下力の低下も生じやすくなります．そして，どのような食品をどの位食べてよいのか考えるのもおっくうになり，現在高齢者の低栄養状態が問題になっています．高齢者が健康に生活するうえで食生活を工夫していくことは，とても重要なことです．

肉体的・生理的に衰退していくという止めようのない現象の中，このような状況をふまえ，アクティブシニア（55歳以上の健康な高齢者）をターゲットにしました．

## 3 シニア世代全体が抱える食の問題を解決するサービス

「健康三彩」のコンセプトは，次のような食の問題を解決することを目的としています．
○介護の必要がなく，摂食障害がなくても，
　・単身者なので，食事の支度が面倒で不経済．
　・食事の支度がおっくうになってきた，栄養のバランスが気になるけれども実行し難い．
　・体調が悪いとき買い物や料理をするのが困難である．
　・毎日手作りをするのは疲れる．時には手間をかけずに食事をしたい．
○要介護者および家族にとっては，
　・体調が悪く，買い物や料理がほとんどできない．
　・介護（高齢者）食の作り方，与え方がわからない．
　・介護（高齢者）食を家族の食事とは別に作るのが面倒．
　・介護（高齢者）食を作っている時間的余裕がない．
○介護支援者にとっては，
　・家事援助の中でも「調理」に関しては，外部委託で解決したい．

・ヘルパーに栄養学，介護食の知識がない．
・食事サービスをしたいが厨房施設が充実していない．
・既製品を利用して人件費を浮かせたい．
・栄養士がいない．

つまり介護が必要な人や摂食障害がある人は，本人はもちろん家族も同じ食の問題を抱えていると言えます．一方，介護支援組織においては，食に関するサービスを提供することにおいて，さまざまな不都合が生じています．

これら全ての「食に関する問題を抱えているターゲット」に対して，その問題を「解決するためのサービス」としての食を提供することを目的としました．

## 4 「健康三彩」の歩み

2001年にプロジェクトを立ち上げ，2004年の国際食品・飲料展（フーデックス）において「健康三彩」を展示しました．当時開発の第一歩で，来場者，関係者からの要望，意見をうかがい，次のステップアップに繋げられればとの思いでした．レシピは12アイテム．容器は主菜，2種類の副菜それぞれ別容器で，温め方はレンジ使用のみでした．関係者からの要望として，レシピが少なすぎる，湯煎も可能にして欲しい，容器を1つにして一度に温めたい……など貴重な意見を頂きました．

当社ではニーズにお応えすべく色々と修正を加え，2005年のフーデックスでは，レシピは30アイテムにふやしました．また，容器は深絞り容器のスキンパックタイプに変え，電子レンジでも湯煎でも対応可能な容器を選定し，なおかつ主菜，副菜を一緒にでも個別にでも解凍加熱が出きるようにミシン目を入れました．その結果，①味付けは前回同様，家庭的な味付けで好評を得ました．②容器形態については，今までに無い画期的な容器であるということで，とても高い評価を得ました．③より深刻な高齢化社会に向けて，「食」に対する健康事業は，業態を問わず高齢者の市場があることを確認し，今また強い要望と期待がありました．④「健康三彩」レシピ開発において，私たち栄養士は，毎日食べる食事ですから，美味しく楽しく食べていただくために，食事はこうあるべき，と言う固定観念にとらわれずに献立を作成したことが大きな評価を得ました．当社がこうした柔軟な発想で商品開発をしていることの位置付けは大きいと思われました．

現在なおモニタリングや市場調査を行いながら，より良い商品開発を行っています．

インターネットでは食育も兼ねて，介護施設関係・通販関係・宅配関係・デパート・スーパー・問屋・事業所給食をチャネルとして，各業態別にビジネスモデルを構築していきます．

## 5　献立作成

　私たちの日常生活において1日三度の食事を摂ることにより，健康が維持でき健やかな生活を送ることができます．ただし先にも記しましたが，ただ食べればよいというものではなく重要なことは，何をどのようにどの位食べれば良いのかということです．

　日々，料理をつくる時，主菜が和食で副菜が中華，あるいは洋風というように和洋折衷，また冷蔵庫に入っている食材で何でもありの料理というのも多いと思います．

　料理によっては，フライやてんぷらなど高カロリーの料理もあれば，豆腐や野菜の煮物のように低カロリー料理の時もあると思います．味付けも，しっかり味の料理が，より美味しいこともあります．美味しくて食べ過ぎてしまう時もあれば，食欲不振の時もあります．

　また特に障害が無くても高齢者だからといって，カロリー控え目，フライ物はダメ，味は薄味にしなければなどと決め付けてしまいがちですが，お年寄りでも元気で健康で食欲旺盛な方もいらっしゃいます．反面，現在国民の約4人に1人は糖尿病および糖尿病予備軍とか．

　皆さんが健康で楽しく食事をしていただくためにそれらを考慮し，「健康三彩」は

- 家庭料理の味を基に味付けをしました．料理も和風・中華風・洋風とバラエティに富んでいます．
- 3色に色分けした「黄」の副菜は糖尿病の方でも利用できるように，サトイモ・サツマイモ・ジャガイモ・ナガイモ・カボチャ・マカロニ・スパゲティ・春雨・ビーフンなど主に炭水化物の含有量が比較的多い食材を使用した料理です．
- 量的には，それぞれの料理に適した量にして見栄えを良くしました．
- 塩分は控えめということですが，全ての料理が薄味でしたら美味しくありませんし，食欲もわきませんので味付けにメリハリをつけました．「健康三彩」は30アイテムを平均して，1食当たり食塩相当量は2.3gです．
- 各栄養素含有量は容器に掲載しています　エネルギーは1食当たり平均して約290kcalです．ご飯の量をご自分の必要量にあわせて召し上がってください．
- 「健康三彩」は昼食または夕食に利用されると良いでしょう．調理をする時は量的にもバランス的にも「健康三彩」を参考にしていただければよいでしょう．
- 「健康三彩」は冷凍食品ですので生野菜が使用できません．野菜は低カロリーですので旬の生野菜を食卓に並べることをお勧めします．
- 主菜・副菜はそれぞれ容器を切り離すことができますので，どうしてもセット以外の料理が食べたい時は交換しても構いませんが，3色をバランス良く召し上がってくだ

さい．
・「健康三彩」は今後レシピの開発はもちろんのこと，食育も兼ねて商品開発を行いたいと考えています．

今回商品化しました「健康三彩」のメニュー・栄養価・料理写真・調理法や食材のワンポイントコメントを掲載しますので参考にしていただければ幸いです．

## 6　メニュー・栄養価・ワンポイントコメント

### (1)　骨無し鰆のねぎ味噌焼セット
骨無し鰆（さわら）のねぎ味噌焼，もやしのザーサイ和え，じゃが芋のごま風味．
- 245kcal，タンパク質 18.7g，炭水化物 12.0g，脂質 12.8g，食塩相当量 1.6g．
- サワラをこんがりと焼き，ネギのみじん切りを加えた香りの良い味噌だれをかけました．甘味はみりんを使用．サワラは「美容ビタミン」とも言われるビタミン $B_2$ が豊富，脂質や糖質の代謝を促進します．もやしとザーサイをごま油・酢醤油・みりんで中華風和え物に，ザーサイの歯ごたえがいいですね．ゴマの風味がジャガイモによく合っています．

### (2)　タラの梅じそ焼セット
タラの梅じそ焼，切干大根煮，ミモザ風和え物
- 187kcal，タンパク質 14.2g，炭水化物 23.9g，脂質 3.7g，食塩相当量 1.8g．
- 全粒粉小麦粉に梅肉とシソを混ぜ合わせた衣を，タラにまぶしてこんがりと焼きました．梅肉の酸味と香りがさわやかです．タラはグルタミン酸やイノシン酸を多く含み淡白ながら旨味があります．切干大根にニンジン・油揚げを加えて煮付けました．ミモザとはそぼろ卵がミモザの花に似ていることから付けられた料理名です．枝豆・明太子と春雨をそぼろ卵で和えました．

### (3)　骨無し太刀魚の白醤油焼セット
骨無し太刀魚（たちうお）の白醤油焼，五目ひじき煮，マカロニトマトソース
- 369kcal，タンパク質 18.1g，炭水化物 23.0g，脂質

20.7g，食塩相当量 3.4g．

- タチウオを白醤油に漬け込んでから焼き上げたさっぱり味の一品．タチウオに多く含まれるビタミン D は骨の形成に不可欠です．体内ではカルシウムとリンの吸収を助け，血中濃度を一定に保つ働きをするヒジキの煮物は野菜がいっぱい，食物繊維がいっぱいの煮物です．マカロニトマトソースはトマト風味の鮮やかな料理です．

(4) 鮭のごま風味焼セット

鮭のごま風味焼，チンゲンサイのサラダ，春雨のピリ辛炒め

- 236kcal，タンパク質 17.5g，炭水化物 14.6g，脂質 11.4g，食塩相当量 1.7g．
- ごま風味焼は香りの良い一品．サケは血行を良くするナイアシンや味覚を正常に保つ亜鉛などのミネラルが豊富で，生活習慣病予防にお勧めの魚．アクの少ないチンゲンサイをサラダ仕立てにしました．ピリ辛炒めのトウガラシ，辛味成分のカプサイシンは体内脂肪を燃焼させてくれます．香辛料を使うことで塩分を控えることができます．

(5) 骨無しカレイのおろし煮セット

骨無しカレイのおろし煮，刻み昆布煮，マカロニ柚子風味サラダ

- 305kcal，タンパク質 21.5g，炭水化物 26.5g，脂質 11.8g，食塩相当量 3.3g．
- カレイを，低 GI 値の全粒粉小麦粉で香ばしくパリッと揚げ，大根おろしで煮た和風仕立ての一品です．カレイのエンガワには肌の若さを保つコラーゲンが豊富「きれい」がゲットできます．副菜の刻み昆布は「海の野菜」とも呼ばれる健康食品でカルシウムや鉄，食物繊維が豊富です．マカロニサラダはユズを加えた風味のあるサラダです．

(6) 骨無し鯵のパン粉焼セット

骨無し鯵のパン粉焼，揚げなすのおろし煮，ビーフンのカレーソテー

- 251kcal，タンパク質 17.1g，炭水化物 17.6g，脂質 10.6g，食塩相当量 1.9g．

・アジを白ワインの調味液に漬け込み，低 GI 値の全粒粉小麦粉と粉チーズを加えた衣をまぶし，こんがりと焼き上げました．アジのさっぱりしたおいしさの秘密は，適度な脂肪に旨味成分のグルタミン酸やイノシン酸がたっぷり含まれているからです．おろし煮は砂糖をみりんに換えて GI 値を下げました．ビーフンは戻してツナ・彩りの良い野菜で炒めました．ビーフンの原料はうるち米です．

### （7）骨無し鯖の味噌煮セット

骨無し鯖の味噌煮，ほうれん草のくるみ和え，ミネストローネ

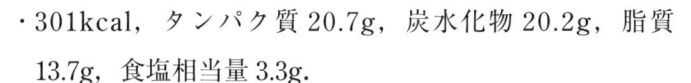

・301kcal，タンパク質 20.7g，炭水化物 20.2g，脂質 13.7g，食塩相当量 3.3g．

・サバは脂ののったノルウェー産で定番の味噌煮に．サバに多く含まれる EPA，DHA は血栓症やボケ防止に効果を発揮します．砂糖を控え低 GI 値のみりんで調味しました．くるみ和えのクルミは良質の脂質やタンパク質を含み，老化防止，美肌作りに効果があります．不足しがちな食物繊維は野菜たっぷりのミネストローネで補いましょう．

### （8）骨無しカレイの南蛮煮セット

骨無しカレイの南蛮煮，ほうれん草のカレーソテー，里芋の煮ころがし

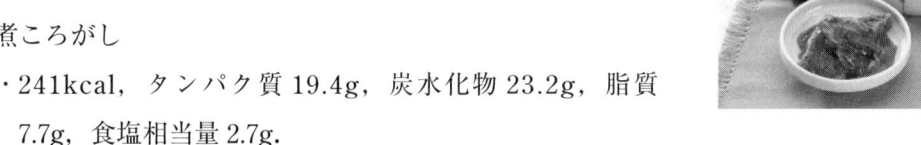

・241kcal，タンパク質 19.4g，炭水化物 23.2g，脂質 7.7g，食塩相当量 2.7g．

・骨を取り除いたカレイをさっぱりした南蛮煮にしました．カレイは高タンパク質，低カロリーのヘルシー食品，豊富に含まれているビタミン $B_1$ と D がストレス解消や骨粗鬆症予防に効果があります．ホウレンソウをカレー粉で炒め，塩分を控えました．カレー粉には発汗作用があります．定番の里芋の煮ころがしは甘味をみりんで調味しました．サトイモに含まれる豊富なカルシウムは高血圧予防に効果があります．

### （9）鮭のマリネセット

鮭のマリネ，白菜のクリーム煮，さつま芋のおろし和え

・356kcal，タンパク質 13.2g，炭水化物 22.1g，脂質 12.4g，食塩相当量 1.8g．

・サケに低 GI 値の全粒粉小麦粉をまぶして揚げ，マリネ

液に漬け込んださっぱり味の料理です．サケは良質のタンパク質，血液をサラサラにするEPA，脳を活性化するDHAなどを含むヘルシーな魚です．副菜はハクサイを牛乳でまろやかに煮込んだクリーム煮．おろし和えはサツマイモを大根おろしで和えたさわやかな一品，サツマイモに含まれるビタミンCがメラニン色素の沈着を抑えてくれます．

(10) タラのマスタードソースセット

タラのマスタードソース，ほうれん草と卵のガーリックソテー，春雨のオイスターソース炒め

- 178kcal，タンパク質14.4g，炭水化物11.6g，脂質6.7g，食塩相当量2.1g．
- タラを焼き，マスタードソースをかけたさわやか味の一品です．彩りに低GI値の赤パプリカを添えました．タラは低カロリーでヘルシーな食材としてお勧めです．ガーリックソテーのニンニクには抗酸化作用があり，がん予防に効果があります．春雨に彩りの良い野菜を加えオイスターソースで中華風に仕立てました．春雨の原料は緑豆デンプンです．

(11) 味噌メンチカツセット

味噌メンチカツ，もやしとピーマンのナムル，蜂蜜入りさつま芋サラダ

- 424kcal，タンパク質9.9g，炭水化物37.4g，脂質26.8g，食塩相当量1.6g．
- カリッと揚げたポークカツに味噌だれソースをかけました．豚肉に豊富なビタミン$B_1$は糖質の分解を助ける働きがあります．また疲労回復，精神安定にも効果があります．ナムルはもやしとピーマンをごま油，醤油などの調味料で和えました．乳製品に蜂蜜を加えたほんのり甘味のあるサラダです．サラダのレーズンは鉄が豊富で貧血予防に効果があります．

(12) 和風ハンバーグセット

和風ハンバーグ，小松菜の煮浸し，長芋の明太子和え

- 259kcal，タンパク質15.6g，炭水化物22.2g，脂質12.1g，食塩相当量2.0g．
- ハンバーグにスダチ果汁の入った和風おろしソースをかけました．スダチの香りがたまりませんね．添え野菜の

シシトウのビタミンC含有量は抜群でシミ，ソバカス，動脈硬化などに有効な成分がいっぱいです．コマツナをカツオ風味のだし汁に浸し，タマネギを加えたのが特徴です．明太子のピリ辛感がチーズを加えることでまろやかさがでます．ナガイモのシャキシャキとした食感がいいですね．

### （13） 鶏肉のピリ辛揚げセット

鶏肉のピリ辛揚げ，ほうれん草としめじの柚子浸し，ジャーマンポテト

- 412kcal，タンパク質 17.1g，炭水化物 16.5g，脂質 28.9g，食塩相当量 2.1g．
- 若鶏のもも肉を使用．鶏肉独特のくせと匂いはキムチの素をまぶし，カラッと揚げることで消えます．トウガラシの辛味成分のカプサイシンは食欲増進，健胃作用があります．柚子浸しはユズの香りがさわやかです．高GI値のジャガイモを調理する時は低GI値の酢を加えることがお勧め，ジャーマンポテトにはワインビネガーを使いました．

### （14） 若鶏のトマトソースセット

若鶏のトマトソース，変わりきんぴら，かぼちゃのミルク煮

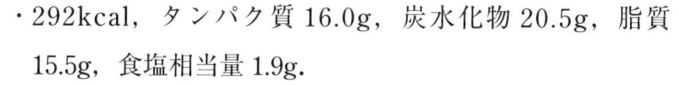

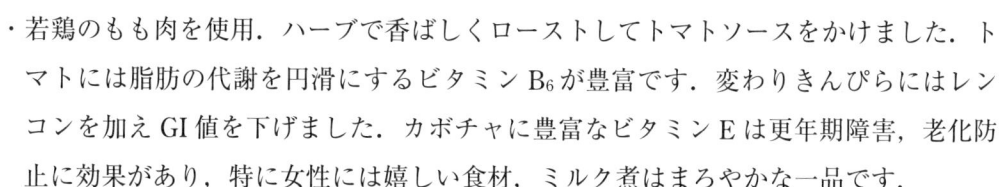

- 292kcal，タンパク質 16.0g，炭水化物 20.5g，脂質 15.5g，食塩相当量 1.9g．
- 若鶏のもも肉を使用．ハーブで香ばしくローストしてトマトソースをかけました．トマトには脂肪の代謝を円滑にするビタミン$B_6$が豊富です．変わりきんぴらにはレンコンを加えGI値を下げました．カボチャに豊富なビタミンEは更年期障害，老化防止に効果があり，特に女性には嬉しい食材，ミルク煮はまろやかな一品です．

### （15） 鶏肉のすき焼き風セット

鶏肉のすき焼き風，アスパラガスのごま和え，かぼちゃのサラダ

- 265kcal，タンパク質 16.2g，炭水化物 17.6g，脂質 12.8g，食塩相当量 2.4g．
- 主菜は具沢山のすき焼き風煮です．食物繊維が豊富な野菜で便秘解消を．鶏肉には「美容ビタミン」とも言われるビタミン$B_2$が豊富，砂糖を控え，みりんで調味しGI

値を下げました．ごま和えのアスパラガスには新陳代謝を高める働きがあります．かぼちゃサラダにはマヨネーズにチーズを加えまろやかな味付けにし，レーズンを飾りました．

## （16） 鶏肉の赤ワイン煮セット

鶏肉の赤ワイン煮，もやしと小松菜のソテー，さつま芋のオレンジ煮

- 406kcal，タンパク質 25.3g，炭水化物 42.5g，脂質 14.0g，食塩相当量 1.9g．
- 若鶏の胸肉を赤ワインでじっくり煮込みました．赤ワインに含まれるポリフェノールは老化や病気を予防，疲れ目の解消など様々な効果があります．アクのないコマツナはもやしとの炒め物にもぴったりです．コマツナに含まれるカルシウムは野菜の中でトップクラス．オレンジジュースで煮たサツマイモはちょっと酸味のあるおしゃれな煮物です．

## （17） オムレツセット

オムレツ，大根とベーコンのピリ辛炒め，じゃが芋のそぼろ煮

- 286kcal，タンパク質 14.3g，炭水化物 24.6g，脂質 14.2g，食塩相当量 2.6g．
- オムレツは具を変えることで色々な味を楽しむことができます．また卵の特徴は熱凝固することです．希釈の割合と加熱程度で茶碗蒸し，玉子焼きなど様々な料理ができますね．副菜の炒め物はベーコンの風味・ごま油と豆板醤（トウバンジャン）がダイコンを引き立てています．ジャガイモとひき肉を和風に煮付けました．みりんを使用しGI値を下げました．

## （18） 豆腐グラタンセット

豆腐グラタン，チンゲンサイとハムのソテー，かぼちゃの鶏味噌あん

- 305kcal，タンパク質 15.3g，炭水化物 18.6g，脂質 18.8g，食塩相当量 2.4g．
- 木綿豆腐にキノコたっぷりの豆乳ごまソースをベースとして，とろけるチーズを飾り付けました．豆腐は肉類に比べ脂肪が少ないので低カロリー，大豆オリゴ糖は腸の働

きを活性化するので消化吸収にも優れています．チンゲンサイは下ゆで不要，炒めることで脂溶性ビタミンも吸収されます．カボチャに風味のある鶏味噌あんをかけました．

### （19）ハーブポークセット

ハーブポーク，若竹煮，里芋の枝豆あんかけ

・329kcal，タンパク質 18.5g，炭水化物 18.0g，脂質 19.9g，食塩相当量 2.7g．

・数種のハーブを使用した香りの良いソテーです．彩りに低 GI 値の赤パプリカで鮮やかに．豚肉には「疲労回復ビタミン」とも言われるビタミン $B_1$ が牛肉の約 10 倍も含まれているとか．副菜はお馴染みの若竹煮．枝豆をペースト状にしたグリーンソースはとても味わいがあります．

### （20）生揚げと豚キムチ炒めセット

生揚げと豚キムチ炒め，じゃこなす，オクラと山芋の梅和え

・238kcal，タンパク質 10.3g，炭水化物 13.8g，脂質 14.4g，食塩相当量 1.9g．

・主菜のキムチ炒め，ピリッとキムチの味が食欲をそそります．生揚げに含まれる良質のタンパク質に，豚肉のビタミン $B_1$ とニラに含まれるアリシンを組み合わせることで疲労回復・集中力により効果がでます．副菜はじゃことナスを和風調味料で和えた彩りの良い一品．程よい酸味の梅和えのオクラには整腸作用があるペクチンが含まれています．

### （21）ロールキャベツセット

ロールキャベツ，青菜のオイスター炒め，高野豆腐とかぼちゃの炊き合わせ

・238kcal，タンパク質 10.3g，炭水化物 24.6g，脂質 11.0g，食塩相当量 2.6g．

・ロールキャベツをホールトマト，白ワイン，トマトピューレなどの調味料でじっくり煮込みました．トマトにはカリウムが豊富，血液中の Na を排出するので血圧低下に役立ちます．副菜はオイスターソースで仕上げた中華風の炒め物．みりんを使用して GI 値を下げた炊き合わせです．カボチャには $\beta$-カロテンが豊富に含まれています．

### (22) 青椒肉絲セット

青椒肉絲，かぶとがんもの煮物，里芋の中華あんかけ

- 228kcal，タンパク質 10.8g，炭水化物 20.8g，脂質 11.3g，食塩相当量 1.9g．
- 豚もも肉と細切りのピーマン，赤パプリカをショウガやニンニクなどの香味野菜をふんだんに使って調味した炒め物，彩りも香りも風味も最高です．ピーマンの鮮やかな緑色は葉緑素によるものです．カブとがんもをカツオだし，みりんで煮付けました．サトイモは薄味をつけてあんをかけました．あんには低 GI 値のシイタケを加えて GI 値を下げました．

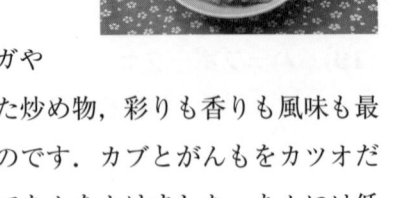

### (23) 肉じゃがセット

肉じゃが，青菜のごま和え，豆腐のくずあんかけ

- 260kcal，タンパク質 8.3g，炭水化物 29.5g，脂質 11.2g，食塩相当量 2.1g．
- 和食の定番の肉じゃが．ジャガイモにはビタミン C が豊富，カリウムも多く塩分過剰による生活習慣病予防に役立ちます．ごま和えのゴマにはビタミン $B_1$，$B_2$，鉄，リン，マグネシウムなどの栄養素が小さな 1 粒にぎっしり詰まっています．豆腐のくずあんかけは消化の良い一品です．

### (24) 里芋といかの煮物

里芋といかの煮物，かぶのクリーム煮，豚肉とチンゲンサイの炒め物

- 173kcal，タンパク質 10.5g，炭水化物 19.8g，脂質 5.4g，食塩相当量 2.8g．
- 主菜はお馴染みのシンプルな煮物．イカとサトイモを低 GI 値のみりんで調味しました．イカには血圧やコレステロール値を下げる，心臓機能の強化などの作用があるといわれるタウリンが豊富．副菜はカブを洋風にアレンジしたクリーム煮に．豚肉に含まれる鉄はヘム鉄と呼ばれ，野菜に含まれている鉄よりも吸収率が高いものです．

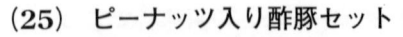

### (25) ピーナッツ入り酢豚セット

ピーナッツ入り酢豚，高野豆腐とチンゲンサイのごま和え，春雨サラダ

- 467kcal，タンパク質 13.2g，炭水化物 28.1g，脂質

32.8g，食塩相当量 2.2g．
- お馴染みの酢豚に低 GI 値のピーナッツ，赤パプリカを使用．ピーナッツは活性酸素の害から身体を守り，がんや心筋梗塞，脳梗塞などの予防に効果のあるビタミン E を多く含んでいます．副菜のごま和えの高野豆腐はタンパク質，脂質，食物繊維が豊富な食品です．春雨サラダは彩りが爽やかな歯ざわりの良い一品です．

### (26) 八宝菜セット

八宝菜，五目豆のトマト煮，春雨の中華和え
- 246kcal，タンパク質 7.5g，炭水化物 24.4g，脂質 13.5g，食塩相当量 2.6g．
- 八宝菜はシーフードと野菜がたっぷりの料理です．野菜に多く含まれる食物繊維は腸内でコレステロールを吸着し排出，再吸収を防ぐ効果があり，発がん物質を体外に排出する役目もします．ヘルシーな一品ですね．副菜のトマト煮は大豆，野菜とベーコンをトマトをベースに煮込みました．中華和えはごま油の香りが味を引き立てます．

### (27) 麻婆茄子セット

麻婆茄子（マーボなす），ひじきの白和え，いとこ煮
- 483kcal，タンパク質 18.2g，炭水化物 41.1g，脂質 26.7g，食塩相当量 2.5g．
- 中華料理では定番の麻婆茄子，ナスの果肉はスポンジ状で油を吸ってもしつこさを感じさせないので，ひき肉を使った料理によく合います．白和えに使われているヒジキは現代人に不足しがちなミネラルや食物繊維を豊富に含んでいます．いとこ煮の小豆の外皮には強い解毒作用があるとのことです．

### (28) ハッシュドポークセット

ハッシュドポーク，ひき肉とチーズのスクランブルエッグ，スパゲティソテー
- 342kcal，タンパク質 14.3g，炭水化物 22.3g，脂質 21.4g，食塩相当量 2.5g．
- トマトをベースにしたハッシュドポーク．デミグラスソース，赤ワインほか多種の調味料をたっぷり使ったコクのある一品です．スクランブルエッグの鮮やかな黄色が食欲をそそります．チーズはヨーロッパでは「白い肉」と呼ばれているようにタンパク

質が豊富です．スパゲティソテーは彩りに赤パプリカを使いGI値を下げました．

### (29) ヨーグルト入りカレーセット

ヨーグルト入りカレー，高野豆腐の卵煮，山芋のなめたけ和え

- 257kcal，タンパク質12.4g，炭水化物27.9g，脂質11.0g，食塩相当量2.4g．
- お馴染みのカレーにヨーグルトを加えたまろやか味のカレー．ヨーグルトに含まれているビタミン類は粘膜の保護，健やかな肌を作るのに効果があります．卵煮はみりんを使用してGI値を下げました．ナガイモなどヤマノイモは古くから「山うなぎ」と称されるほど滋養強壮に効くことで知られています．

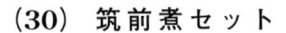

### (30) 筑前煮セット

筑前煮，炒りおから，じゃが芋のカレー煮

- 290kcal，タンパク質14.1g，炭水化物30.8g，脂質11.7g，食塩相当量3.1g．
- 筑前煮は砂糖を控えて低GI値のみりんを使用．高GI値のニンジンもコンニャクやレンコンなどGI値が低く食物繊維の多い食材を使用することで，血糖値の上昇は緩やかになります．おからは低脂肪で大豆の食物繊維をそっくり持っています．カレー粉には発汗作用があり新陳代謝を活発にします．

〔後藤恭子〕

# Ⅲ-2 介護用食品の開発
「キユーピーやさしい献立」の開発と商品設計

## 1 高齢者の食の阻害要因

　少子高齢化が進むわが国において，高齢者の介護・福祉施策は最も重要かつ深刻な課題のひとつである．現在，介護や支援を要する高齢者，いわゆる要介護（要支援）認定者数は400万人を越え，2010年の将来予測を前倒しする結果となった[1]．

　なかでも日常の食事の支援や介護は，高齢者の生活を支える上で重要な施策の一環である．食介護または支援を要する高齢者は，要介護高齢者の60％を占めると言われている[2]．また，要介護や要支援に認定されていない高齢者においても，身体面や生活環境の要因により，健全な食生活が損なわれることがある．加齢により各所の身体機能が低下することは言うまでもない．咀嚼（そしゃく）機能や嚥下（えんげ）機能，腸管機能の低下が直接の摂食行為そのものを阻害するのに加え，緑内症，白内障の眼科疾患や運動機能低下により，調理や食材の購入など，食生活を営む上での必須の行為が阻害されることもある．したがって身体機能低下は健全な食生活に対する第一の阻害要因といえる．ただし，ある程度身体機能が低下した高齢者であっても，第三者の支援や物理的援助により適切な食生活を送ることができる場合がある．逆に，これらの援助が不足することにより，身体機能レベルが基準を満たす場合であっても，良好な食生活が阻害される場合がある．つまり身体の問題に次いで生活環境（福祉）の不備が第二の阻害要因となり得る．またこれらの要因のみならず，人間であるが故の精神的要因により食生活が阻まれることがある．認知症や鬱病（うつびょう）のような精神的疾患をはじめ，生きる意思の欠如により著しい食欲低下が生じる場合もある．精神的問題こそ第三の阻害要因と言えよう．

　これらの要因は全て独立して生じるものではなく，密接につながって影響し合っている．例えば消化吸収能力が低下したことにより，食事内容に制限が加わり，その結果栄養状態が悪化した高齢者を例にとると，確かに第一要因は消化器管の生理機能低下である．しかし，消化吸収が良く，栄養価の高い食事を適宜提供されない環境も要因の1つとして挙げられる．また特に身体機能低下に対処されていない通常食を摂ることにより，腹痛や腹部の不快感に悩まされ，その結果食欲が低下し，また排泄介護に対する精神的苦痛が摂

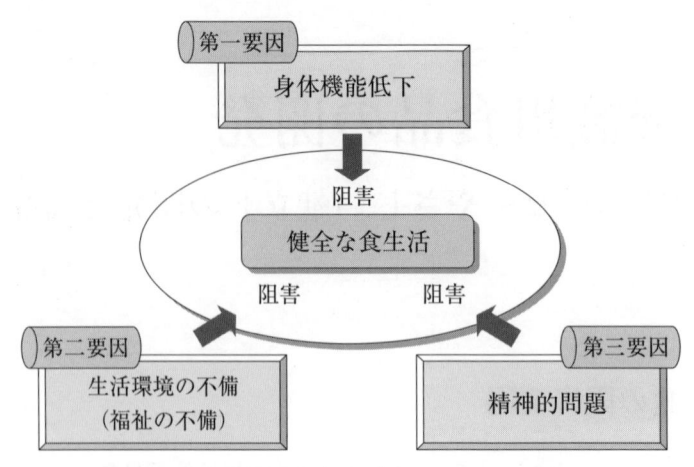

図 2-1　高齢者の食生活を阻む3つの要因

食量低下（特に就寝前の水分補給の制限など）の要因となる可能性も否定できない（図2-1）.

このように，要介護高齢者の食と健康に関する問題とその要因は1対1の対応ではなく複数の要因が影響し合っている場合が多い．したがって，介護用食品の商品設計においてはこれら3つの阻害要因を取り除くべく対処されたものでなくてはならないと考える．

## 2　介護用食品の商品設計

キユーピーは介護用食品の開発を通して，在宅で福祉サービスを受けながら生活する要介護高齢者にとって，健全で安全な食生活に寄与していきたいと考え，市販介護用食品の商品開発に取り組んだ．

商品設計上の課題として，第一に高齢者の身体的機能低下への対応が挙げられる．最も重要な課題として咀嚼，嚥下機能低下に対処すべく，食品物性の調整に工夫した．また食事量の低下した高齢者でも十分栄養が賄われるよう，栄養素密度を極力高めた．さらに機能性素材や食材を配合することにより，高齢者の口腔衛生や腸管機能の改善を促すようにした．次に生活環境面に対応すべく，調理の手軽さと衛生を考慮し，レトルト食品の形態を選択した．当初，「ジャネフ介護食」の名前で販売していたが，「キユーピーやさしい献立」にブランド変更を行い，一般の消費者が買い求めやすいスーパーでの拡売やインターネット通販，コンビニエンスストアとの提携を実施した．第三に高齢者の精神面での満足感を満たすため，様々な工夫をこらした．まず高齢者の嗜好を考慮し，だしやブイヨンを活用することで，食塩量を高めることなく味にメリハリが付くよう工夫した．またメニューにおいても和風を中心に洋風，中華まで幅広い品揃えを行い，食事を楽しいものと位置付けるためデザートなどのラインナップを行った．さらに手軽なメニュー例を豊富に紹介

図 2-2 「やさしい献立」を用いたメニュー例

することで飽きのこない食事の提供方法を提案するとともに，手抜き感を払拭できるよう試みた（図2-2）．

このように介護用食品を開発し提供することにより，身体面，生活環境（福祉）面，精神面での阻害要因に対処することで，要介護高齢者の健全な食生活の実現に寄与できるものと期待する．また介護者にとっても精神的，身体的負担を低減できるよう商品設計を心掛けた．ここでは商品設計の基盤となる，高齢者の生理機能について咀嚼嚥下のメカニズムを中心に解説するとともに，介護食品の栄養，物性面での特徴と分類について述べる．

## 3　高齢者の摂食障害

### 3-1　摂食障害

疾病，負傷など何らかの要因で通常の食事を食べることが困難となることを摂食障害と呼ぶ．摂食障害は，歯牙喪失や舌，顎関節の機能不全による咀嚼障害，嚥下反射や運動機能不全による嚥下障害に代表される．また，摂食障害は味覚障害や唾液分泌障害などにより助長される．このように器質的，機能的な身体的要因の他，高齢者特有の愁訴や認知症などによる拒食や過食など精神的要因による摂食障害も見受けられる（図2-3）．

### 3-2　咀嚼障害

摂食の段階として，準備期，口腔期，咽頭期，食道期に分けられる．準備期とは摂食行為の前段階と呼ばれ，食物を認知する行為をいう．これにより唾液や消化液の分泌が促され，摂食の準備が完了する．食物が口腔内に運ばれ，咀嚼される段階を口腔期と呼ぶ．咀

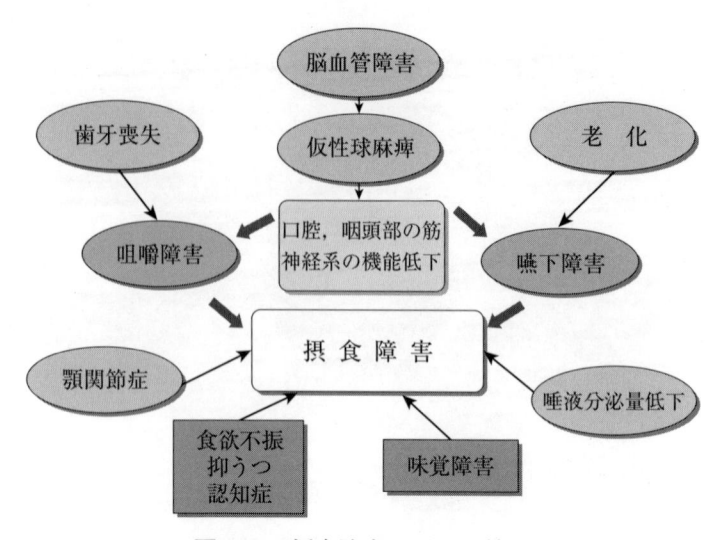

図 2-3　摂食障害の要因と種類

嚼は下顎の運動によって歯牙を嚙み合せることで行われるが，下顎の運動領域は上下運動と左右運動の範囲によって限定される．

　咀嚼には歯牙が重要な役割を果たすが，高齢者の歯牙欠損，喪失率は極めて高い．75歳以上の高齢者の総歯牙欠損の割合は約半数に及び，80歳以上の残歯数は平均7本程度である[3]．特に寝たきりや認知症，嚥下困難を伴う要介護高齢者は歯磨きやうがいが難しいため，口腔衛生の管理が行き届かない場合が多い．そのため歯肉炎や歯周病の罹患率が高く，健全な咀嚼を阻む要因となっている．要介護高齢者の中には総義歯を装着してはいるが，栄養状態や口腔衛生の悪化のため歯槽骨が衰退し，咀嚼時にその機能を果たさない人がいる．この場合，食事の際には義歯をはずし，摂食することになる．そうなると食物を「丸呑み」することになり，消化器官への負担が増加し，消化不良の原因となる．また誤嚥や窒息の要因にもなる．このような口腔環境にある要介護高齢者においては，食事の形態やかたさを適切な状態に施し，提供する必要がある．

## 3-3　嚥下障害

　咀嚼により，適切な食塊が形成されると，食塊は舌により咽頭部に送り込まれ，嚥下反射が起こる．鼻咽腔が閉塞し，舌骨，喉頭の挙上が起こると，喉頭蓋が反転する．これにより食塊は気管に入ることなく食道部へ誘導される．ここまでが摂食の咽頭期と呼ばれ，時間にして1秒足らずの瞬間的な機序である．この時，食道入口部の括約筋は弛緩し，食塊は食道へ導かれる．食道では蠕動運動により，胃に送り込まれ，消化を受ける．これが食道期である[4]．

　加齢により嚥下反射機能が低下すると，正常な嚥下の機序が乱れ，嚥下障害を引き起こ

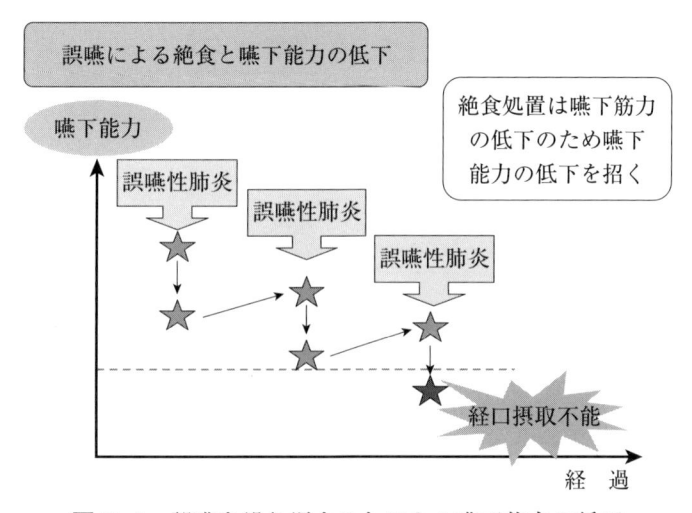

**図2-4** 誤嚥を繰り返すことによる嚥下能力の低下

す．また脳卒中に代表されるような脳血管障害の場合，急性で重篤な嚥下障害を引き起こすことがある．仮性球麻痺と呼ばれる，延髄損傷に類似した麻痺が生じると嚥下障害の程度も大きく，回復には，専門医や理学療法士，言語聴覚士の指導のもと，嚥下訓練を含めたリハビリテーションが必要となる．嚥下障害を自覚することなく通常の食生活に戻ると，誤嚥が原因となる肺炎（誤嚥性肺炎）を引き起こすことがある．その際，再発防止のため，絶食処置がとられる．絶食状態では咀嚼，嚥下を行わないため，関連の筋や器官の廃用による萎縮が生じ，さらに咀嚼，嚥下機能が低下することになる（図2-4）．

このように嚥下機能の低下した要介護高齢者には，嚥下機能に対応した形態，物性の食事を提供する必要がある．不適切な食事により誤嚥性肺炎を繰り返すと，もちろん生命にも関わることになりかねない．終生口から食べる楽しみを維持するためには，嚥下機能に応じた食事を心掛けることが重要である．

## 4　介護用食品に求められる形状，物性

咀嚼，嚥下機能が低下した人が，食事を楽しく，安全に摂るためには，食事の形状，物性を工夫しなければならない．開口が不十分な場合や，歯牙，歯肉状態の悪い場合は，適度なかたさの食品を食べやすい大きさ，形状に整える必要がある．また食塊形成の助けとなるよう，適度な水分を付与することが重要である．舌の運動機能が低下している場合は，これらの要素に加え，適度な粘度を付与し，咽頭への送り込みを容易にする工夫が必要である．さらに嚥下機能が低下している場合には，より均質で滑らか，かつまとまり感のある食品に調整する必要がある．嚥下障害が重篤の場合や，輸液や経管栄養からの訓練

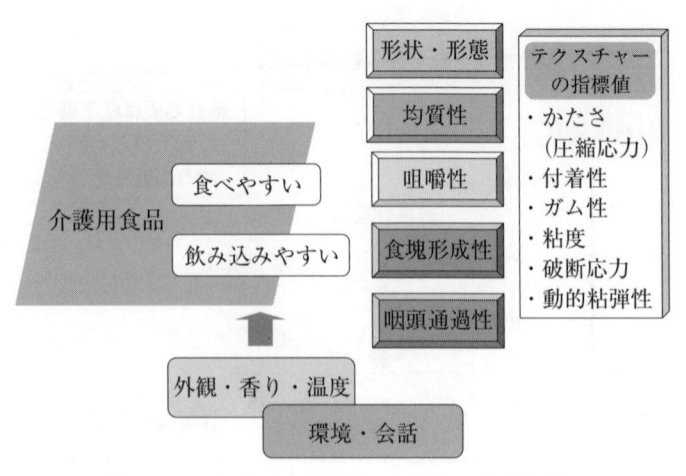

図 2-5 介護用食品に求められる食品物性

食には，ゼリー状の食品が用いられる．滑らかで，適度なかたさを有し，柔軟に形状を変化させることのできるゲル状に調整することにより，嚥下困難者の食事や訓練食を提供することができる（図 2-5）．

このように介護用食品には様々な物性的要素が求められるが，それ以外にも見た目の良さ，香り，温かさ・冷たさは食べる人の意欲を高め，唾液分泌や嚥下反射を促進するための重要な要素である．また，食事をする時の適切な環境作りは食事への集中力を高め，食欲を亢進し，誤嚥の予防につながる．ベッドから離れることができるなら可能な限り食卓につき，会話を弾ませながら食事をすることが摂食機能の改善につながる．

## 5 介護用食品に求められる栄養機能

加齢により生理的に食事の摂取量は低下する．「日本人の栄養摂取基準（2005 年版）」によれば，70 歳以上の高齢者（生活活動強度Ⅰ（低い）の場合）のエネルギーの食事摂取基準は，成人（18〜29 歳，生活活動強度Ⅱ（ふつう）の場合）の約 6 割の値である．しかし，タンパク質やカルシウム，鉄などのミネラル類，ビタミン類の食事摂取基準は同等もしくはわずかに少ない程度となっている．これを必要エネルギー 100kcal 当たりに換算すると，高齢者（男性）に求められるタンパク質の推奨量は，食事 100kcal 当たり 3.8g と，成人 2.3g の 1.6 倍である．カルシウムの目標量は 38mg，ビタミン C の推奨量は 6.3mg であり，いずれも成人（男性）の 1.5 倍以上の量となっている（図 2-6）．乳製品や畜肉を敬遠しがちな高齢者にとって，タンパク質，カルシウム，ビタミン類が成人の食事より 5 割増し含まれる高栄養食を摂取し，これらを充足させるのは非常に困難である．特に介護を要する高齢者のための食事にあっては，これらの栄養素を自然に無理なく摂れるような工

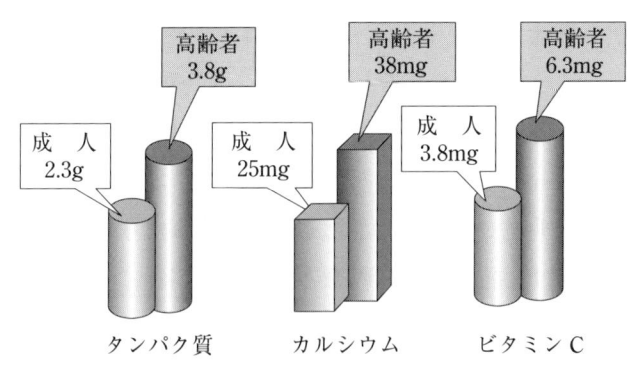

**図2-6** 高齢者の食事に求められる栄養素密度
（100kcal 当たり）

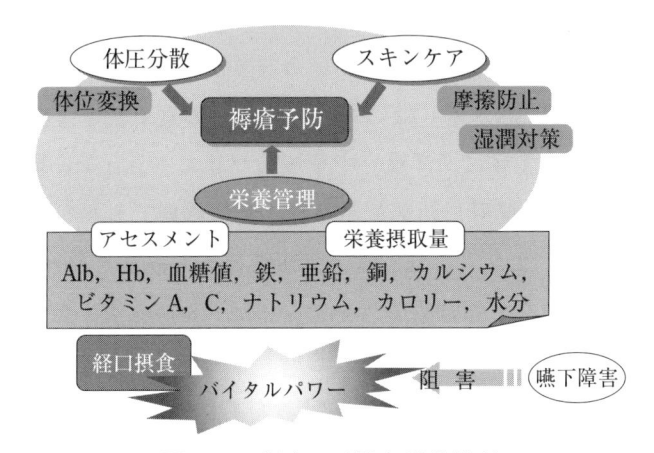

**図2-7** 褥瘡の予防と栄養管理

夫を要する．

　寝たきり要介護高齢者の介護の場合，褥瘡の予防が重要な項目となる．近年褥瘡の予防には栄養管理の重要性が指摘されている．栄養状態の不良な寝たきりの要介護者はそうでない人に比べ褥瘡の発生率や重傷度が高い．これらは，特に血清アルブミン値と相関が見られる．アセスメントとしてタンパク質をはじめ，鉄，亜鉛，銅，カルシウムのミネラル類，ビタミンA，ビタミンCが重要とされている（図2-7）．また，口から食べるということはバイタルアクティビティーを向上させ，生体防御の低下を阻止すると言われている．したがって，寝たきりの要介護高齢者こそ口から食べる機能を維持し，これらの栄養を摂取することが重要と考える．

## 6　介護用食品の種類と特徴

　在宅の要介護高齢者の増加が予測される中，食事介護は重要な課題のひとつである．特

に要介護高齢者の摂食機能レベルを評価することは，誤嚥予防の点において必須である．しかし，これには専門的な知識や経験を必要とし，一般の介護者の場合，判断を誤る可能性も否定できない．また在宅で同居する家族にとって，摂食能力に合わせた食事を毎回賄うことは大きな負担である．ちょっとした配慮の欠如から誤嚥性肺炎を引き起こす悲劇を生じさせないためにも，手軽で安全な，また美味しい介護用食品を開発することは，これまで病院や高齢者施設向け食品の開発，販売の実績ある当社にとって，重要な任務であると考える．

市販の介護用食品はここ数年で急速に種類を増やしてきた．当初8アイテムから出発した当社も，現在では約50アイテムの品揃えとなるに至った．レトルトパウチ食品を主体に，内容は主食，おかず，スープ，デザートやゼリー飲料，また介護用食品として独特のカテゴリーである嚥下補助食品を取り揃えている（図2-8～2-10）．

「おじや」，「うどん」や「おかず」はいずれも高齢者の食事量を考慮した小容量の食べ切りサイズとした．和風を主体に，洋風，中華風のバリエーションを取り揃えている．いずれも10種類以上の食材を使用し，タンパク質，食物繊維，カルシウムを強化し，栄養への配慮を行っていることより，これ1食で食事を賄える設計となっている．「歯ぐきでつぶせる」シリーズの「うらごし野菜のスープ」にはタンパク質，食物繊維，カルシウムが強化されている．そのままうらごし野菜として，また牛乳で割ってスープとして二通りの食べ方が楽しめる．また食事の楽しみを広げるために，「カップ入り和風デザート」や「ゼリー飲料」を取り揃えている．これらには，高齢者の腸管機能低下に配慮し，食物繊維やガラクトオリゴ糖を強化している．「ゼリー飲料」や「粉末タイプのとろみ飲料の素」

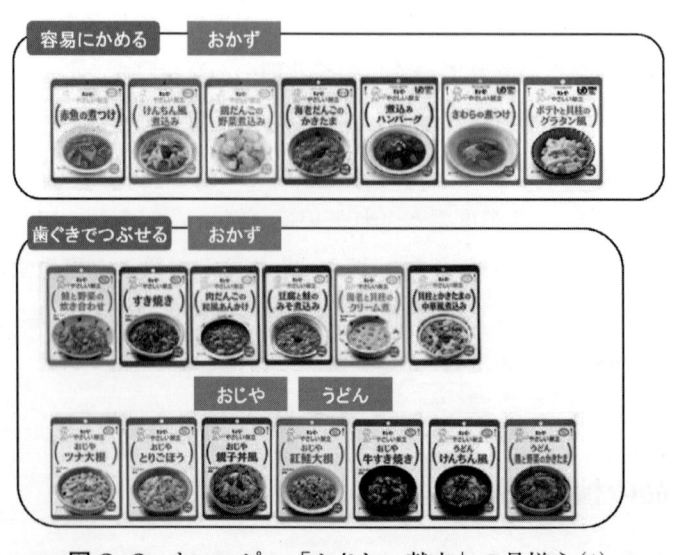

図2-8　キユーピー「やさしい献立」の品揃え(1)

図 2-9　キユーピー「やさしい献立」の品揃え(2)

図 2-10　キユーピー「やさしい献立」の品揃え(3)

は高齢者の口腔衛生を考慮し，緑茶ポリフェノールやキシリトールを配合している．嚥下補助食品は，そのままでは飲み込みにくい飲料や食品にトロミをつけ，またゼリー状にかためることにより嚥下しやすい物性に調整するための食品である．粉末状の「とろみ調整食品」の他，ペクチン液とカルシウム液を反応させゲルを形成させる「かんたんゼリーの素」の2種類がある．また，飲み込みにくい固形の食品をあんで包み込むことによりまとまり感を持たせ，嚥下性を改善する「あんかけ料理用のあん」を揃えている．

　このように様々なカテゴリーをラインナップするに至ったが，いずれも高齢者の栄養に配慮し，タンパク質，食物繊維，ミネラルを強化し，あるいは口腔衛生や腸管機能改善を

有する機能性食材を配合している．また，食品形態を変化させることにより嚥下性を改善することを目的とした嚥下補助食品のカテゴリーを充実させている．物性，栄養機能を重視するあまり，食事としての魅力を低減させてしまっては本末転倒である．そこで風味，外観の向上には極力工夫をこらした．食欲の増進は摂食量の増加や嚥下反射の亢進に働き，バイタルアクティビティーを向上させる．食事としての見た目や美味しさは嚥下機能を亢進させる点においても重要な要素であることが伺える．

## 7 摂食機能レベルに応じた介護用食品の区分

介護用食品を市販する上で，消費者が目的に合った食品を容易に選択できるよう，分かりやすい情報を提供する必要がある．しかし，各企業が独自の分類や表現方法をとったのでは，逆に消費者を混乱させる原因となる．そこで介護用食品の統一規格の策定を第一目

表 2-1 ユニバーサルデザインフードの形状区分と物性規格

| 区分数値等 | | 1 | 2 | 3 | 4 | とろみ調整食品 |
|---|---|---|---|---|---|---|
| 区分形状 | | 容易にかめる | 歯ぐきでつぶせる | 舌でつぶせる | かまなくてよい | とろみ調整 |
| かむ力の目安 | | かたいものや大きいものはやや食べづらい | かたいものや大きいものは食べづらい | 細かくてやわらかければ食べられる | 固形物は小さくても食べづらい | |
| 飲み込む力の目安 | | 普通に飲み込める | ものによっては飲み込みづらいことがある | 水やお茶が飲み込みづらいことがある | 水やお茶が飲み込みづらい | |
| 物性規格 | かたさ上限値 N/m² | $5×10^5$ | $5×10^4$ | ゾル：$1×10^4$ ゲル：$2×10^4$ | ゾル：$3×10^3$ ゲル：$5×10^3$ | |
| | 粘度下限値 mPa·s | | | ゾル：1,500 | ゾル：1,500 | |
| 性 状 等 | | | | ゲルについては著しい離水がないこと．固形物を含む場合は，その固形物は舌でつぶせる程度にやわらかいこと． | ゲルについては著しい離水がないこと．固形物を含まない均質な状態であること． | 食物に添加することにより，あるいは溶解水量によって，区分1〜4に該当する物性に調整することができること． |

〈4区分〉

〈とろみ調整〉

**図 2-11** ユニバーサルデザインフードのロゴマークと区分数値，区分形状

的とし，食品企業が中心となり日本介護食品協議会が設立された．ここで策定された自主規格には「容易にかめる」「歯ぐきでつぶせる」「舌でつぶせる」「かまなくてよい」の4段階の区分形状に相当する，かたさと粘度の規格値が制定されている（表2-1)[5]．また，介護用食品の範疇を拡大し，「ユニバーサルデザインフード」と命名した．「ユニバーサルデザインフード」とは摂食機能が低下した人でも食べやすいよう，形状や物性，容器を工夫した加工食品と定義される．これには物性を調整するための食品も含まれる．

これまで述べてきたように，介護用食品は摂取方法を誤ると，誤嚥性肺炎などによる生命に関わる事故につながる．そこで協議会では自主規格に則り，商品の品質管理を厳重に行うとともに，各社が表示のルールに従うことにより，消費者が困惑することのないよう，わかりやすい表現で商品をPRしていく．また，自主規格に適合した商品には「ユニバーサルデザインフード」のロゴマークをパッケージに表記していく．さらに介護用食品を必要とする消費者に広く知らしめるよう，協議会として広く普及活動を行っていく（図2-11)[5]．

## 8 介護用食品に携わる食品企業の役割

「普通に食べることができない」ということは，健康な人には理解しがたいことである．また，摂食機能低下者への配慮不足から誤嚥性肺炎など思わぬ悲劇を引き起こす可能性も考えられる．食品企業として，介護用食品に携わる企業として，安全で安心できる介護用食品を提供することにより，介護する人，される人両者から，このような不安を解消する手助けを行っていきたいと考える．そのためにはリハビリテーションの医師，歯科医師，言語聴覚士，栄養士，ヘルパーなど介護に携わる専門家と密接に連動し，また食品企業間においても協議会を通して連携した活動を行うことにより，より有用で安全な介護食品を開発し，普及に努める必要があると考える．

**参考文献**

1) 独立行政法人福祉医療機構：要介護（要支援）認定者数・全国合計（2005年3月末時点の集計値）
2) 厚生労働省大臣官房統計情報部：国民生活基礎調査
3) 厚生労働省：歯科疾患実態調査報告
4) 藤島一郎：脳卒中の摂食・嚥下障害，医歯薬出版
5) 日本介護食品協議会編：ユニバーサルデザインフード自主規格

〔濱千代善規〕

# Ⅲ-3 糖尿病食の現状と開発

## 1 糖尿病とは

　わが国の糖尿病患者の数は，生活習慣と社会環境の変化によって急速に増加している．
　糖尿病とは，インスリンの供給不足あるいはインスリン標的細胞のインスリンに対する感受性の低下によって，持続的な高血糖とその結果起因される糖尿を主徴とする疾患である[1]．糖尿病はその原因によって，膵臓のランゲルハンスB細胞が何らかの原因で破壊されインスリンが分泌されない1型（インスリン依存型）と，インスリン分泌量が低下あるいは標的細胞の感受性が低下する2型（インスリン非依存型）に分類される．口渇・多飲・多尿・体重減少などが典型的な症状とされるが，大多数の症例ではほとんど無症状である．高血糖の状態が放置されると末梢神経障害・網膜症・腎症・脳梗塞・狭心症・心筋梗塞・糖尿病性壊疽・感染症などの合併症を引き起こすことがあり[1]，この合併症の併発が糖尿病の真の恐ろしさである．
　わが国の糖尿病の診断基準は1999年に糖尿病学会によって示されたものが適用されており，空腹時血糖値が126mg/dL以上，75g OGGTが200mg/dL以上，随時血糖値が200mg/dL以上のいずれかが，異なる日の検査で2回以上確認できた場合を糖尿病，1回だけ検査した場合は糖尿病型としている[1]．ただし，糖尿病の典型的な症状，HbA1c 6.5%以上，確実な糖尿病網膜症の存在のいずれかが確認された場合は，糖尿病と診断される[1]．
　厚生労働省ではHbA1cの値を基に5年ごとに「糖尿病実態調査」を行っている．本調査ではHbA1cが6.1%以上を「糖尿病が強く疑われる人」，6.1%未満5.6%以上を「糖尿病の可能性を否定できない人」としている．1997年（平成9年）度の調査では「糖尿病が強く疑われる人」は690万人で，「糖尿病の可能性を否定できない人」を含めると1,370万人と推計された[2]．5年後の2002年（平成14年）度の調査では，「糖尿病が強く疑われる人」は約740万人，「糖尿病の可能性を否定できない人」を合わせると約1,620万人[3]と，1997年の調査よりも約250万人増加した．
　年代別に糖尿病患者数を見ると，平成14年度の調査では「糖尿病が強く疑われる人」は40歳未満では男女とも1%未満であるのに対し，50歳以上では50代女性を除き10%

以上であり，加齢に伴い比率が高まっている[3]．「強く疑われる人」の内，治療を受けている人は約半数であり，治療を受けている人の約15％が神経障害・網膜症・腎症を合併していた[1]．

患者数の増加に伴い，医療費の負担は増加の一途にある．厚生労働省が1999年（平成11年）に発表した「平成9年度国民医療費の概況」によると，平成9年度の糖尿病の医療費は前年比3.8％の増加で1兆円を超え[4]，「平成14年度国民医療費の概況」では1兆1,250億円であった[5]．

2型糖尿病は遺伝的要因のほか，過食・運動不足・ストレス・飲酒などが誘因とされ，40歳以降に発症することが多く，日本人の糖尿病患者の90％は2型である．これは食生活の豊かさと生活環境がもたらすストレスや運動不足などの生活習慣に起因する病気であり，生活習慣の改善を促す本格的な取り組みが厚生労働省を中心に進められようとしている．1型，2型にかかわらず糖尿病の治療には「一に食事」，「二に運動」といわれており，糖尿病と診断された場合，まず始めなければならないのが食事療法である[6]．

## 2　糖尿病の食事療法

糖尿病治療のための食事療法は，健康人同様の日常生活を送るのに必要な栄養を補給して糖尿病の代謝異常を是正し，血糖，血中脂質，血圧などを良好に維持することに役立つもので，過食を避け偏食をせずに1日3回以上に分けて規則正しく摂ることが原則である[7]．主治医から指示を受けた1日当たりの摂取エネルギー量を基に，病院の栄養士から栄養指導を受け，患者やその家族が自らの手で献立を考え，料理を作る作業に入ることとなる．

食事療法の1日当たりのエネルギー摂取量は本人の身長・運動量などを参考に設定される．肥満を防止し，標準体重あるいはそれを少し下回るくらいの体重を維持し，日常生活を過ごすに当たり，支障のない必要な量を原則としており[7]，1日1,200〜1,800kcalが多い．ここで標準体重にはさまざまな算出方法があるが，日本肥満学会では身長（m）の2乗に22をかけて求めることを推奨している[7]．

また，健康を保つのに必要な栄養素が不足したり偏ることがない，いわゆる栄養素のバランスがよい献立内容にすることが大切である．栄養素の適正配分として，糖質は1日摂取総エネルギー量の55〜60％，タンパク質は1日で標準体重1kg当たり1.0〜1.5g，脂質は1日摂取総エネルギー量の25％以内が適正である[7]．

糖尿病の食事療法の基本は「適切なエネルギー摂取」，「バランスの良い食事」，「アルコールや甘いものは控えめ」，「1日三度の規則正しい食事」，「食物繊維の摂取」で，健康人

の食事から著しく乖離すのもるのではない．その拠り所となっているのが日本糖尿病学会編集の「糖尿病食事療法のための食品交換表」[8]である．

　食品交換表では食材を表1〜表6の6つに分類している．表1はご飯・パン・うどん・いも類など，表2は果物，表3は肉・魚・卵・チーズなど，表4は牛乳・乳製品，表5は油・バター・マーガリン・マヨネーズなど，表6は野菜である．80kcalを1単位としてそれぞれの食材の1単位に相当する重量を勘案し，表1から表6の食材をバランスよく選定して献立を完成させるもので，栄養素のバランスを保つことがその主眼となっている．

　しかしながら，「細かい面倒な計算をしなければならない」とか「食べたいものが食べられない」など，食事療法を継続することを敬遠する人が少なくない．食事療法は薬と異なり，現実には重要な医療として受けとめられにくい現実がある[6]．

## 3　市販糖尿病食

　糖尿病の悪化防止のためには，発症後は食事療法を一生続けなければならない．「食事療法をやってみたが長続きしない」，「一人暮らしのため料理をつくるのが面倒だ」，「単身赴任で食事づくりが思うようにできない」などの悩みに応える手段の1つとして，特別用途食品の表示許可を受けた調理済み加工食品が店頭販売され，また宅配されている．

　特別用途食品とは栄養改善法（昭和27年 法律第248号）第12条に定められた「特別な用途」に適する旨の表示をする厚生労働大臣の許可を受けた食品である[9]．糖尿病食は許可基準型の特別用途食品で，「病者用組合わせ食品」の「糖尿病食調製用組合わせ食品」に属している（図3-1）．これは複数の食品を糖尿病食調製用として組み合わせたもので，1日または1回分を組み合わせ，1包装単位としたものである[9]．

　2005年6月現在の特別用途食品の表示許可を取得した商品は「タイヘイ」50,「トキワ漢方製薬」47,「ナックスナカムラ」28,「ニチレイ」23,「宝幸水産」14,「加ト吉」12,「キユーピー」10,「エックスワン」10,「日本ジフィー」7,「健民社」3の計204商品[10]である．ただし，表示許可を取得しても販売されていない商品や終売となった商品もあり，現在販売されている商品数は上記の数よりは遥かに少ない．表示許可を取得した商品にはレトルト食品，冷凍食品，フリーズドライなどがあり，商品の形態や保存方法・調理方法など様々である．

　富士経済の調査では，これらの表示許可を受けた糖尿病食の市場規模は1999年度で21億円であり，メーカーごとのシェアでは「タイヘイ」が29.6%,「ニチレイ」が24.1%,「トキワ漢方製薬」が13.0%となっている[11]．2003年予測では35億円，対1999年伸張率が189%と報告されている[12]．カロリーを調整した惣菜，低カロリー調味料やご飯など，

```
特別用途食品 ─┬─ 病者用食品
              │    病者用単一食品
              │      低ナトリウム食品
              │      低カロリー食品
              │      低たんぱく質食品
              │      低（無）たんぱく質高カロリー食品
              │      高たんぱく質食品
              │      アレルゲン除去食品
              │      無乳糖食品
              │    病者用組合わせ食品
              │      減塩食調製用組合わせ食品
              │      糖尿病食調製用組合わせ食品
              │      肝臓病食調製用組合わせ食品
              │      成人肥満症食調製用組合わせ食品
              │    病者用食品（個別評価型）
              │
              ├─ 妊産婦，授乳婦用粉乳
              │
              ├─ 乳児用調製粉乳
              │
              └─ 高齢者用食品
                   そしゃく困難者用食品
                   そしゃくえん下困難者用食品

           特定保健用食品
```

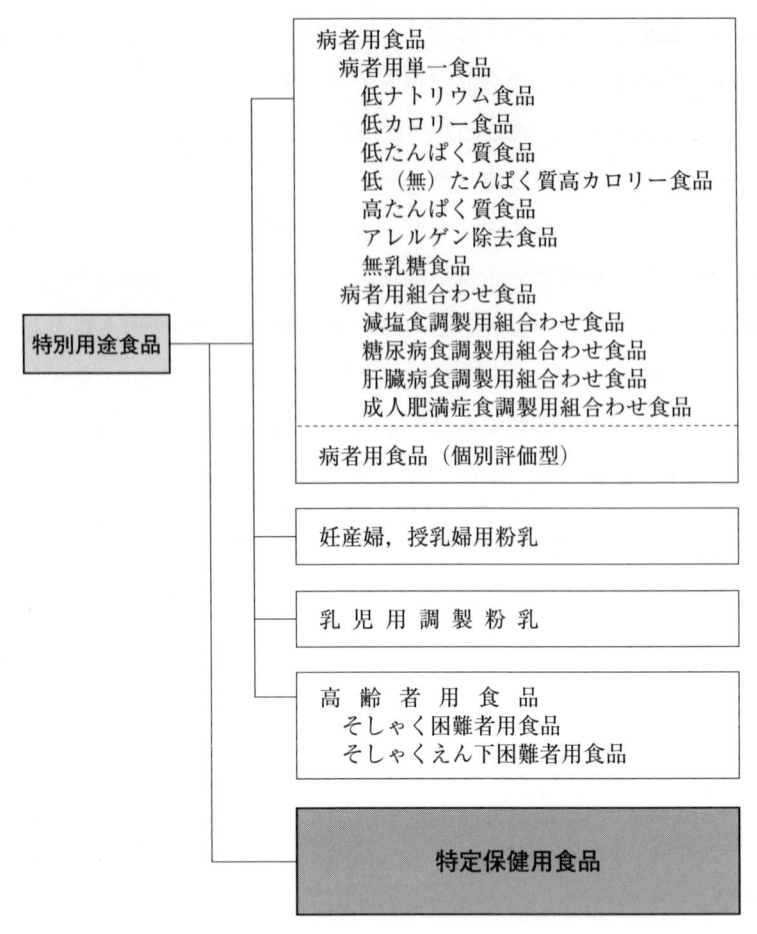

図 3-1 特別用途食品の分類（厚生労働省報道発表資料）

特別用途食品の表示許可は取得していないが糖尿病患者向けに販売されている糖尿病対応食品を含めて，その売上高をみると，2002年度で116億円の市場である[13]．

## 4　ニチレイの糖尿病食への取り組み経緯

「ニチレイ」は食品の冷凍保管を主体とする倉庫業と惣菜類を中心とした食品の製造業を手がける会社である．わが国の冷凍食品の分野ではパイオニアであり，販売実績は業界内では最大手としての地位を確立している．

1980年，新規事業分野へ積極的に進出する方針を決定し，その一環として健康関連食品の分野への事業進出を開始した．天然ビタミンCをキャッチフレーズとしたアセロラ関連商品の開発・販売はその代表である．

当時，わが国は既に飽食の時代に突入しており，摂取エネルギーの過剰による糖尿病な

どの生活習慣病の増加が危惧されていた．これまでに培ってきた惣菜の生産技術を駆使し，栄養成分を一定値に保つ成分保証技術を確立することにより，糖尿病食の生産・販売が実現できるとの判断の下，精力的に研究開発や商品企画に取り組んだ．その結果，1989年に糖尿病食の発売に至った．

この間の健康関連商品群の開発経緯は以下のとおりである．

　　1986年：健康ダイエット食品，スラリート（食物繊維高含有スープ＆タブレット）の発売．

　　1987年：中華料理缶詰，医食同源シリーズの発売．低カロリーレトルト食品，食養セットの発売．

　　1988年：スリマーグルメシリーズの発売

このスリマーグルメシリーズは，1日のエネルギー摂取量を1,200kcalに設定し，50種類を超える商品を揃えた．レトルト適性に欠けるサラダ類のカロリー表も添え，これらの商品の組み合わせによる2週間分のメニュー表とセットで販売したものである．この企画は成功を見ずに終わったものの，1989年に発売に至った糖尿病食の開発の基礎となった．

発売当初の糖尿病食は，QUICK & TASTYの商標で，特別用途食品として厚生省の許可を受けた6セットであった．1992年に3セットを追加し，その間にはレトルト商品の「玄米がゆシリーズ」も発売した．

2000年に改良とセット数の増加を行い，その後2001年に2セットの，2002年に3セットの追加を行った．現在，「ニチレイ」で販売している糖尿病食は写真3-1のように42種類の主菜・副菜を組み合わせた21セットである．具体的には和食・洋食・中華のメニューがあり，肉じゃがセット，鶏肉の南部煮セット，和風ハンバーグセット，かに入り団

**写真3-1**　ニチレイが発売している糖尿病食（21種類）

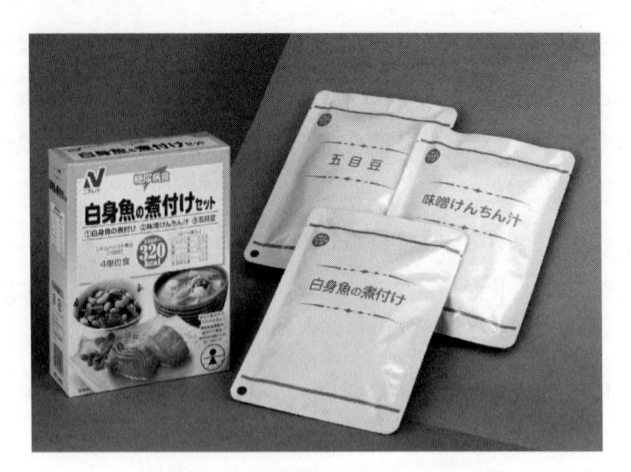

**写真 3-2** 糖尿病食の箱と内容物

子の煮物セット，豚肉のしょうが煮セット，牛肉のすき焼き風セット，いか団子のあんかけセット，チキンカレーセット，帆立と鶏のクリーム煮セット，ハヤシビーフセット，ハンバーグセット，麻婆豆腐セット，鶏肉のチリソース煮セット，八宝菜セット，酢豚セット，豚肉と筍のあんかけセット，おでんセット，白身魚の煮付けセット，石狩なべセット，鮭のクリームシチューセット，根菜カレーセットである．写真3-2のように，箱の中には2～3種類のレトルトパウチ詰めの食品が入り1食分のおかずのセットとなっている．

## 5 ニチレイにおける糖尿病食の設計

「ニチレイ」の糖尿病食は，三度の食事の1回分を1セットとして設計している．ニチレイ商品の1食当たりの設定は，以下のような基準で行った．

① 肥満者の食事療法では1日摂取総エネルギー量が標準体重1kg当たり20～25kcalに設定され，体重が1か月間に3kg前後減少する程度に制限されている．その現状を基に標準体重64kgに25を乗じた値であり，食事療法で標準的な1日当たりのカロリー値とされている1,600kcal（糖尿病食の単位数20単位．1単位は80kcal）をニチレイ商品のカロリーの基準とした．

② バナナ1本と牛乳コップ1杯程度の間食で2単位となることから，20単位から2単位を減じた18単位の3分の1となる6単位を1回の食事の単位数として設定した．

③ 糖尿病患者への病院栄養士の指導では，1回の食事でのご飯の喫食量は110g，160kcal（2単位）を推奨していることから，6単位からご飯の2単位を減じた4単位を1回分のおかずの総単位数とした．

④ セット当たりの単位数を 4 単位（320 kcal）とし，主菜と副菜（1〜2 種類）の組み合わせとした．

⑤ 栄養成分設定は，栄養素の適正配分を参考に，タンパク質は 23 g 以上，脂質は 15 g 程度，食塩は 3.3 g 以下とした．

「ニチレイ」が糖尿病食の先陣をきったことから他社もこの設定値を踏襲しており，現在販売されている糖尿病食の大半が，1 食当たり 4 単位，320 kcal となっている．

## 6 糖尿病食生産上の問題点

糖尿病食は厳格な栄養成分値の調整が必要で，特に脂質量の制御が商品の生命線である．これは食品栄養成分の三大栄養素のうち，タンパク質および炭水化物は 1 g 当たり 4 kcal のエネルギーとなるのに対し，脂質は 1 g 当たり 9 kcal であることによる．したがって，原料の受入時の厳しいチェックや蒸煮などの前処理による成分値の変動を正確に把握する必要がある．また，製造工程でも原料の計量・充填量の制御にも正確さが要求される．

「ニチレイ」では，研究開発陣による永年にわたる原料成分値の部位別の差異，周年変動，加工工程による成分値の変動状況などの膨大なデータの蓄積がなされてきた．また，生産現場では，より正確な計量を行うための装置の開発やノウハウの蓄積が工場で行われてきた．これらの技術蓄積があって初めて，栄養成分を保証した糖尿病食の生産が可能になったといっても過言ではない．

しかしながら，天然素材を使った惣菜類の生産であることから，栄養成分値を周年にわたり一定幅に制御可能な原料は自ずと制限があり，入荷原料およびそれを使った最終商品の成分分析も必須となる．そのため，使用原料も割高なものとなり，生産能率も通常の惣菜商品に比べ低いものとなっている．また，商品の栄養成分の分析に要する経費も無視できない金額となっており，商品の販売価格も割高なものとなっているのが現実である．

## 7 糖尿病食販売上の問題点

糖尿病食は病者用食品の一種であることから，糖尿病食の存在に対する認知度はきわめて低い．また，自身もしくは家族が糖尿病であることを知られることを敬遠する消費者も多く，「糖尿病食」の名称の商品を公衆の面前で購入するのを躊躇するケースも多いようである．そのため，通常の惣菜類が売られているスーパーなどでの店頭販売は，小売価格，陳列形態なども問題となり，きわめて難しいのが現状である．

最近では，雑誌，新聞，テレビ番組などマスメディア媒体で取り上げられたこともあり顧客数は着実に伸びてはいるが，一般商品に比べてはるかに低い認知度である．病院の栄養指導においても，特別用途食品を食事療法に利用することを推奨している栄養士はまだまだ少数であり，商品の便利さを一般消費者に認知してもらうため，広報活動に多大な努力を払っているのが現状である．

「ニチレイ」では，商品の説明を伴う対面販売が必要との判断から，首都圏を中心とした百貨店や調剤薬局での店頭販売を展開してきた．同時にカタログ通信販売などにより販路を広げつつ，今日に至っている．

## 8 糖尿病食の今後の展開

糖尿病食をはじめとする「病者用組合わせ食品」などの特別用途食品は，表示許可に関する審査制度が完備され，厳正な審査が行われている．しかしながら，特別用途食品の存在は一般消費者にほとんど認知されておらず，関係省庁自らの広報活動もほとんどなされていない．

将来，特別用途食品の許可を受けた食品に，医薬品同様の保険制度の適用が可能となれば，食事療法をせざるを得ない消費者の特別用途食品を利用する機会が大きく広がると思われる．特に糖尿病食は食事療法によりその病状の進行が著しく抑制されることから，関係省庁自らの広報活動・保険制度導入への積極的な動きを期待してやまない．

糖尿病食の製造技術は，栄養成分保証技術をベースとしている．本技術はその他の病者用食品への応用が可能であり，厳密な栄養成分制御が必要な食品，例えば低タンパク質高カロリーでありカリウム・リンなどに一定の低濃度が求められる腎臓疾患患者向け食品，低塩分が求められる高血圧疾患患者向け食品などがその対象となる．「ニチレイ」では既に，大手製薬メーカーとの提携による低タンパク質高カロリー食品の開発・販売を行っており，腎臓疾患患者のQOL（生活の質）の改善に大きく貢献している．

また，糖尿病食は低カロリーで栄養バランスが良いことから，必ずしも病者に限定することのない食品であり，理想的な一般食でもある．そのため，単品ダイエットが中心となっている今日，新規でかつ理にかなったダイエット食として注目を浴びており，一般の惣菜類の生産にも糖尿病食の開発・製造の技術が生かされることが期待される．

他方，厚生労働省では5年ごとに日本人の食事摂取基準を見直している．2005年度に第七次改定が行われたが，第六次までの基準値とは基本的に異なる考え方で所要量が設定されている．特にタンパク質の推奨量は成人男性で60g/日，成人女性では50g/日[1]と，第六次改定の基準値に比べ男性で10g，女性で5g少ない設定となっている．また，食塩

の摂取基準も女性は8g/日と2g低い設定となっている．これらの基準の改定に準拠した糖尿病食の栄養成分値の見直しも必要な時期にきている．

### 参 考 文 献

1) 日本薬学会編集：環境・健康科学辞典，丸善（2005）
2) 厚生労働省健康局：平成9年度糖尿病実態調査報告（1999）
3) 厚生労働省健康局：平成14年度糖尿病実態調査報告（2003）
4) 厚生労働省大臣官房統計情報部：平成9年度国民医療費の概況（1999）
5) 厚生労働省大臣官房統計情報部：平成14年度国民医療費の概況（2004）
6) 池田義雄：糖尿病と上手に付き合う方法，共同通信社（1996）
7) 日本糖尿病学会：糖尿病食事療法指導の手引き，文光堂（1999）
8) 日本糖尿病学会編集：糖尿病食事療法のための食品交換表，第5版，光文堂（1993）
9) 新開発食品保健対策室監修：三訂 新開発食品ハンドブック，p.3-194，中央法規出版（1991）
10) 日本健康・栄養食品協会からの私信．
11) 健康食品及び健康関連食品の現状と将来展望，戦略企画（2000）
12) ダイエット・カロリーコントロール市場，富士経済（2002）
13) 2003年版 高齢者・病者用食品市場総合分析調査，第1巻 食品企業編，シードプランニング（2003）

〔毛利善治〕

# III-4 医療・介護食（経口・経管栄養剤，流動食）の現状と開発

## 1 医療・介護食とは

　ヒトが生命を維持するためには，食事によるエネルギーおよび栄養素の摂取が必要である．しかし，加齢や何らかの疾病で，咀嚼・嚥下による食事の摂取が困難になった場合には，静脈からの点滴投与による静脈栄養法（parenteral nutrition：PN）や口，鼻，胃，腸を介したチューブによる経腸栄養法（enteral nutrition：EN）などの強制的栄養方法がとられる．以前は静脈栄養法が主流であったが，長期利用での消化管の機能停滞，腸内微絨毛の萎縮などに起因する免疫力の低下問題，また，早期からの消化管を介した栄養方法は回復が早いなどから，消化吸収機能が保たれている場合には，消化管を経た栄養補給を行うようになってきている[1-3]．

　医療現場や介護施設などで使用される食事すなわち「医療食」は，主に「口」または「管」（チューブ）を介して投与され，「腸」にて消化吸収されるために，医薬食品を問わず「経口・経管栄養剤」または「経腸栄養剤」とも呼ばれている．これらは細いチューブを通過させて投与することがあるために「流動性」が必要とされ，一般に高栄養の組成であることから「高栄養流動食」や単に「流動食」とも呼ばれている．

　今日では，治療の一環として栄養補給時に用いられてきた流動食が，「高齢社会」の到来で，院内使用型から介護施設などによる「介護食」としての使用，さらに在宅での使用と，新たな市場も形成されてきている．

　本章では図4-1に示した常食までのステージにおいて医療・介護食として使用される「流動食」と「嚥下食」に関し，乳業の製造技術を用いた流動食の製品設計や製造方法などの基礎について説明する．

　流動食は，
- (1) タンパク質，脂質，糖質の三大栄養素，
- (2) ビタミン，ミネラル，その他の栄養成分を含み，
- (3) エネルギーバランスに配慮した流動性のある食品，

と定義される．一方で，このような栄養素を含む食品として，法的に認められているもの

Ⅲ-4 医療・介護食（経口・経管栄養剤，流動食）の現状と開発

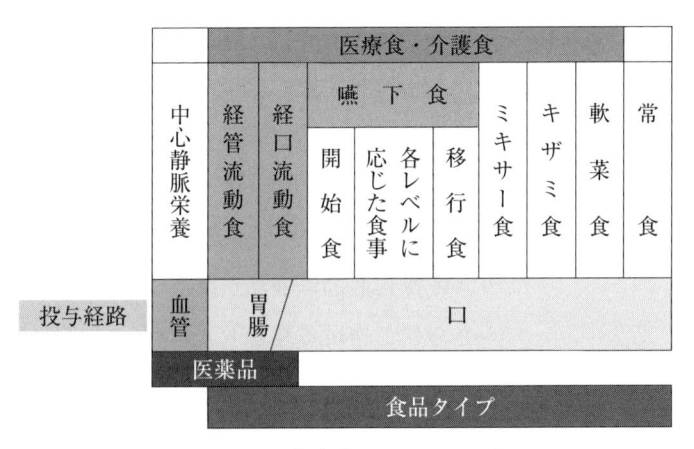

| 投与経路 | 医療食・介護食 | | | | | | | | |
|---|---|---|---|---|---|---|---|---|---|
| | 中心静脈栄養 | 経管流動食 | 経口流動食 | 嚥下食 | | | ミキサー食 | キザミ食 | 軟菜食 | 常食 |
| | | | | 開始食 | 各レベルに応じた食事 | 移行食 | | | | |
| | 血管 | 胃腸 | 口 | | | | | | | |
| | 医薬品 | | | | | | | | | |
| | | 食品タイプ | | | | | | | | |

**図4-1** 常食までのステージ

としては，食品衛生法の「保健機能食品」，健康増進法に基づく「特別用途食品」がある．特別用途食品に含まれる「高齢者用食品」は，「咀嚼困難者用食品」と「咀嚼嚥下困難者用食品」に分類され，「介護食」の1つとして使用されている．しかしながら上記「保健機能食品」，「特別用途食品」の中に「流動食」という項目はなく，流動食は「一般食品」扱いと理解される．

流動食はその製品特性から，使われる環境やその使用方法が一般的な食品とは大きく異なるにもかかわらず「一般食品」扱いとされ，明確なガイドラインなども整備されていなかったこともあり，1992年に食品・医薬品会社や容器包装会社（2004年10月現在18社）からなる「日本流動食協会」が設立された．協会は主に，医師，薬剤師，看護士，栄養士に流動食の正しい使用方法や臨床情報などの提供を行っている[4]．

一方，「介護食」は，関東学院女子短期大学教授の手嶋先生が提唱した用語であるが[5]，業界での活動としては2002年4月26日に食品会社，容器包装会社など47社の参加により「日本介護食品協議会」が設立され「ユニバーサルデザインフード自主規格」の策定を行い，各社の商品には自主規格に基づいたロゴマークを貼付し市販している[6]．

## 2 流動食の歴史

流動食は当初，外科手術後の栄養補給食として戦前から使用されてきた．術後の経過に合わせて用時調製され，適宜経口摂取させての栄養管理法が実践されていた．1951年には，胃手術患者の栄養注入物として，点滴注入する栄養管理法がとられていた[7]．しかしこの時代の流動食は，種々の食品や食材を手作業やミキサーなどで均一に粥状にしたもので，必要な時にその都度病院内で調製する手造り品であったため，チューブへの詰まりなどの問題もあった．

その後，食品加工技術の進歩により原材料の分離・精製技術，殺菌技術，乾燥技術が発達したことで，調製の手間が格段に改善され，かつ栄養素も充足された「粉末タイプ」の市販品が発売された．

　そして次に，溶解の手間がかからないアルミパウチ（写真4-1）や缶，びんに入った「液状レトルトタイプ」流動食が市販された．時代は手造り⇒乾燥市販品⇒液状市販品に移行してきた．

　さらに，格段に進歩した殺菌・充填技術を用いて，風味や色調が良好な「無菌充填タイプ」流動食（写真4-2，4-3）が次々と開発されてきた．今日では院内感染などの問題からボトルへの移し替え不要で，チューブに接続して直ちに使用できる「ready to use タイプ」の流動食（写真4-4）も開発されている．

**写真4-1　レトルト流動食（アルミパウチ入り）**

## 3　流動食の市場動向

　現在の流動食の市場は食品タイプが250億～350億円，

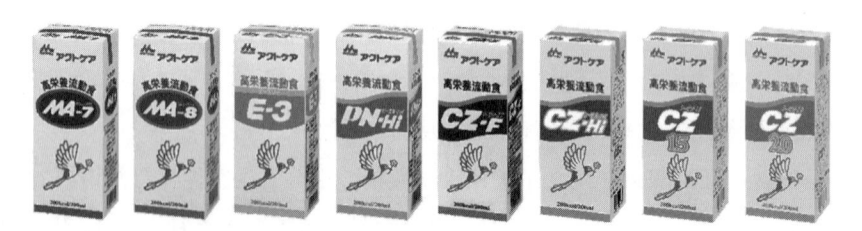

**写真4-2　無菌充填流動食（テトラパック入り）**

**写真4-3　無菌充填流動食（カートンカン入り）**

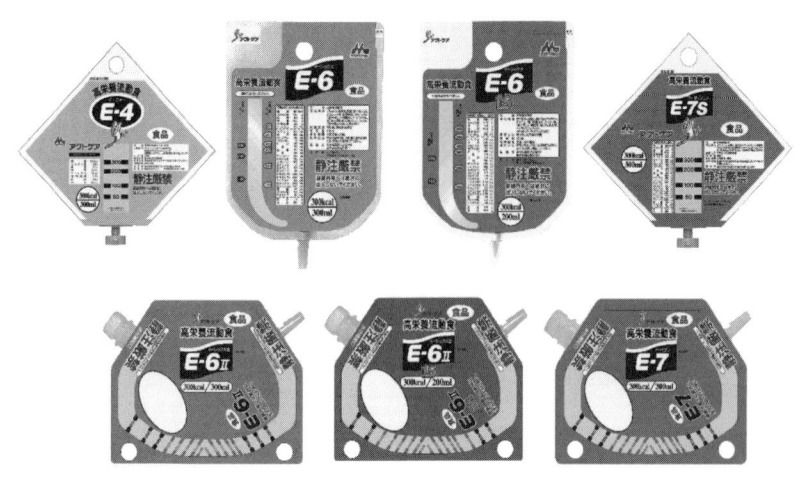

**写真 4-4** レトルト流動食（スパウト付きパウチ入り）

医薬品タイプが 350 億〜500 億円とも言われ，食品および医薬品企業 20 社が係わり食品・医薬品合わせて 100 品目以上が上市されている．高齢社会の到来により，従来の院内使用に加えて在宅使用の需要もあり，市場は年率約 10％規模で拡大し続けている．日本流動食協会による流動食の年間使用量の調査では，2003 年には約 54,000kL の流動食が使用されたことから，1 人当たり 1 日 1,000mL の摂取として約 15 万人の方が消費したことになる[4]．市場では主に 1 mL 当たり 1 kcal のマルチタイプの製品が主流であり，1.5〜2.0kcal/mL の高カロリータイプの製品や糖尿病，腎臓病，肝臓病など病態別に対応した流動食も上市されている．

## 4 流動食の種類・区分

図 4-2 に示したように，流動食は天然食品を原料とした「天然（または自然）食品流動食」と，天然食品を人工的に加工した「人工濃厚流動食」に分けられる．「人工濃厚流動食」はさらに「半消化態流動食」と「消化態流動食」とに区分される．窒素源としてタンパク質が主体（一部ペプチド，アミノ酸を含む場合もある）で構成されているものを「半消化態流動食」，ペプチドないしアミノ酸で構成されているものを「消化態流動食」としている．食品タイプの流動食は「半消化態流動食」である．「成分栄養剤」（elemental diet：ED）は窒素源がアミノ酸のみで構成され，主に医薬品である．「天然（または自然）食品流動食」よりも「人工濃厚流動食」の方が流動性はよく，特に「半消化態流動食」⇒「消化態流動食」⇒「成分栄養剤」になるほど残渣もなく通液性は良好になる．

| | 区　分 | 粘稠性 | 残渣 | 栄養チューブ |
|---|---|---|---|---|
| 天然（または自然）食品流動食 | 食　品 | 高い　↓　低い | 多量 | φ3〜4 mm 以上 |
| 普通流動食 | | | | |
| ミキサー食 | | | | |
| 天然濃厚流動食 | | | | |
| 人工濃厚流動食 | 食品 医薬品 | | 少量 | φ2〜3 mm（8 Fr） |
| 半消化態流動食 | | | | |
| 消化態流動食 | 医薬品 | | なし | φ1 mm（5 Fr） |
| 成分栄養剤 | | | | |

図 4-2　流動食の種類・区分

## 5　流動食の製品設計

　流動食の栄養成分は，5年ごとに改定される栄養所要量（食事摂取基準）を基準に設計されたものがほとんどであり，最新の製品では「日本人の食事摂取基準（2005年版）」[8]を基準としている．一方で，流動食摂取者の多くがこうした基準で示されているエネルギー量（推定エネルギー必要量）よりも低い量で栄養管理されている実状を考慮し，1,000〜1,500kcalと比較的少ない摂取量でも基準量に相当する十分な栄養素を摂れるように設計された製品が主流である．三大栄養素が適正な量的バランスで配合されている必要があり，バランスとしては，タンパク質，脂質，糖質のエネルギー構成比を，それぞれ10〜20％，20〜25％および50〜70％としたものが一般的である．

### 5-1　タンパク質

　代表的なものは，乳タンパク質で特にカゼインである[9-12]．カゼインは乳糖をほとんど含まないので，乳糖不耐に起因する下痢を引き起こすことはない．さらに物性面においては熱安定性が極めて高いという利点があることから，多くの製品で使用されている．一方，最近では，大豆タンパク質など乳タンパク質以外のタンパク質の栄養機能性についても多く報告されている[13-15]．そこで，カゼインなどの乳タンパク質に加え，大豆タンパク質などの植物性タンパク質を配合した流動食も開発されている[16]．また，加齢により消化吸収能が低下した状態にある人に配慮し，タンパク質をあらかじめ消化したペプチドの形で配合したものもある．

### 5-2　脂　　質

　日本人の脂肪酸摂取量の構成比などを参考に脂肪酸の特性値を調整した流動食が一般的

である．「日本人の食事摂取基準（2005年版）」によれば，現在の日本人の脂肪酸摂取量の構成比は，飽和脂肪酸：一価不飽和脂肪酸：$n$-6系脂肪酸：$n$-3系脂肪酸＝27.5：33：20.5：6（男女の値の平均）とされている[8]．流動食では植物油や精製魚油などの種々の油脂原料を組み合わせて配合し，こうした構成比などに合致した脂肪酸組成としている．さらに，必須脂肪酸のように複雑な消化吸収過程を経る長鎖脂肪酸（LCT）の他に，速やかに吸収され効率の良いエネルギー源となる中鎖脂肪酸（MCT）が適量配合されたものもある．

## 5-3 糖　　質

流動食の固形分の大部分を占めるのが糖質である（固形分換算で約60％）．糖質はエネルギー源として重要な栄養成分であるが，その配合量の多さから流動食の物性に与える影響が小さくない．流動食は経口的に摂取されるよりも，そのほとんどがチューブを介して強制的に栄養補給を行う経管栄養法で使用されるため，粘度が低く流動性が良好である必要がある．流動食の粘度を下げるためには，分子量の小さい糖質を使用することが望ましいが，一方で低分子量の原料を使用することは高浸透圧化をもたらし，下痢を引き起こす一因となる．そのため，各糖質源の特性をよく把握した上で原料を選定し，流動食に配合する必要がある．流動食の糖質源として最もよく使用される原材料は，いも類やトウモロコシなどのデンプン加水分解物であるデキストリンである．これらは摂取した際に比較的速やかに消化・吸収されるため，消化管機能が低下した人にも適した素材と言える．また最近では，エネルギー源として利用される糖質だけではなく，ビフィズス菌増殖効果などの機能を持ったラクチュロース，ラフィノースなどの難消化性オリゴ糖（難消化性糖質）を配合した流動食も開発されている[17]．

## 5-4 ビタミン，ミネラル

流動食は，食事の代わりとして使用されるため，三大栄養素だけではなく，ビタミンやミネラルについても配慮する必要がある．「日本人の食事摂取基準（2005年版）」の中で策定されているビタミン13種類，ミネラル13種類の基準量を可能な限り充足するように流動食では多種の原料を使用しているが，栄養強化するための有効な食品添加物がない微量元素などについては，食用酵母や穀物類などの食品原料を利用することにより強化を図っている．

## 5-5 食 物 繊 維

上記のほか重要な成分として，セルロース，増粘多糖類，難消化性デキストリンなどの

食物繊維が挙げられる．食物繊維は，便量を増加させ排便を促す，腸内細菌に利用されて腸内環境を整える，血糖値の上昇を抑制するなどの有効性がこれまで数多く報告されている成分である[18-21]．現在市販されている流動食のほとんどに食物繊維が配合されているが，「日本人の食事摂取基準（2005 年版）」の目安量（1,000kcal 当たりほぼ 10g）などを参考に 1,000kcal 当たり 10g 程度，多いものでは 20g 程度含有するものもある．

## 6　流動食に求められる品質と製造法

上述の栄養面での条件に加え，流動食は以下に示す特性が要求される．

① 弱者や高齢者が主な利用者であるために，内容物，包装容器など全ての面で安全であること．
② 長期（6～12 か月）の賞味期限においても必要な栄養素を充足しながら，脂肪浮上，離水，沈殿，褐変などの物性的変化がなく，ビタミン，ミネラル，脂肪，タンパク質などの内容成分の劣化が認められないこと．
③ 経管使用が多いため，内径 1～2mm のカテーテル（管）を通液させても流動性がよくチューブ閉塞を生じないこと．
④ 経口で飲んだ場合にも美味しいこと．

流動食の製造には，様々な食品および食品添加物が約 40 種類，原材料として使用される．特にミネラル・ビタミンなどの添加物が他の飲料と比較して格段に多いことが特徴的であり，必然的に配合割合は複雑になる．さらに，上記の①～④の特性を満たすための様々な処理が必要となる．特に，脂肪浮上，離水，沈殿に対しては，50～100MPa の高圧ホモジナイザーを使用して物理的に対象物の平均粒子径を小さくしている．

長期賞味期限を保持するために各種滅菌処理を行うが，滅菌方法としては，予め内容液を滅菌しこれを無菌的に充填する「無菌充填タイプ」と，充填後に密封し加圧・加熱滅菌を行う「レトルトタイプ」に大別される．風味，色調の面では無菌充填タイプの方がレトルトタイプより優っている．滅菌方法の違いは処理する内容物の性質（タンパク質の凝集によるカードの発生やビタミン類などの減少）に大きく依存しているが，その調乳工程は同じである（図 4-3）．

無菌充填品の場合は UHT（超高温短時間殺菌）方式が一般的である．装置価格，ランニングコストなどの面では，プレートを使用した間接加熱方式が有利であるが，粘度が比較的高く，変性しやすい内容物の場合はインジェクションやインフュージョンなどの蒸気を直接製品と混合させる直接加熱方式の処理が有効である．インジェクション方式とインフ

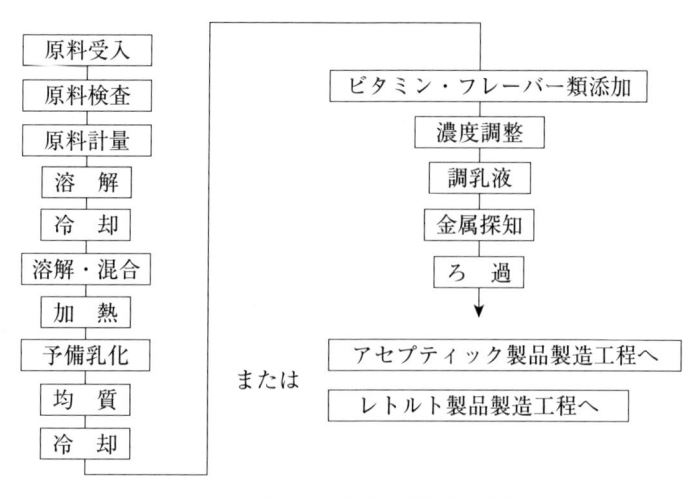

**図 4-3(1)** 製造工程（調乳）

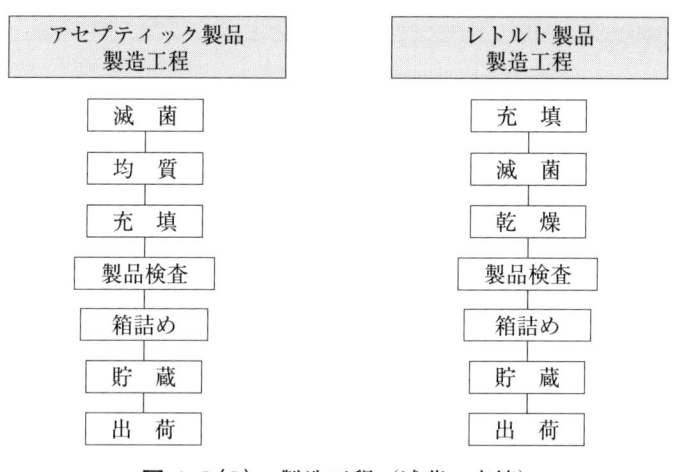

**図 4-3(2)** 製造工程（滅菌・充填）

ュージョン方式の違いは，通液した内容液に蒸気を吹き込むか，蒸気の雰囲気内に内容液を通液させるかの違いであり，固形分濃度が高い場合にはインフュージョン方式が有利である．

　介護食などで固形物を含むものはチューブラー式や搔き取り式殺菌装置を用いるのが一般的である．

　一方，充填・密封後，加圧滅菌するレトルト方式では，蒸気式，熱水式，熱水シャワー式のレトルト釜が使用されている．流動食の品質に及ぼす製造上の要因・管理ポイントを表 4-1 に示す．

表 4-1 流動食の品質評価と製造工程上でのチェックポイント

| | 評価項目 | 現象 | チェックポイント |
|---|---|---|---|
| 外観 | 色調 | 褐変 | 長時間加熱された状態で放置 |
| | 脂肪浮上 | クリーミング／脂肪分離 | ホモ圧異常／過加熱 |
| | 離水 | 脂肪分離／沈殿による液層 | ホモ圧異常 |
| | 沈殿 | カードの堆積 | 塩類添加スピード・温度／過加熱／ホモ圧 |
| 風味 | 良好 | オフフレーバー<br>加熱臭 | フレーバー量<br>過加熱 |
| 特性値 | 粘度 | カード発生による増粘 | 塩類添加スピード・温度／過加熱／ホモ圧 |
| | チューブフィーディング性 | カード発生による詰まり | 塩類添加スピード・温度／過加熱／ホモ圧 |

# 7 嚥下食品

最近の医療現場では，主食の流動食のほか，デザートとして利用できるものも開発され，脱脂粉乳や全脂粉乳をベースに，これに一定量のデンプンを添加・配合することで，水や牛乳に混ぜるとムース状に仕上がることを特徴とする粉末製品がある（写真 4-5 の上段）．さらに溶解調製の必要のないホットパック充填またはレトルト，無菌充填したゼリータイプの製品がある（写真 4-5 の下段）．これらの製品開発においては，特に，飲み込むことが困難な方のためのデザートとしての機能が配慮されており，口腔内（体温程度）で

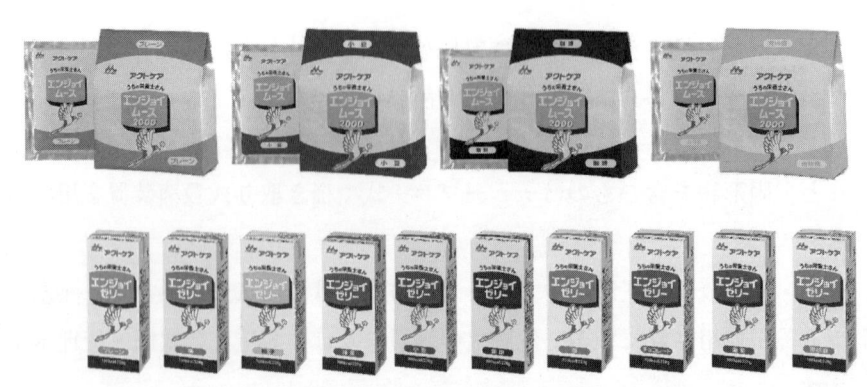

写真 4-5 嚥下食品
上段：粉末タイプゼリー（アルミ袋入り）
下段：無菌充填ゼリータイプ（テトラパック入り）

速やかに溶けるゼラチンがゲル化剤として一般的に配合される．風味としては，飽きないように味のバリエーション化が要求される．

さらに嚥下食では，嚥下しやすさの指標として動的粘弾性の損失正接 tan $\Delta$ の数値が一般に用いられ，森永乳業の無菌充填した「エンジョイゼリー」（写真4-5）のそれは推奨値の範囲[22,23]にあり，「嚥下開始食」として利用される場合もある．

これらのデザートについても，エネルギーバランスは配慮されており，流動食と同様に，タンパク質は10〜20%，脂質は20〜25%で，残り約60%の糖質からエネルギーが摂れるように構成されている．また，ビタミン・ミネラルについては，1食当たり所要量の1/5〜1/3程度を充足するように調整されている．

## 8 栄養補助食（トロミ剤）

最近では医師，看護師，栄養士，薬剤師，調理師，歯科医，衛生士，言語聴覚士，作業療法士，理学療法士でチーム編成されるNST（Nutrition Support Team；栄養サポートチーム）による栄養管理が注目されているが，摂食・嚥下障害者に対するリハビリテーションもこのNST活動の1つである．ここでは患者の摂食嚥下能力を最大限に引き出し，患者のQOLと医学的に安定した摂食方法を確立することを目的としている[24]．そのアプローチの1つとして，水やお茶などを「誤嚥」の無い状態で経口投与可能な形態に「トロミ」を付け調製した「嚥下食」の使用がある．

さらさらの液体を摂取する場合，咽頭部における速い落下速度に応じたすばやい嚥下反射が求められる．嚥下機能が低下し嚥下反射に障害のある人にとっては液体の肺への流入による誤嚥が懸念される．そこで，トロミ調整食品を使って液体にトロミをつけると，凝集性が高まるだけでなく液体の落下速度を遅くすることができるため，障害のある嚥下反射でも誤嚥のリスクを低減することができると言われている[25]．

飲み込みやすい食物の組織（テクスチャー）の条件として知られているのは，「凝集性の高さ（口腔中でばらけない）」，「付着性の低さ（口腔中ではりつかない）」および「変形性の高さ（咽頭および食道入口部をスムーズに通過する）」である[26]．当社の「つるりんこQuickly」（2005年に発売，写真4-6）は増粘剤としてキサンタンガムを用い，嚥下に必要な条件を備え，調製後の経時的変化が少なく，仕上がりの透明感，

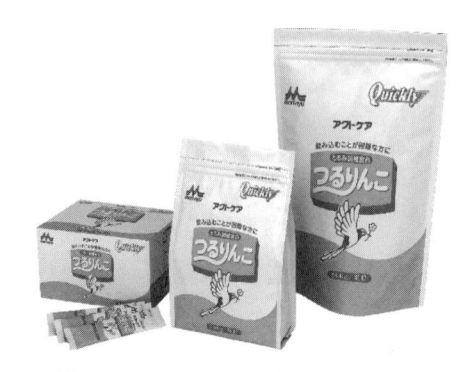

**写真4-6** トロミ剤（アルミ袋入り）

無味無臭のため，食品本来の色調および風味を損なわない，などの特長がある．

## 9 包装形態

　日本では流動食（食品タイプ）の包装容器は，テトラパック社の紙・アルミ箔・PEを貼り合わせた複合紙を用いた無菌充填品が主流である．当社は，1979年に流動食としては日本初のテトラブリックパック入り無菌充填品の高栄養流動食を発売し，その後，無菌充填「嚥下食用ゼリー」の製品化を行った（写真4-2，4-5の下段）．

　さらに2001年には凸版印刷株式会社の紙・セラミック蒸着フィルム・PEの構成からなる円筒形紙容器「カートカン」を利用した無菌充填流動食を製品化した．このカートカン容器は，牛乳パックと同様の紙扱いとなり，リサイクル面で環境に配慮した容器となっている（写真4-3，4-7，4-8）．

　実際，院内または介護施設などでは，流動食の使用の大部分は紙容器入りをハサミなどで開封し，写真4-9にある専用のイルリガードル（以下ED）ボトルと呼ばれるプラスチックボトルに移し，経口または経鼻腔で経管投与している．最近では，衛生性や院内感染の問題もあり，内容液の移し替えを必要とせず，直接チューブに接続できる ready to use 包装容器が使用されつつある．これらは，耐熱性のある高バリヤー性のフィルムに注出口（スパウト）を装着した容器で，内容液を充填・密封後，加圧滅菌するレトルト方式で製造される．当社は2002年に，藤森工業株式会社の協力のもと，チューブを接続する「スパウト」と水分や塩の「添加口」を備えたソフトバッグ（写真4-4の下段）を製品化した．

写真 4-7　病態別流動食
（カートンカン入り）

写真 4-8　栄養補助剤
（カートンカン入り）

## 10　今後の流動食・介護食の展開

　従来のエネルギー・栄養補給を目的とした「マルチタイプ」の流動食に加え今後は，機能性素材（DHA・EPA，分岐鎖アミノ酸，ラクトフェリン，ビフィズス菌，核酸，グルタミン，アルギニンなど）を配合し，生活習慣病や各種疾患（悪性新生物，心疾患，高血圧性疾患，脳血管疾患，糖尿病，肝疾患，肺疾患など）に対応・適応する「病態別」の流動食が開発されると考える．

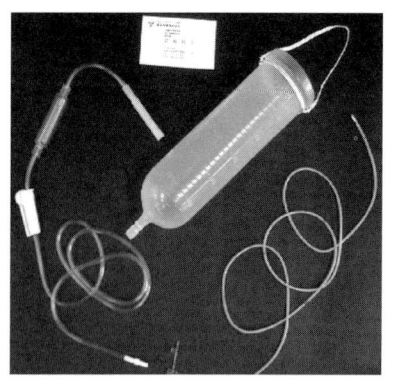

**写真 4-9**　ED ボトルとチューブ

　当社では肝疾患用の流動食「ヘパス」（2001 年発売，写真 4-7）を上市し，2004 年には日本食糧新聞社から平成 16 年度の第 18 回新技術食品開発賞を受賞した．本品は肝疾患患者の食事療法の一端を担うことをコンセプトにし DHA・EPA，分岐鎖アミノ酸，タウリン，ラクチュロース，ラフィノースなど肝疾患患者に必要な栄養素を可能な限り配合した他に類のない流動食である[27,28]．

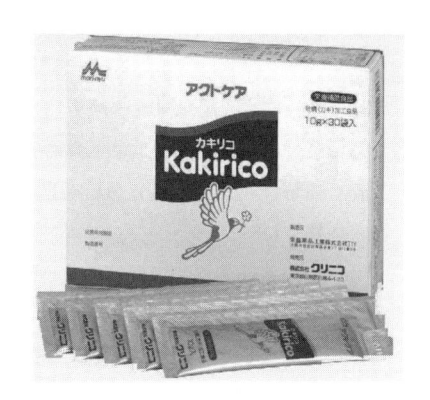

**写真 4-10**　栄養補助剤（アルミ袋入り）

　また，流動食などからの栄養補給のみでは微量元素の充足が望めない場合など，特に長期臥床にある場合の褥瘡対策にも使用される「栄養補助剤」がある．カキエキスを濃縮しペースト状にすることで銅，亜鉛を高濃度にしアルミスティック包装に充填したものや，鉄，銅，亜鉛，マンガン，セレン，クロムなど微量元素およびビタミン類，食物繊維の供給を目的とし，オレンジジュースベースを用いて風味のよい飲料に仕上げたサプリメントも伸長している（写真 4-8，4-10）．

　中身のほかに，包装形態としては，医療・介護施設での大量使用などの使用勝手を考慮し，ハサミなどを用いずに開封でき，経管投与時に ED ボトルへの移し替えの要らない ready to use タイプなどが衛生性や洗浄の手間の削減などから益々要望されるであろう．環境問題からゴミの少ない包装形態，在宅使用での患者の QOL 向上から，誰もが自分一人で使用できるような容器形態なども増えるだろう．

　65 歳以上高齢者の 3.7% にあたる約 92 万人が入院しており，介護療養型医療施設などに入居している要介護度 4，5 の被保険者総数は約 80 万人に達している[29]．日本流動食協会の調査では 15 万人が流動食を利用しているとあるが，冒頭に述べたように「人が生命

を維持するためには，食事によるエネルギーおよび栄養素の摂取が必要である」ことから，流動食もエネルギー・栄養素の両面で需要を満たすことが必要である．これから流動食・介護食の需要は益々大きくなることが予想される．

## 参考文献

1) 佐々木雅也他：絨毛萎縮および Bacterial translocation, *JJPEN*, **21**(6), 421-425 (1999)
2) 和佐勝史他：静脈栄養と経腸栄養の進歩，別冊・医学のあゆみ［ベッドサイド管理シリーズ］, 43-49 (1996)
3) 濱千代義規：在宅向け介護食品の商品設計と開発，食品工業, **46**(15), 50-59 (2003)
4) 日本流動食協会ホームページ：http://www.ryudoshoku.org/
5) 手嶋登志子：栄養評価と治療, **18**(1), 9 (2001)
6) 日本介護食協会ホームページ：http://www.udf.jp/
7) 木村信良：経腸栄養の歴史(5)—経腸栄養の実施法—, *JJPEN*, **11**(5), 629-631 (1989)
8) 第一出版編集部編：厚生労働省策定 日本人の食事摂取基準（2005年版），第一出版 (2005)
9) 稲垣俊明他：老年者神経疾患における経腸栄養剤 MA-8 の臨床的研究, *Geriat. Med.*, **29**, 457-463 (1991)
10) 福島武雄他：高栄養流動食 MA-8 の脳神経外科領域における使用成績, *JJPEN*, **14**(6), 957-964 (1992)
11) 丸山秀晴他：脳血管障害による長期臥床高齢患者に対する高栄養流動食 PN-Hi の臨床栄養学的検討, *Geriat. Med.*, **34**, 1403-1423 (1996)
12) 皆河崇志，田中隆一：脳神経外科領域における液状流動食 PN-Hi の臨床的有用性の検討, *Geriat. Med.*, **34**, 1269-1278 (1996)
13) 高松清治：大豆タンパクの生理機能と食品への利用，食品と科学, **42**(8), 81-85 (2000)
14) 真鍋 久：大豆たんぱく質の機能性を探る，日本調理科学会誌, **38**(2), 204-208 (2005)
15) 菅野道廣：特集・大豆の機能性研究の発展と加工利用—大豆の生理活性成分への大きな期待—，食品工業, **47**(2), 20-24 (2004)
16) 工藤一彦他：液状高栄養流動食 A-3 の使用成績—遷延性意識障害患者を対象として—，基礎と臨床, **29**, 4529-4541 (1995)
17) 小渋陽一他：液状高栄養流動食 CZ-F の使用成績—長期経腸栄養施行患者を対象として—, *JJPEN*, **22**(7), 487-501 (2000)
18) 里内美津子他：難消化性デキストリンのヒト便通に及ぼす影響，栄養学雑誌, **51**(1), 31-37 (1993)
19) 若林 茂：難消化性デキストリンの耐糖能に及ぼす影響，第Ⅰ報—消化吸収試験および糖負荷試験による検討，日本内分泌学会雑誌, **68**, 623-635 (1992)
20) A. Golay *et al.*: The effect of a liquid supplement containing guar gum and fructose on glucose tolerance in non-insulin-dependent diabetic patients, *Nutr. Metab. Cardiovasc. Dis.*, **5**, 141 (1995)
21) 辻 啓介他：食物繊維の科学，朝倉書店 (1997)
22) 渡瀬峰雄：ゲル形成機能をもつ食品ハイドロコロイドのレオロジーおよび熱分析，③タンパク

質-多糖類混合系，食品工業，**43**(14)，62-72（2000）
23) 渡瀬峰男：嚥下開始食の機能特性，食品工業，**44**(20)，41-48（2001）
24) 藤谷順子：嚥下障害食に対するリハビリテーション・マネージメント，静脈経腸栄養，**18**(4)，25-31（2003）
25) 手嶋登志子編著：介護食ハンドブック，医歯薬出版（1999）
26) 大越ひろ：テクスチャー調整食品—最近の傾向と使い方のヒント，臨床栄養，**105**(2)，178-185（2004）
27) 渡辺明治他：慢性肝不全例に対する液状流動食品「ヘパネシア」の投与効果，*JJPEN*，**22**(7)，475-485（2000）
28) 渡辺明治他：肝硬変例に対する分岐鎖アミノ酸高含有流動食ヘパスの投与効果，*JJPEN*，**24**(8)，485-495（2002）
29) 厚生労働省ホームページ：平成17年版 高齢社会白書（http://www8.cao.go.jp/kourei/whitepaper/w-2005/zenbun/17index.html）

〔武田安弘〕

# III-5　高齢者向け食品の保存・包装タイプ

## 1　冷凍食品（調理食品）

　歴史的には米国バーズアイ社が1920年頃に食品急速冷凍技術特許をとり，1929年ゼネラルフーズ社がその特許を買収産業化して発展し，欧州では冷凍機を開発しノウハウのあるスウェーデンが産業化を推進した．

　日本では1948年頃より農林省と産学も参加して約10年基礎研究が進められ，物流冷蔵庫と魚介類，鯨肉の大量凍結技術，設備を有していた大手水産会社を中心に1960年頃生産が開始された．まだ食品衛生法にも法令化されていなかったので，著者ら水産会社技術社員も参画して法案作りの下作業を行った．

　冷凍食品の定義は，一般的には「前処理をして急速凍結を行い包装された規格商品で保存は−18℃以下」と言っているが，食品衛生法では「製造し，または加工した食品（食肉製品，及び鯨肉製品，魚肉ねり製品ならびにゆでだこを除く）及び切り身またはむき身にした鮮魚介類（生かきを除く）を凍結したものであって，容器包装されたものに限る」となっており，<u>容器包装品であることを明記している</u>．しかし，保存基準は−15℃以下とゆるくなっている（JASなどでは−18℃）．冷凍方法にも種々方式があるが，大別すると冷風によ

表5-1　冷凍方式各種

| 冷　凍　方　式 | 装置方法 | タ　イ　プ |
|---|---|---|
| A：送風式（エアーブラスト） | バッチ式<br>ネットコンベアー式 | 棚，移動ラック<br>平面，スパイラル，階段フローフリーズ |
| B：接触式（コンタクトフリーズ） | バッチ式<br>ドラム式<br>スチールベルト式 | コンタクトのみ，ファン併用式<br><br>ベルト下冷媒―ベルト上エアーブラスト |
| C：A-B併用式 | コイル棚 | 棚上エアーブラスト |
| D：液化ガス凍結（窒素，炭酸ガス） | バッチ式<br>連続式 | <br>平面，スパイラルコンベアー |
| E：冷媒浸漬式<br>　　（ブライン，アルコール） | バッチ式<br>連続式 | <br>平面，スパイラルコンベアー |

るエアーブラスト，冷媒を冷凍プレート内に循環させてプレスするコンタクト凍結，低温冷媒液中に直接浸漬するブライン方式，窒素-炭酸ガス凍結や，これらの併用が食品種により採用されている．また工程上はコンベアー方式，バッチ式，冷風力により輸送するフローフリーズ式や螺旋コンベアーのスパイラル式など多様である．製品の形態，荷姿により1kgとか10kg単位に冷凍するバルク（Bulk）凍結，製品別にそれぞれ単独に冷凍するIQF凍結（Individual Quick Freeze）がある（表5-1参照）．

　冷凍食品の分類は，内容物，用途別に分けると，前者は水産物，農産物，畜産物，調理食品，菓子類に分類され，後者では業務用（学校・産業給食，病院食，営業食堂，弁当・惣菜），消費者用に区分される．

## 1-1　包装材料

　冷凍食品の定義に明示されている包装の責務は，貯蔵中の品質劣化と油脂の酸化，香味変化，異臭のほか表面乾燥と細菌の二次汚染の防止にある．急速凍結中の表面温度は凍結方法により曝される温度は通常で-30〜-40℃，液化ガス凍結時には直接冷媒に触れるので-70℃，時には-100℃にもなり，これに対応できる耐寒性，耐衝撃性（低温脆性破壊にも対処），耐ピンホール性が必要で，このほか酸素バリヤー性，印刷適性，耐水性，耐油性，保香性が必要である（表5-2参照）．

　低温保管用のプラスチック材はPA（ナイロン），PVDC（塩化ビニリデン）関係のフィルムが利用される．

　冷凍野菜も重要な産業になっており，その特徴は貯蔵性，利便性（下処理済み），品質安定（旬の時季産），流通合理化（含む海外），不可食部なし（ゴミなし）などのメリットと経済性にある．冷凍保管中でも酵素により変性が進むので凍結前に失活させるブランチング加熱が必要で，主な品種の条件は表5-3のとおりである．

　冷凍方法はその食品が包装前凍結か凍結後包装か，および製品の形態，内容物により凍結方式を検討選択しなくてはならず，方式概要は表5-1に示したとおりである．

## 1-2　冷凍食品（写真5-1，5-2）

　冷凍食品の全生産量は2004年には約150万トンにもなり，品目中心は調理食品の約34%，フライ類25%，麺類が業務筋向けうどん中心に17%，ピラフ中心に米飯類10%，煮魚・焼き魚用水産物5%，カボチャ・ホウレンソウを主体に農産物6%などが供給され，食品別ではコロッケ，うどんが各々10%，ピラフ，ハンバーグ，シュウマイ，ギョーザなどに需要が多い．特に介護食，高齢者食にはホウレンソウ，卵製品，焼き魚，煮魚用の冷凍魚が広く利用されている．

表 5-2　市販冷凍食品包装材料例

| 食　品 | | 包　装　形　態 | 包　装　材　質 |
|---|---|---|---|
| 野　菜 | | パウチ，含気包装 | PE, OPP/PE, PET/PE |
| 魚 介 類 | 一般魚 | オーバーラップ，含気包装 | トレー：PSP, HIPS<br>外装材：PET/PE, OPP/PE |
| | エビ，貝柱 | スキンパック，スキン包装 | トレー：EVA コート PSP<br>スキン包装：サーリン/EVA |
| | マグロ切り身 | パウチ，真空包装 | OPA/PE, OPA/サーリン |
| 水産加工品 | ウナギ蒲焼 | パウチ，真空包装 | OPA/PE |
| 調 理 食 品 | ハンバーグ，ギョーザ | オーバーラップ，含気包装 | トレー：HIPS, OPS, PP<br>外装材：PET/PE, OPP/PE |
| | グラタン，シチュー | カートン，含気包装 | トレー：アルミ箔容器<br>外装材：PE, OPA/PE<br>外箱：カートンケース |
| | 米　飯 | カートン，真空包装 | 外装材：PET/PE, OPA/PE<br>外箱：カートンケース |
| | ピザパイ | カートン，収縮包装 | 外装材：収縮 PVC, 収縮 PP<br>外箱：カートンケース |
| 果　物 | | パウチ，含気包装 | PE, OPP/PE, OPA/PE |
| | | カートン，含気包装 | トレー：アルミ箔容器 |
| 冷凍ケーキ | | | 外装材：PE<br>外箱：カートンケース |
| ス ー プ | | カートン，脱気包装 | チューブ：PE, PVDC<br>トレー：PP/PE<br>外装材：PET/PE<br>外箱：カートンケース |

表 5-3　冷凍野菜ブランチング温度と時間例

| 野　菜　名 | 温度：℃ | 時間：分 |
|---|---|---|
| ニンジン | 90 | 3 |
| ポテト 1/4 カット | (100) | 1.5 |
| グリンピース | 90 | 1.5〜4 |
| ホウレンソウ | 90 | 0.5〜1 |
| キャベツ | 90 | 3〜7 |
| カリフラワー | 100 | 2〜3 |
| ブロッコリー | 100 | 4〜5 |
| メキャベツ | 100 | 3〜5 |
| タマネギ | 90 | 1.5 |
| アスパラガス―白 | 100 | 1〜4 |
| カボチャ―スライス | (100) | 5 |
| マッシュルーム | (100) | 1.5 |
| スイートコーン | 100 | 3〜4 |

注：(100)はスチーム．

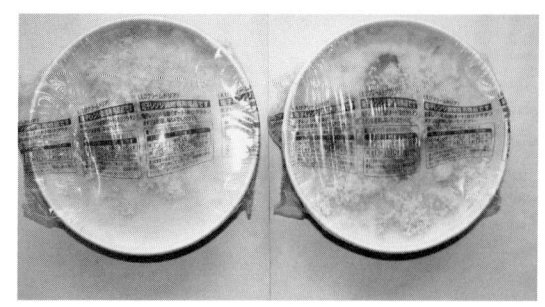

**写真 5-1** 冷凍魚類   **写真 5-2** 冷凍食品ドリア

素　材：ホウレンソウが冷凍食品では最重要野菜であり，スイートコーン，旬の時期に糖度10％以上に管理されているカボチャ（スライス），インゲン，角切りニンジン，ミックス野菜，すりトロロ，食品衛生法上は冷凍食品ではないが鮮魚を凍結した冷凍魚（含む開き，刺身，むきエビ），魚すり身などが利用されている．

加工品：調理冷凍食品が主体で未蒸煮の茶碗蒸し，野菜煮，コロッケ，グラタン，ドリア，肉団子，魚団子が利用されているが，高齢者介護用には冷凍食品は素材が主体である．

## 2　缶　　詰（写真 5-3，5-4）

　保存食品の元祖である缶詰は非常食としての価値が国内外の災害の連発により再評価されている．介護・高齢者食も場合により非常緊急利用の面と安全性，内容物のソフト化の点で評価されている．びん・缶詰の生産量（除くコーヒー，嗜好飲料缶）は2001年には約96万トンで，マグロを中心とした水産品が約14％，果実類8％，野菜類9％，果実ジュース51％，カレー類主体の調理食品が10％などである．大型スープ缶はロングライフ複合紙容器の普及により減少気味であるが，小型缶は高級コンソメ，ポタージュが好評でグルメ介護食である．このほか，ゆで小豆（缶詰製法で最も製造熟練を要する），ペースト，ピューレ，マグロフレークなどが好まれている．

　缶詰はナポレオンのエジプト遠征時の軍隊携帯食，レトルト食品は宇宙食が開発動機であり，高温度，高圧処理された商業的無菌食品でかつソフト化処理されているので，理想的な介護食である（開缶作業に缶切り，プルトップの非ユニバーサル的な欠点はあるが）．

　加工食品で長期安全保存の元祖は缶詰であり，その理論，技術は現在も缶詰，レトルト食品に活きている．1804年ナポレオン1世のエジプト遠征に必要な軍隊用の保存携帯食品の懸賞問題に合格したフランスのニコラ・アペール（Nicolas Appert）が発明した．その

理論は1864年フランスのルイ・パスツール（Louis Pasteur）が「食品腐敗は微生物が原因」と究明し，微生物の自然発生説を完全に否定した科学的根拠に基づいたもので，現在のレトルト食品の元祖はアペールである．彼の発明の6年後イギリスのPeter Durandがブリキ容器を考案，1897年には蓋，底蓋を胴体に巻締める2重巻締法の考案によりサニタリー缶が完成した．

缶詰の形態も時代と共に変遷し，用途も現在は清涼飲料，ビール類が主体となっている．ブリキ缶は歴史的に丸，角，楕円，コンビーフ缶，5ガロン缶（18L）等々で，製缶も上蓋，底蓋，胴体の3ピース缶，板厚が厚く缶高と缶径が約1：1の水産缶詰などのDR缶（Drawn & Redrawn）および飲料缶などの缶高が高いDI缶（Drawn Ironing）があり，DI缶が主流となっている．また，高価なスズを使用せずスチールにCr, NiをメッキしたTFS缶（Tin Free Steel）やアルミ缶，胴体は紙器で天地蓋はアルミのコンポジット缶（主に加工ポテトチップなどに使用されている）がある．缶の内面は食品と接するので食品により内面ラッカー塗装やダブル塗装などが必要である．

食品衛生法では「容器包装詰加圧加熱殺菌食品（清涼飲料水，食肉製品，鯨肉製品及び魚肉ねり製品を除く）を気密性のある容器包装に入れ，密封した後，加圧加熱殺菌したものをいう」と缶詰，レトルト食品を定義している．そして製造基準としては

1) 原料は鮮度その他品質が良好であること
2) 原料は必要に応じ十分に洗浄してあること
3) 製造に当たり次亜塩素酸ナトリウムを除き保存料，殺菌料として用いられる化学的合成品たる添加物を使用しないこと
4) 缶詰，びん詰以外の容器包装詰加圧加熱殺菌食品（レトルト食品のこと）の容器包装の封かんは熱溶融でなくてはならない
5) 加圧加熱殺菌は自記温度計付殺菌器で行い記録は3年間保存のこと
6) <u>加圧加熱殺菌は次の2条件に適合する方法で行うこと</u>

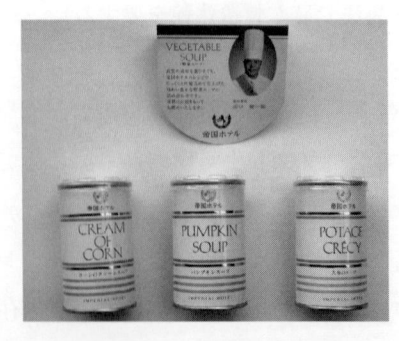

写真 5-3　缶詰スープ類　　　　写真 5-4　各種缶詰

ⅰ) 原料等に由来して当該食品中に存在し，かつ繁殖し得る微生物を死滅させるに十分な効力を有する方法であること

　ⅱ) <u>その pH が 4.6 を超え，かつ水分活性が 0.94 を超える容器包装詰加圧加熱殺菌食品は中心温度を 120℃ 4 分間加熱する方法又はこれと同等以上の効力を有する方法であること</u>

7) 加圧加熱殺菌後の冷却に水を用いるときは，飲用適の流水で行うか遊離残留塩素を 1.0ppm 以上含む水で絶えず換水すること

8) 製造に使用する器具は十分に洗浄した上殺菌すること

などを定めている．

　缶詰のうち pH が 4.6 以下の食品は主に果実飲料，果実缶詰類で，加圧高温加熱殺菌は必要でなく，ジュースの場合はホットパック，果実缶詰は通称低温殺菌で通常約 85℃ 程度で行う．加圧加熱殺菌の 120℃ 4 分相当の根拠は耐熱芽胞細菌の胞子とくにボツリヌス菌対策より定められたものである．微生物の加熱による死滅は一般には時間に対して対数的であり，食品に加熱殺菌をする時，目標である有害微生物を効率的に死滅させると同時に食品の品質劣化を最小限に止める条件を採用する必要がある．現在はコンピューター計器を付属させたレトルト釜で缶詰の中心にセンサーを挿入し加熱曲線を求めて 120℃ 4 分の条件を計算している．（通常は基準温度を 121.1℃ として加熱致死値 $F_p$ を缶詰の中心温度，加熱時間，微生物の基礎耐熱性の値から計算式で求める：Formula Method．）

　加圧加熱殺菌のレトルト釜にも種々タイプがある．

① 静置式：加圧エアータンクと加圧蒸気により圧力と温度を供給するが，釜中の製品は静置されているので熱伝導に難がある．

② 回転式：高温加圧の貯湯タンクを併設し，レトルト本体内部は注湯運転中に振動回転させる．熱伝導も良く使用高熱湯が再利用できるので省エネタイプである．

③ 連続式レトルト：上記 2 タイプはバッチ式であり種々の缶型に対応できるが，製品の出し入れの作業が大変である．連続式は単一缶型—大量生産品向きで飲料缶などに利用されている．連続的に高温高圧レトルトに出入りさせるのには 2 方式あり，例えば 121℃ の蒸気圧は 1.05kg/cm$^2$ であるから水面 11.3m の高さの水柱内の静水圧から得て，缶の出入口に水圧塔を設けて外気圧と殺菌室内との圧力差を制御し連続殺菌を行うものを静水式レトルト（hydrostatic）と称し，水圧塔を設けずロータリーバルブで制御するものを水密封ロータリー式（hydrolock）と言う．

## 3 レトルト食品

　噛むことや飲み込むことが不自由な高齢者や身障者向けに開発される調理済み食品類はレトルトパウチ食品が多い．離乳食用レトルトパウチ食品の高齢者，身障者版であり，咀嚼，嚥下力の低い人は食べ物，飲み物が喉につまり気管に入り非常に危険で，材料を細かく刻み安全に食せるよう調理形態が工夫されている．その他病院食，ロングライフ牛乳式製法で製造された複合紙容器の常温保存できる栄養食も病院向け，在宅病人，老人向けに販売されている．

　レトルト食品のパウチ，成形容器については高圧，高温殺菌を行うので耐熱，耐圧，酸素バリヤーなどの制約があり，特に主な材料の融点は表5-4，主要フィルムのバリヤー性は表5-5のとおりである．食品種別包装材料例は表5-6に示した．

### 3-1 包装材料

　<u>パウチ，成形容器</u>とも基本的には内面材，外面材，中間バリヤー層の構成で，内面材は食品と直接接触するので衛生性，ヒートシール性が重要で，外面材は耐衝撃性，耐ピンホール性，耐熱性と印刷適性，中間材は酸素バリヤー性，光遮断性が主機能である．そのため内面材はPP（ポリプロピレン），PE（ポリエチレン）が大半で，外面材はそれに加えPA（ナイロン）が利用されている．内面材にはバリヤー材としてEVOH（エチレン-酢酸ビニル共重合体）やPVDC（塩化ビニリデン）が使用され，アルミ箔やスチール箔は完全なバリヤー材として酸化されやすい内容品に利用される．

　**PEフィルム**は中密度PE（密度0.926～0.939g/cc）と高密度PE（0.94～0.97g/cc）のみ120℃以下のレトルト殺菌食品用に使用され，熱に弱い低密度PEは使用しない．多くはPPが利用されるがPEの長所はショックに強い点である

　**PPフィルム**は140℃までのレトルト用材でパウチも成形容器にも主力材料である．純

**表5-4** レトルト食品用包装材の融点

| 記号 | 樹脂名 | 融点℃ |
|---|---|---|
| HDPE | 高密度ポリエチレン | 120～140 |
| LDPE | 低密度ポリエチレン | 107～120 |
| PP | ポリプロプレン | 167～170 |
| PET | ポリエチレンテレフタレート | 248～260 |
| PA 6 | ナイロン6 | 218～220 |
| EVOH | エチレン-ビニルアルコール共重合体 | 158～191 |
| PVDC | 塩化ビニリデン | 200 |
| PC | ポリカーボネート | 46～140 |

表5-5 主要フィルムのバリヤー性

| フィルム名 | ガス透過度 (cc/m² · 24h · atm) | | | 透湿度 |
|---|---|---|---|---|
| | $CO_2$ | $N_2$ | $O_2$ | g/m² · 24h 40℃, 90%RH |
| LDPE | 42,500 | 2,800 | 7,900 | 24〜48 |
| HDPE | 9,100 | 660 | 2,900 | 22 |
| CPP | 12,600 | 760 | 3,800 | 22〜34 |
| OPP | 8,500 | 315 | 2,500 | 3〜5 |
| PVDCコートPP | 8〜80 | 8〜30 | <16 | 5 |
| セロハン | 6〜90 | 8〜25 | 3〜80 | >720 |
| 防湿セロハン | — | — | 40 | 8〜16 |
| PVDCコートセロハン | — | — | 15 | <12 |
| PE | 240〜400 | 11〜16 | 95〜130 | 20〜24 |
| CPA | 160〜190 | 14 | 40 | 240〜360 |
| OPA | — | — | 30 | 90 |
| PVDCコートPA | — | — | 10 | 4〜6 |
| PVDC–PVC共重合体 | 60〜700 | 2〜23 | 13〜110 | 3〜6 |
| PVC | 320〜790 | 30〜80 | 80〜320 | 5〜6 |
| PS | 14,000 | 880 | 5,500 | 110〜160 |
| PC | 17,000 | 790 | 4,700 | 170 |
| EVA | — | — | 2 | 30 |
| PVA | — | — | 3 | 4 |
| PVDC | — | — | 10 | 2 |

表5-6 レトルト食品用包装材料例

| 形態 | タイプ | 使用食品 | フィルム構成 |
|---|---|---|---|
| パウチ | 普通,透明 | ハンバーグ,米飯 | OPA/CPP, PET/OPA/CPP |
| | バリヤー,透明 | カレー,シチュー | OPA/PVDC or EVOH/CPP<br>OPA/SiO蒸着PET/CPP |
| | バリヤー,アルミ箔 | カレー,シチュー | PET/Al箔/CPP<br>PET/Al箔/CPP, Al箔/PE |
| 容器 | バリヤー,透明 | カレー,シチュー | PET/PA/CPP |
| | バリヤー,深絞り | 食肉加工,水産加工 | 蓋:PET/PVDC or EVOH/CPP<br>底:CPP/PVDC or EVOH/PA |
| | バリヤー,トレー | 米飯,シチュー | 蓋:PET/PVDC or EVOH/CPP<br>底:PET/PVDC or EVOH/CPP |
| | バリヤー,容器 | プディング・ゼリー | 蓋:Al蒸着PET/CPP<br>容器:CPP/スチール箔/CPP |
| ロケット | バリヤー,透明 | 魚肉ハム・ソーセージ<br>食肉ハム・ソーセージ | PVDC単体 |

粋PPやPS（ポリスチレン）に比し耐衝撃性に問題があり，このためにエチレンなどと共重合させたものを使用している．

**PET**（ポリエステル）フィルムは内面材としてPEやPPより耐熱性が高いのでパウチやトレー蓋のシール面の裏面材に使用される．透明性で印刷性にも適している．

**PA**フィルムはバリヤー材としてPET同様パウチや蓋材の外面材として重要．

**EVOH**フィルムは通常ガスバリヤー材として重宝でありレトルト用には特に酸素対策に利用されるが，欠点として吸湿時のバリヤー性が低下するのでレトルト工程後乾燥終了までの時間短縮が必要．

**PVDC**フィルムは乾燥時の酸素バリヤー性がEVOHより劣るがレトルト殺菌後の吸湿性低下はない．

**アルミ箔**は通常厚み7μmでピンホール皆無とは言えないが，酸素バリヤー性と光遮断は完全である．

したがって，総合して使用される包装材料例は表5-6に示したとおりである．

写真5-5　パウチタイプ

写真5-6　スタンディングタイプ

写真5-7　釜飯の具，ミートソース，デザート類

スチール箔はパウチには使用不能であるが，成形容器に使用しアルミ箔同様の性能がある．

蒸着フィルムはPETフィルムに無機皮膜-酸化ケイ素蒸着したもので，バリヤー性も改良されアルミと異なり電子レンジ適性があり将来性は大である．

<u>パウチとシート成形品</u>：パウチはアルミ箔を含んだ保存性の高いタイプと透明で中身の見えるタイプに分類され，前者は内面PP，中間アルミ箔，外面PETが主流で，これを基本に耐ピンホール，耐突き刺し性強化のためPETとアルミ間にPAを挟み，後者はアルミ箔の代わりにバリヤー層としてEVOHを用いるが，将来は蒸着フィルム電子レンジ対応品が増加する見込みである．

高級煮魚レトルト食品（デパ地下商品）の包材例はPP/PA/PETのラミネート．シート成形品はトレーやカップ形状の成形品で，溶融成形品が主体である．構成は内面，外面共にPP，中間バリヤー層は透明パウチ同様EVOHが主体で，外面は白色着色品が多いが，食品と接する内面は非着色．バリヤー層はEVOHの代わりにアルミ箔やスチール箔が多い．

その他レトルト食品も多様化し，陳列効果を図ったスタンディングパウチのスープ，釜飯の具，ミートソース，デザート類などもある（写真5-6, 5-7）．

## 3-2　レトルト食品（写真5-8〜5-16）

介護食の本命でソフト化，無菌化され，かつ開封も容易で軽く，最近はパウチが大型化し，ロングライフミルク技術による紙容器常温保管流動食も増加し商品品種が急増している．

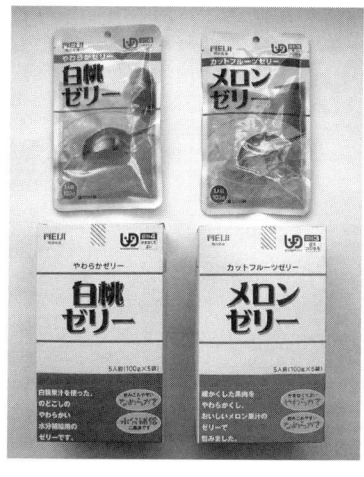

写真5-8　介護食UDF区分3, 4（ゼリー類）

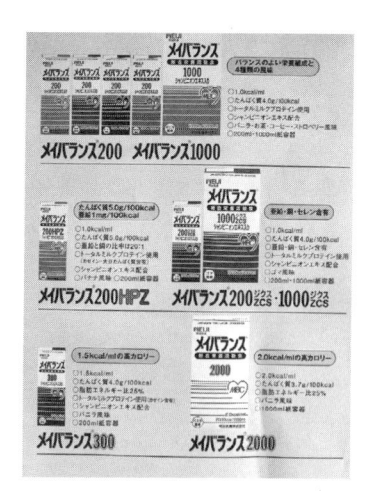

写真5-9　総合栄養食ラインナップ

全レトルト食品の生産量は2001年には約27万トンで，カレー41%，ミートソース類22%，マーボ豆腐の素6%，粥・飯類6%，水産品3%などである．高齢者，介護食とくに嚥下障害者用にUDF区分された柔らか食，総合栄養流動食も200〜2,000mLのサイズと1kcal/mL，1.5kcal/mL，2kcal/mLのカロリー別，大小開栓口付き容器などがある．多く利用されている品種としては，お粥，雑炊（ぞうすい），ゼリー類，シチュー，豚汁類，肉ボール，煮魚，グラタン，ポタージュ，ドリア，コンソメ，ふかひれスープ等々があげられる．

レトルト食品は常温保存ができ，また缶詰と異なり開封に力や器具も不要で高齢者には

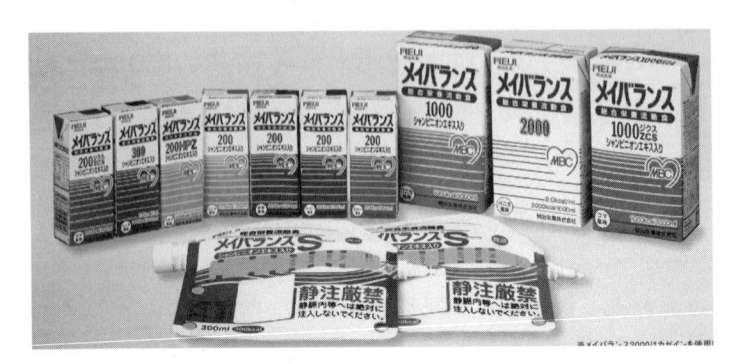

写真5-10　総合栄養食ロングライフ紙容器入り

写真5-11　レトルト食品煮魚

写真5-12　レトルト食品粥類

写真5-13　レトルト食品パエリア

写真5-14　レトルト食品雑炊（電子レンジ対応）

**写真 5-15** レトルト食品カレー（電子レンジ対応）

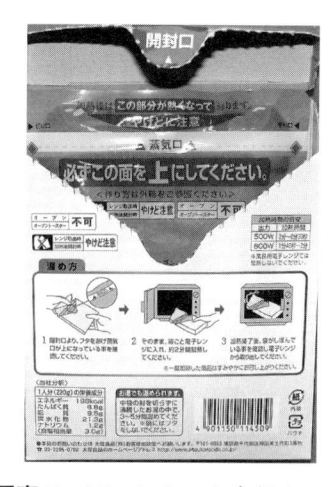

**写真 5-16** レトルト食品カレー（電子レンジ対応）

至極便利な食品であるが，ただ1つの欠点は包装材のアルミ箔が電磁波を遮断するため食前加温に電子レンジを使用できないことである．これに対処するため，最近サンエー化研（株）はPETフィルムに空気は通過せず電磁波を通すセラミックの膜を張った袋を作り，この袋の横に切れ目を入れテープで張り合わせ，レンジ加熱時に袋中の蒸気圧力でテープがはがれ切れ目が徐々に開き蒸気が抜ける包装材を開発し，電子レンジ対応レトルト食品が完成している．これにより箱ごとレンジ加温も可能となった．

〔西出　亨〕

# Ⅳ 高齢者向け食品に適した包装技術と新しい動き

# Ⅳ-1　高齢者向け食品を支える包装技術

消費者が高齢化するにつれ，食品包装も急速に変化してきた．特に高齢者は，噛み切れて，咀嚼しやすい食事を好む傾向にある．また高齢者の中には，在宅で看護される人，病院に入院してる人もいる．これらの人が食べる食品は，包装が完全であり，食中毒菌が生存していないことなど多くの制約がある．

食品[1]では，高齢者の病気の症状が重くなるにつれて，普通の固形食から，キザミ食，ミキサー食，粥食，流動食と形状が変化していく．また，経腸栄養剤などの医薬品は液状のものが使われる．これら食品や医薬品の包装には，ラミネートパウチやプラスチック容器が使われている．

ここでは，高齢者向け食品を支える包装技術というテーマで，医療・高齢者食の包装・殺菌システムについて触れてみたい．

## 1　高齢者向け食品に使われている包装技法と包装システム

### 1-1　食品の包装技法

高齢者用食品は，健常者と病人では包装形態も異なっている．健常者でも病気に対する抵抗性が弱くなっているので，食中毒菌などが存在せず，安全性が高くその上，開封がしやすい包装形態でなければならない．介護を必要とする人や病人では，レトルト殺菌食品，粉末食品，フリーズドライブロック状食品や冷凍食品[1]が主に使われている．

これら食品の安全を守り，保存性を良くするために，各種包装技法が使われている．食品包装材料と包装機械の開発が進むにつれ，食品包装技法も進歩し，食品の保存性も向上してきている．特に高齢者は，食中毒菌に対する免疫力も弱いので，レトルト食品，無菌充填包装食品や無菌化包装食品の摂取が好ましい．

表1-1に，食品会社で使用されている食品包装技法[2]について示した．真空包装は，容器中の空気を脱気し，密封する方式であり，真空包装後再加熱するものが多い．院外調理食として用いられる真空調理食品は，この方式で作られる．

ガス置換包装は，容器中の空気を脱気して，窒素（$N_2$），炭酸ガス（$CO_2$），酸素（$O_2$）などのガスと置換して密封する方式である．高齢者のためにレトルト殺菌されたコーン

表1-1 食品会社で使用されている食品包装技法[2]

| 包装技法 | 特徴 | 対象食品 |
|---|---|---|
| 真空包装 | 容器中の空気を脱気して密封，一般に再加熱する | 乳製品，食肉加工品，水産加工品，惣菜，漬物 |
| ガス置換包装 | 容器中の空気を脱気し，$N_2$，$CO_2$，$O_2$ガスと置換後密封 | 削り節，スライスハム，スライスチーズ，生肉，生鮮魚，スナック菓子，茶 |
| レトルト殺菌包装 | バリヤー性容器に食品を入れ，脱気，密封し120℃，4分以上の殺菌 | カレー，米飯，食肉加工品，魚肉練り製品，油揚げ，豆腐 |
| 脱酸素材封入包装 | バリヤー性容器に食品とともに脱酸素剤を入れ完全密封 | 菓子，もち，米飯，食肉加工品，乳製品 |
| 無菌充填包装 | 食品を高温短時間殺菌し，冷却後殺菌済み容器に無菌的に充填 | ロングライフミルク，果汁飲料，酒，豆腐，豆乳 |
| 無菌化包装 | 食品を無菌化し，バイオクリーンルーム内で無菌化包装する | スライスハム，スライスチーズ，無菌化米飯，魚肉練り製品 |

は，バリヤー性容器に入れられ，$N_2$と$CO_2$の混合ガスで置換包装されている．

　レトルト殺菌包装は，バリヤー性容器に食品を入れ，脱気密封の後120℃，4分以上の高温高圧で殺菌されたものである．高齢者食，医療・介護食用に，おかゆ・ハンバーグはパウチに詰めてから密封後，レトルト殺菌されている．

　無菌充填包装は，超高温短時間殺菌装置（UHT）で無菌にした液状食品を冷却し，$H_2O_2$で殺菌された紙容器やPETボトルに無菌充填包装するものであり，牛乳，スープ，豆腐や果汁飲料などがある．病人や高齢者にとって安心できる食品である．

　無菌化包装は，食品や食品の表面を殺菌したのち，殺菌された容器に無菌的に包装するものであり，この食品には，米飯，スライスハム，スライスチーズなどがある．

## 1-2 医療・高齢者向け食品の包装システム
### (1) ガラスびん詰め無菌充填包装システム

　ガラスびんに対する無菌充填包装機[3]は，アメリカのAvoset社で1942年に開発され，無菌クリームを殺菌したガラスびんに無菌充填包装する方式が実用化された．その後，英国国立乳業研究所が，牛乳のNIRD無菌充填包装システムを開発し，実用化した．わが国でも，ガラスびん詰め無菌充填包装機が四国化工機によって開発された．図1-1に，小型ガラスびん無菌充填包装システムの全体図[4]を示した．このシステムは，HEPA（超高能率フィルター）ユニット，ボトル殺菌装置，ボトルリンサー，充填機とキャッパーの5ユニットから成り立っている．その工程は，整列されたガラスびんがボトル殺菌装置へ運ばれ，ボトル内外が過酢酸系殺菌剤および熱水によって殺菌され，殺菌したボトルはボトル

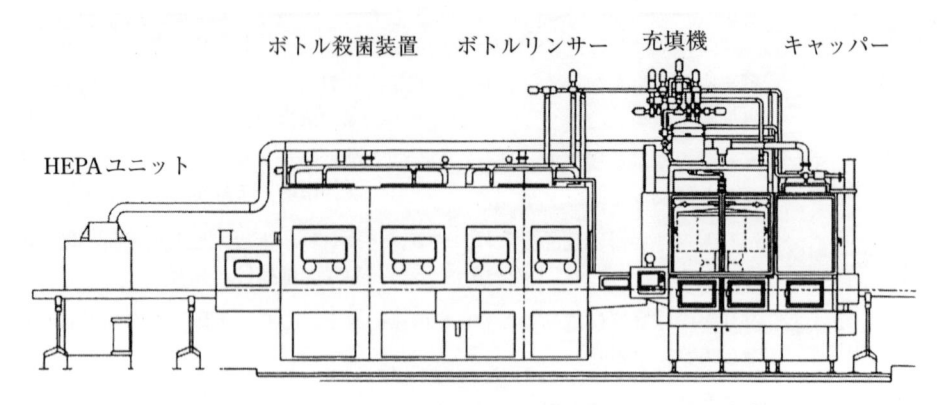

**図 1-1** 小型ガラスびん無菌充填システムの全体図[4]

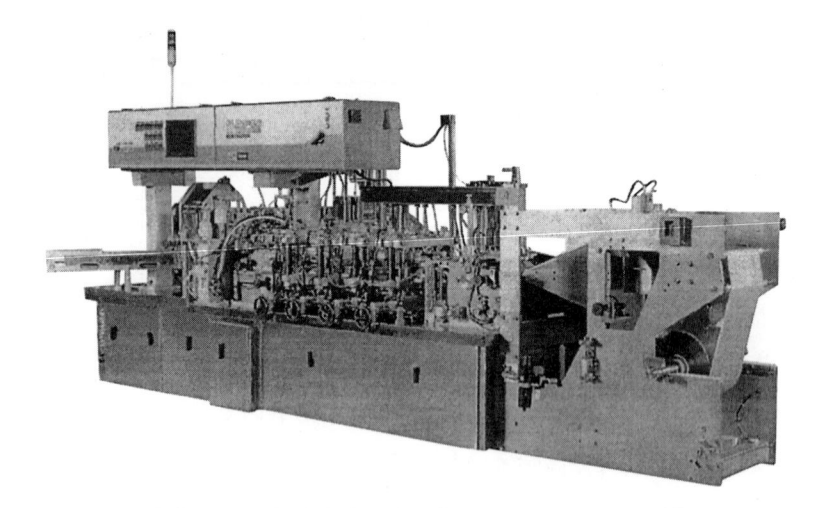

**写真 1-1** 製袋式自動充填包装機 TT-9CWSZ 型[5]

リンサー内で無菌水により洗浄され,その中へ無菌化された高粘性食品が充填・打栓される.

### (2) レトルト殺菌用製袋式自動充填包装機

　高齢者・医療向けにレトルト食品が製造されている.これら食品は安全性の上から,包装材料の付着菌と密封性が問題となっている.東洋自動機では,写真1-1のような製袋式自動充填包装機TT-9CWSZ型[5]を開発・実用化した.この包装機は,ロール状フィルムから,パウチを1分間に80〜125袋,製袋し,その中にレトルト食品を充填・プレス脱気・密封することができる.シール方式は,製袋部が3段ヒートシール・1段冷却プレスであり,充填部は2段ヒートシール・1段冷却プレスを採用して,密封部からの細菌の侵入を防いでいる.この包装機は,海外の衛生規格にも合格できるように,充填部は,洗浄性に優れた耐水構造になっており,水洗・熱湯処理もできる.

この包装機で製造される包装形態には，自立袋（スタンディングパウチ）と平袋の2種類がある．

### (3) 固・液食品用の深絞り型全自動真空包装機

今までの真空包装機では，液体が入っている漬物や惣菜類は，真空時に液体物が真空ポンプに入るため，不可能とされていた．そのため，それら食品は圧着包装か含気包装しかできなかった．これに対し，大森機械では，惣菜や漬物のように水分含有量の多い食品でも真空包装ができる包装機械[6]を開発した．

写真1-2に深絞り型全自動真空包装機VP-80[6]を示した．この包装機は，底材フィルムに幅が300〜420mmの熱成形・ヒートシール可能なプラスチックシートを使用して，惣菜や漬物を1分間に10ショット真空包装することができる．この包装機は，真空部とヒートシール部に工夫がこらされており，洗浄・殺菌が容易にできるようにサニタリー仕様になっている．

### (4) 米飯の無菌化包装機とその包装システム

米飯の無菌化包装システムは，大別して2種類に分けられる．1つは，個食釜でガス炊飯後，脱酸素機能付き容器に移し替えて密封するタイプであり，2つめは，ガス直火釜で炊飯後，容器に盛り付けて密封するタイプである．最近，シンワ機械では，個食炊き無菌米飯の製造システムを開発した（Ⅳ-3章，図3-1参照）．このシステム[7]は，加圧加熱殺菌工程で連続パルス加圧殺菌装置を使い，その後，容器内蒸気炊飯を行い，バイオクリーンルーム内でガス置換・無菌化包装するのが特徴になっている．

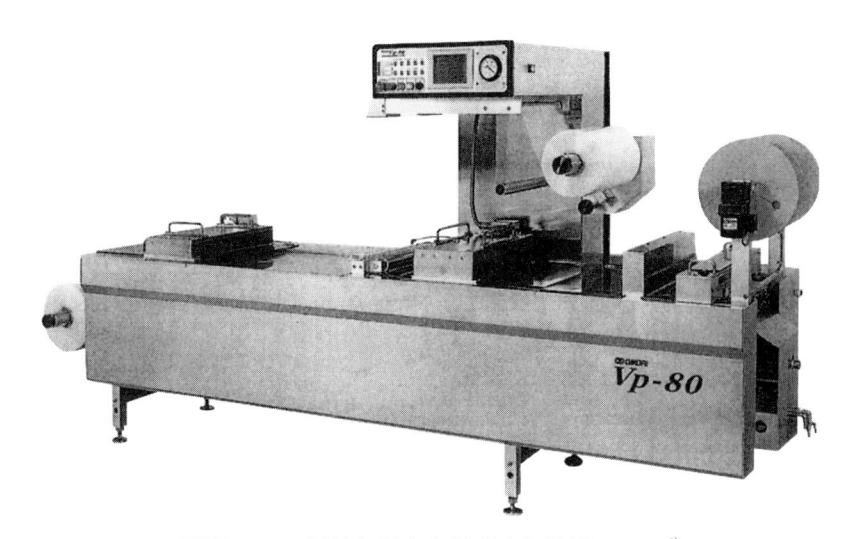

**写真1-2** 深絞り型全自動真空包装機VP-80[6]

## 2 医療・高齢者向け食品の殺菌装置と包装容器

### 2-1 食品の殺菌装置と無菌化技術

食品の無菌包装が進むにつれて，食品工場や環境の洗浄・殺菌が重要な仕事になっている．無菌包装を行わない食品でも，O 157 菌，サルモネラ菌やボツリヌス菌の混入と発育を阻止するために，レトルト殺菌，無菌包装などの無菌化技術が使われている．

無菌処理[8]は大きく分けて，加熱処理，非加熱処理，膜処理と化学薬剤処理とがある．

加熱処理のうち，代表的なものが超高温短時間殺菌装置で，一般に UHT 殺菌装置と呼ばれており，135～150℃，2～6秒間の殺菌で牛乳，果汁飲料などに生育している微生物を完全に死滅させることができる．

通電加熱殺菌装置[9]は，パイプの中に流れる固形食品と液状食品の混合食品に電圧をかけ，電流を流すことにより瞬間的に発熱させ，微生物を完全に死滅させる装置である．

マイクロ波殺菌装置[10]には，バッチ式と連続式の2タイプがあるが，無菌処理を行う場合，連続式の加圧型コンベアー式マイクロ波殺菌装置が使われている．

レトルト殺菌装置[11]は，バッチ式と連続式とがあり，バッチ式は加熱媒体から熱水式と水蒸気式とに分けられる．また，熱水式の場合，熱効率をよくするため回転式にしているものがあるが，フィルムの破袋，製品の曲がりを防ぐ場合は静置式を採用している．

紫外線殺菌装置[12]は，食品の無菌充填包装や食品表面の殺菌に使われている．また，この装置は，包装材料に付着している微生物の殺菌や医薬品・食品工場などの空気，水の殺菌にも使われている．

食品の照射に使われる放射線[13]には，ガンマ線，X線および電子線がある．放射線は，照射による熱の発生がなく，風味を変えることなく殺虫，殺菌処理ができ，包装後でも，放射線が包装材料を透過して微生物を殺菌することができる．

微生物制御技術[14]としては，原料に付着している微生物をできるだけ少なくし，食品製造工程では二次汚染と微生物の増殖を防ぐため，食品添加物や有機酸を加え，包装後の加熱殺菌を行った後，冷却装置などによる急速冷却を行う技術を確立する必要がある．

### 2-2 高齢者が安心できるレトルト食品の包装容器

レトルト食品の包装材料は，100～135℃の高温・高圧下で殺菌されるので耐熱性があり，殺菌時の食品の酸化を防ぐためバリヤー性がなければならない．また，レトルト食品の包装材料には，レトルトパウチとレトルト殺菌用容器がある．

**(1) レトルトパウチ[15]**

レトルトパウチには，(1) 透明通常タイプ，(2) 透明バリヤータイプ，(3) アルミ箔バ

**写真 1-3** ベセーラを使用したパウチ詰めレトルト食品

リヤータイプ，(4) 無機物蒸着パウチの4種類がある．

レトルト食品用のレトルトパウチは，PET (12)/PVDC (15)/CPP (50)，PET (12)/EVOH (17)/CPP (50)（カッコ内の数値はフィルム厚 $\mu m$）構成のものが主に使われているが，最近，PETフィルムにアクリル酸系ガスバリヤー性ポリマーをコーティングした新しいタイプの有機物系バリヤー性フィルム（ベセーラ）が開発・実用化[15]されている．ベセーラ (13)/CPP (50) のラミネートフィルムの酸素透過量は，120℃，20分殺菌後 $1.5 cm^3/m^2$ であり，PET/Al箔/CPP構成の酸素透過量は，120℃，20分殺菌後 $1.1 cm^3/m^2$ であった．このベセーララミネートフィルムは，レトルト殺菌時でもAl箔と同程度のバリヤー性があり，電子レンジでも使用できる．写真 1-3 に，ベセーラを使用したパウチ詰めレトルト食品を示した．（注：PET（ポリエステル），Al箔（アルミ箔），CPP（未延伸ポリプロピレン））

**(2) レトルト殺菌用容器**

レトルト殺菌用の容器としては，プラスチックでは深絞り容器とトレー容器，金属箔関係ではアルミ箔トレーとスチール箔トレーがあり，その他にプラスチック缶がある．

スチール箔ラミネート容器は，電子レンジでも使える高齢者向け食品の容器である．この容器は，内外層にポリプロピレンが使われ，バリヤー層に 0.07mm のスチール箔が使われている．この容器[16]は，ロール状の材料からシワができないように打ち抜かれたものであり，イージーピーラブル蓋やイージーオープン蓋が使用できる．

スチール箔の代わりに，スチール缶の内外面に白いポリエステルをコーティングした電子レンジ適用スチール缶がアメリカのWeriton Steel社[17]によって開発され，スープ，シチューの容器として使われている．

## 3  医療・高齢者向け食品の包装とその技術[18]

### 3-1  栄養と飲みやすさを重視した飲料の容器包装

　高齢者向けに，各種飲料が市販されている．これらは，血糖値や血圧を下げるもの，カロテン，リコピンの補給，トロミをつけて飲みやすくしたものなどがある．

　PETボトルに準無菌充填包装された緑茶は，中・高年者の血糖値を下げる効果がある．スパウトパウチ（飲み口付きパウチ）にホットパックされた野菜・果実飲料は，180g容量であり，12種類の野菜と果実を寒天などとブレンドし，カロテンや食物繊維の含有量も多く，高齢者の健康と飲みやすさを目的とした飲料である．

　写真1-4に，ガラスびんに無菌充填包装された野菜飲料を示した．この飲料は，100g容量であり，カボチャ，ニンジン，トマト，レッドビート，ホウレンソウなどを植物性乳酸菌で発酵させたのち，ガラスびんに無菌充填包装したものであり，カロテンやリコピンも豊富であり，高齢者向けに10℃以下で販売されている．

　高齢者は，茶飲料を飲むとき気管支に入る可能性がある．そのため，それら飲料にはトロミをつける必要がある．トロミをつけた茶飲料とゼリー状になったリンゴ飲料は，スパウトパウチにホットパックされている．

**写真1-4**　ガラスびんに無菌充填包装された野菜飲料

## 3-2 医療・高齢者向け調理食品と米飯の包装

　糖尿病，腎臓病，肝臓病患者の医療食が食品会社で作られている．それらの食品には，白がゆ，玄米がゆ，各種調理食品がある．これら食品は，PET/ONy/Al/CPP 構成のレトルトパウチかスタンディングパウチに詰められ，118～120℃，16～20分殺菌されている．写真1-5に，レトルト殺菌されたビーフシチューを示した．この高齢者向けの食品は，肉，魚や野菜は細かく切られ，やわらかく煮込まれており，レトルトパウチに詰められてレトルト殺菌されている．（注：ONy（延伸ナイロン））

　アルミ箔ラミネートパウチに詰められ，レトルト殺菌されたカルボナーラソースやカレーは，簡単に温めて食べることができる．

　また，最近，高齢者用・医療用流動食の包装に120℃，30分のレトルト殺菌が可能なラミネートチューブが使われだしてきた[19]．医療食・高齢者向け食品は，電子レンジで調理する機会が多いので，容器は，レトルト殺菌可能な PP/スチール箔/PP，PP/PVDC か EVOH/PP 構成[20]のものが使われている．

　高齢者でも介護を要する人は，簡単に温めたり，電子レンジで加温できるおかゆやセットご飯を利用している．レトルト殺菌された白がゆは，1人前250g容量であり，アルミ箔スタンディングパウチに詰められてレトルト殺菌されている．写真1-6に，無菌化包装された白飯を示した．この白飯は，バイオクリンルーム内で計量充填，連続炊飯，充填包装が行われる．容器には PP/EVOH/PP 構成[21]のものが使われている．

　高齢者向けセット雑炊は，具入りソースと白飯がセットになっており，アルミ箔パウチに詰められた具と PP/EVOH/PP 詰め白飯は，いずれもレトルト殺菌されている．

写真 1-5　レトルト殺菌されたビーフシチュー

写真 1-6　無菌化包装された白飯

## 参 考 文 献

1) 一色宏之：医療・福祉の場で必要な食品，医療食・介護食の実態と今後の展開，p. 3-2-1，サイエンスフォーラム（2001）
2) 横山理雄：これからの食品包装はどう進むか，石川農短大報，**27**，141-146（1997）
3) 芝崎　勲，横山理雄：食品包装とは，新版 食品包装講座，p. 1-28，日報（1999）
4) 四国化工機：小型ガラスびん無菌充填包装機 GA-18 資料（2004）
5) 東洋自動機：製袋式自動充填包装機 TT-9CWSZ 資料（2004）
6) 大森機械：深絞り型全自動真空包装機 VP-80 資料（2004）
7) シンワ機械技術部：シンワ式個食トレー炊飯システム資料（2003）
8) 横山理雄：無菌化技術と無菌包装について，*SUTBULLETIN*，No. 11，17（1991）
9) 横山理雄：新殺菌工学実用ハンドブック，高野光男，横山理雄編，p. 275，サイエンスフォーラム（1991）
10) Technical Report : *Food Engineering Intl.*，**10**，46（1985）
11) 高野光男，横山理雄：レトルト殺菌装置，食品の殺菌，p. 127-136，幸書房（2003）
12) 横山理雄：殺菌・除菌応用ハンドブック，芝崎　勲監修，p. 124，サイエンスフォーラム（1985）
13) 横山理雄：食品微生物ハンドブック，好井久雄他編，p. 537，技報堂（1995）
14) 横山理雄：殺菌装置と無菌化技術の開発動向，生物工学誌，**77**（6），235（1999）
15) 清水　潮，横山理雄：レトルト食品の基礎と応用，改訂版，p. 161-200，幸書房（2005）
16) 沖　慶雄：機能性・食品包装技術ハンドブック，近藤浩司，横山理雄編，p. 336，サイエンスフォーラム（1989）
17) J. Rice : *Food Processing*（USA），**53**（6），64-86（1992）
18) 横山理雄：高齢者・医療向け食品包装，ジャパンフードサイエンス，**42**（10），51-59（2003）
19) 技術情報：包装タイムズ，10 月 29 日（2001）
20) 横山理雄：高齢化社会に対応する食品包装，日本包装学会誌，**12**（3），131-139（2003）
21) 横山理雄：*PACKPIA*，**49**（4），40-45（2005）

（横山理雄）

# IV-2 医療・高齢者向け食品の包装材料と包装システム

## 1 包装の安全性と利便性

　藤森工業株式会社では,「包む価値の創造を通じて,快適な社会の実現に貢献します」の企業理念のもと,「高度情報化」「少子高齢化」「環境対応」分野への開発に着手しており,今後ますます深刻化すると考えられる高齢化社会に対しては,流動食を中心とした医療・高齢者食用途として,安全で使いやすい機能を付与した包装材料を供給している.身体機能が低下している高齢者においては,通常の食事による栄養の摂取が困難な場合があり,栄養分や水分の摂取源として流動食が用いられているが,近年,流動食市場は拡大傾向にあり,その社会的重要性が高まっている.

　流動食製品に要求される品質として,「食の安全」と「利便性」が挙げられる.投与されるまでのすべての過程において衛生性を維持して「食の安全」を確保すると共に,減少する看護士の作業負担低減を図る意味での「利便性」を兼ね備えていることが求められる.これらの機能性を付与する上で,製品そのものを包み込む「包装」の役割は大きい.また,有益な包装形態を有する製品の生産においては,内容品に対して適切な包装システムを確立することが必要となる.

　本章では,流動食を中心とした医療・高齢者食用途の包装材料について述べると共に,包装システムに関しては,レトルト包装およびアセプティック包装システムについて開発事例を交えて紹介する.

## 2 医療・高齢者向け食品の包装容器

### 2-1 ラミネートフィルムの有用性

　包装容器の主な目的は,① 印刷表示による消費者への伝達,② 湿気や酸素・光・微生物などからの内容品の保護,にあり,品質や安全性に優れた製品を流通する上で欠かせない.プラスチックから成るラミネートフィルムは,基材層・バリヤー層・シーラント層からなり,印刷表示や外部との遮断性などの面で優れている.また,ゴミの減容・減量化な

ど環境への配慮，医療用途における院内感染防止など安全性の面からも有効とされている．

### 2-2 ソフトバッグ流動食の包装形態

　流動食用途の包装形態としては，ブリック包装および一般形態のレトルト包装が利用されている．しかし，これらの包装形態製品は，投与する際に流動食を供給用の別容器に移し替える必要があり，院内感染の可能性や看護士の作業負担などの面で十分とはいえない．その一方で，スパウト付きソフトバッグ入りの流動食は，包装そのものを供給用容器としても活用できるため，「食の安全」や「利便性」の面で注目されている．直接またはアダプターを介した上で，容器スパウト部分からチューブへの接続が可能であり，供給用の容器を別途設ける必要がない．したがって，移し替え作業や容器洗浄が不要となり，看護士の作業負担低減に貢献することができる．また，流動食を投与する際に必要な補水作業も，専用の注出口から容易に実施できる．

　表2-1にスパウト付きソフトバッグ流動食市販品の包装形態例を示す．いずれの製品も，チューブへの接続や補水の点で，各所に工夫が施されている．

### 2-3 ソフトバッグ流動食の包装フィルム構成

　流動食製品は風味や色調の面での要求度が特に高く，流通時における品質劣化を極力防

表2-1　スパウト付きソフトバッグ流動食市販品の包装形態例

| 外観 | 特徴 | 外観 | 特徴 |
|---|---|---|---|
| 補水クロージャー／カテーテル接続クロージャー | カテーテルに直接接続可能なクロージャー付き，補水専用クロージャーより補水を実施 | イージーピール・ポリチャック機能部分（補水用）／カテーテル接続クロージャー | カテーテルに直接接続可能なクロージャー付き，パウチフィルムのイージーピール・ポリチャック機能部分より補水を実施 |
| カテーテル接続・補水クロージャー | 専用部品によるカテーテル接続のクロージャー，補水はカテーテル接続クロージャー部より実施 | カテーテル接続・補水クロージャー | 専用部品によるカテーテル接続のクロージャー，補水はカテーテル接続クロージャー部より実施 |

IV-2 医療・高齢者向け食品の包装材料と包装システム

表2-2 スパウト付きソフトバッグ流動食市販品の包装フィルム構成

| メーカー | A社 | B社 | C社 | D社 | E社 | F社 | G社 | H社 |
|---|---|---|---|---|---|---|---|---|
| 構成 | 4層 | 4層 | 3層 | 3層 | 3層 | 3層 | 3種5層 | 4層 |
| バリヤー層 | EVOH | 蒸着 $Al_2O_3$ | 蒸着 $Al_2O_3$ | 蒸着 $Al_2O_3$ | 蒸着 $Al_2O_3$ | 蒸着 $Al_2O_3$ | EVOH | 蒸着 $Al_2O_3$ |
| 酸素透過度[1] | 5.54 | 1.89 | 0.54 | 0.11 | 0.16 | 0.02 | 0.05 | 0.25 |
| 水蒸気透過度[2] | 4.03 | 1.93 | 1.73 | 1.02 | 1.03 | 1.80 | 1.24 | 2.00 |

[1] 酸素透過度：[$cc/m^2 \cdot 24h$] 30℃, 70%RH
[2] 水蒸気透過度：[$g/m^2 \cdot 24h$] 40℃, 90%RH

ぐ目的でハイバリヤー包装容器が採用されている．表2-2にスパウト付きソフトバッグ流動食市販品の包装フィルム構成を挙げる．一般に流動食に使用されている包装容器は3層または4層構成のラミネートフィルムであり，バリヤー層として蒸着$Al_2O_3$（蒸着アルミナ）フィルムもしくはEVOH（エチレン-ビニルアルコール共重合体）が採用されている．これらのバリヤー層が，フィルム部分からの外気の透過を抑制し，流動食の品質保持に寄与している．

## 2-4 流動食・栄養剤用ソフトバッグの開発事例

藤森工業(株)においても，流動食・栄養剤用途として「食の安全」や「利便性」などの機能性を重視したスパウト付き流動食・栄養剤用ソフトバッグを上市している．それらの製品群を写真2-1に示す．ここでは，スパウト付き流動食・栄養剤用ソフトバッグについて，その特徴を紹介する．

① 大口径スパウト…22mm口径の大口径スパウトを採用している．やかんなどの補水作業器具の注ぎ口の大きさに最適な形状である．

② 袋の自立性…補水作業時に，作業者が包装容器を手で支える必要がなく，補水作業の効率向上が図れる．

③ 小口径スパウト…アダプターを使用することなく，各種の栄養点滴チューブに直接接続可能である．スパウト部の開封履歴の識別が容易であり，作業者の接触汚染防止機能も付

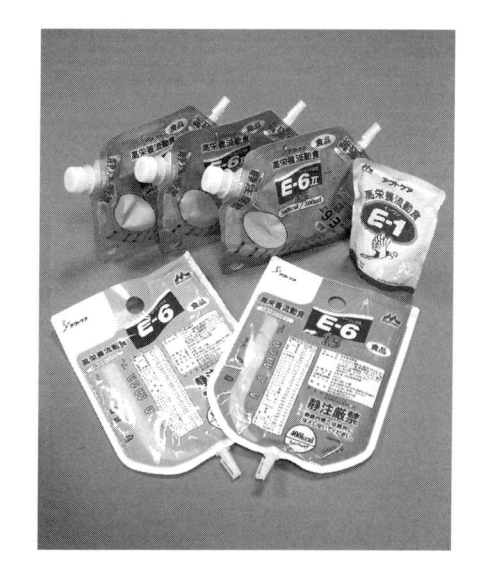

写真2-1 流動食・栄養剤用ソフトバッグ製品群（包装材料：藤森工業）

与されている.
④ ハイバリヤーフィルム…バリヤー性の高いフィルムを採用しており,流動食の品質劣化を防ぐことが可能である.
⑤ 投与用通し穴…大口径・小口径スパウトのいずれからでも投与作業が容易なように,吊り下げ固定用の通し穴を2箇所設置している.

包装材料の仕様としては,レトルト・ボイル・ホットパックに対応可能である.また,異形状の包装形態,チャック付き機能などの付与も可能である.

## 3 医療・高齢者向け食品の包装システム

### 3-1 レトルト包装システム

レトルト包装は,遮光性を有する密閉容器内に食品を充填包装した後に,加圧加熱殺菌処理を実施した包装形態であり,近年では缶詰・びん詰食品に代わり生産量を伸ばしている.カレーやシチューなど常温流通可能な調理済み食品として,一般家庭にも既に定着しているほか,医療・高齢者食にも広く適用されている.

レトルト包装システムの概要例を図2-1に示す.給袋式充填包装機により内容品をパウチに充填,シール密封包装後にレトルト用トレーに積載される.トレーへの積載は,熱媒体が半製品に対してできるだけ均一に接触するように設計されており,最近では品質安定化・生産合理化の観点から,自動化が図られている.自動化レトルト殺菌釜へと導入された後,適切な条件で高圧高温殺菌を実施,付着水分の除去を経て,箱詰め梱包される.

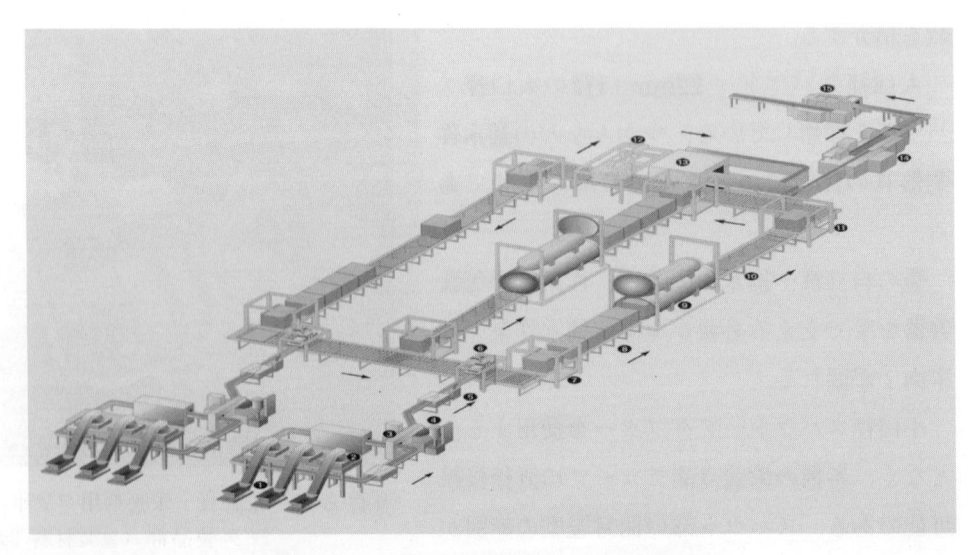

**図2-1 レトルト包装システムの概要例**

## 3-2 アセプティック包装システム

### (1) アセプティック包装技法の特徴

アセプティック包装技法は，高度なクリーン環境下において，殺菌済み内容品をあらかじめ殺菌した包装容器に充填包装し，商業的無菌状態の製品を生産する技法である．内容品のみを高温短時間処理により殺菌するため，熱的ダメージを必要最小限に抑制でき，品質の高い製品を生産することが可能である．要求品質の高い介護・高齢者食においては，ブリック包装などの事例があるが，今後はプラスチック包装材料に関しても，アセプティック包装技法の活用が期待される．

### (2) アセプティック包装に使用される包装材料

包装材料には，少ないレベルながらも付着微生物が存在しているが，その大部分は成形以降の包材加工工程や輸送における環境由来の二次汚染と考えられる．最近では製造環境を管理したクリーン工場も多く見受けられるが，完全に二次汚染の可能性を排除することができないのが実状である．表2-3にクリーン環境にて製造されたロール状包装材料の付着菌測定事例を示す．この測定事例では，包装材料付着菌の検出頻度は非常に低い結果であったが，環境のクリーン度や作業時の取扱い方法などによって，付着菌の検出頻度は変動するものと考えられる．

表2-3 ロール状包装材料の付着菌測定事例
（クリーン環境製造）

| 検出コロニー数 | 0個 | 1個 | 2個 | 3個以上 |
|---|---|---|---|---|
| 検体数 | 49検体 | 0検体 | 1検体 | 0検体 |

・測定対象：液体食品用ロール包材
・測定方法：ふき取り法（10cm×10cm），$n=50$
・培養方法：25℃・7日間（SCD寒天培地混釈法）

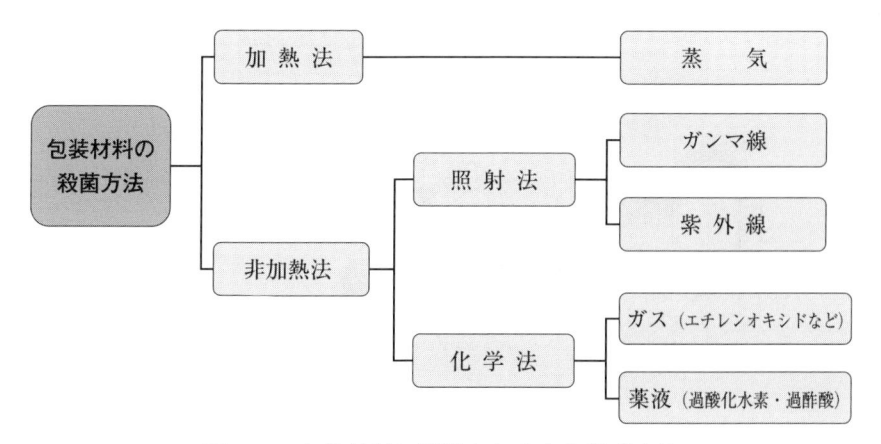

図2-2 包装材料に適用される主な殺菌方法

- 包装材料の殺菌方法
  - 加熱法 ─ 蒸気
  - 非加熱法
    - 照射法
      - ガンマ線
      - 紫外線
    - 化学法
      - ガス（エチレンオキシドなど）
      - 薬液（過酸化水素・過酢酸）

アセプティック包装に使用される包装材料は，付着菌を確実に制御する必要があるため，事前に殺菌処理が実施される．包装材料に適用される主な殺菌処理方法を図2-2に示す．殺菌方法は，包装材料の性質や目標殺菌レベル，内容品への影響などを考慮して選定される．

**(3) プレパウチ充填包装システム**

藤森工業(株)でもアセプティック包装システムの開発を実施しており，東洋自動機株式会社との共同開発によるプレパウチ充填包装機FT-8CWASを上市している．図2-3にその概要図を示す．生産能力は最大70袋／分であり，パウチの形態としては平袋および自立袋が採用可能である．めんつゆなど液体調理食品への適用実績がある．

プレパウチ包装システムの特徴として，ロール包材形態とその殺菌方法が挙げられる．包装材料としては，あらかじめガンマ線殺菌済みの半製袋状ロール包材が用いられる．ロール内面はシール密封されているため，二次汚染の可能性はない．一方，外気による二次汚染の危険性があるロール外面については，包装システムにおいて過酸化水素殺菌処理を実施した後に充填チャンバーへ導入されるため，クリーンな充填環境を汚染することがなく，安全な製品の生産が可能である．以上のように，同システムは内容品が接触するパウチ内面は過酸化水素に直接さらされないことから安全性が高く，かつ乾燥工程も不要で生産性に優れた設計となっている．

## 4 医療・高齢者向け食品の今後の課題

本格的な高齢化社会を迎え，医療・高齢者食の重要性は今後も増大していくであろう．

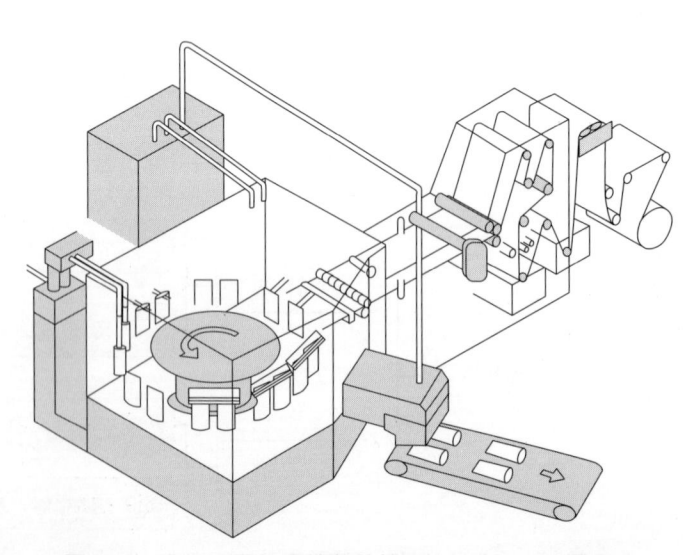

図2-3 プレパウチ充填包装機FT-8CWASの概要図

医療・高齢者食の最大の目的は，生命機能を維持する上で必要な栄養摂取という点にあるが，最近では「風味に優れる医療・高齢者食」を提供することが新たな課題となっている．これは，身体的に不自由な高齢者に，食事を通じた喜びを提供するという点で，非常に意義があることといえる．

　摂取する高齢者にとって栄養や喜びを与えられ，かつ使用する上での利便性の高い流動食製品を実現するための手段のひとつとして，包装容器の役割は大きい．医療・高齢者食に適切な包装材料および包装システムを確立することは，「食の安全」と「利便性」を実現できる包装容器を供給するために重要であり，来るべき高齢化社会に安全と快適さを提供できるものと考える．

（佐藤宣男）

# IV-3　宅配・高齢者向け食品の製造・包装システム

## 1　無菌包装米飯システム

### 1-1　シンワ機械と無菌包装米飯システム技術

　(株)シンワ機械は容器やカップ用の充填シール機を製造販売するメーカーであり，まずなぜ高齢者向けの食品の製造包装システムを開発しているかを説明する．当社は開発型の企業として常に新しい製品を世に送り出してきたが，1995年に無菌包装米飯製造システムを開発し市場に投入して来たことが大きく影響している．無菌米飯とは常温保存が可能でありながら，電子レンジで約2分加熱することにより美味しい炊きたてのご飯が食べられる製品のことであり，1988年に登場したものである．それまでは常温保存できる米飯としてはレトルト米飯があったが，レトルト処理による品質の劣化などにより通常食べる米飯としては普及せず，あくまでも非常用の米飯の位置づけであった．しかし無菌米飯の登場で，家庭で炊いたご飯と比較しても遜色無い品質の米飯の提供が可能になり，加工食品が全体的に伸び悩む中，驚異的に市場が伸び続け，2004年度では約400億円の市場になっている．当初は食品メーカーが独自に開発したシステムで生産されていたが，当社が機械メーカーとして製造システム全体を開発・提案したことにより，多様なメーカーが参入，また，海外のメーカーもこぞってこのシステムを採用することにより，加工米飯の市場が日本のように大きく伸張して，世界的に無菌米飯が販売されるようになって来ている．

　このシステムの優位性は，美味しく常温で保存できる米飯が比較的容易に製造できることにあり，それまでの方法は釜炊きのご飯を無菌室で計量して容器に盛り付けたり，容器に移し替えたりする方法で，とても製造・衛生管理が難しく，技術的な相当のノウハウが無いと製造できないものであった．当社のシステムは図3-1の概略工程に示したように，容器の中に浸漬された米を充填し，それを高温高圧で加圧加熱，その後炊き水を充填し容器の中で蒸気で炊き上げ，クリーンルームで無菌パックすることにより，人の手や装置が製品に触れることが無く，とても安全に無菌化ができるものになっている．現在までにアジアを中心に世界で26ラインの納入実績があり，その国々の食卓で当社の技術による

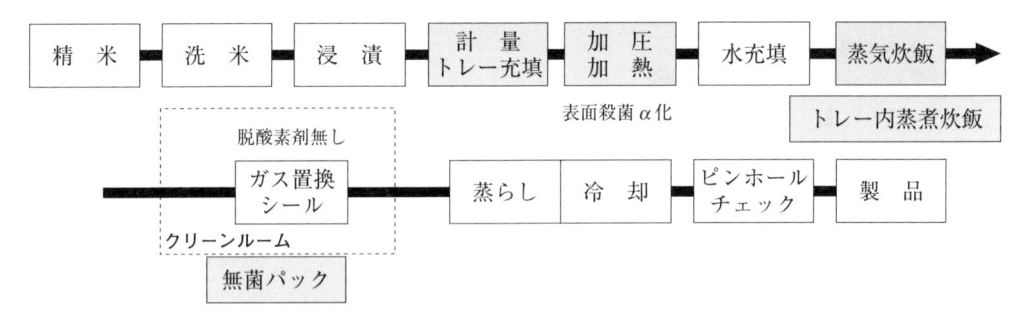

図 3-1 シンワ式無菌包装米飯の製造工程

"チンのごはん" が食べられている．

### 1-2 無菌包装米飯技術の発展と応用

　無菌包装米飯の美味しさと安全性の秘密として，容器の中でご飯を炊き上げ無菌パックすることがあるが，この技術を応用すれば米飯以外の調理食品にも応用ができるのではないかと考え，内容物および装置を検討したが，それが十分に応用可能であり多種多様な弁当・惣菜が製造可能であることがわかった．実際には食材と調味料を容器の中で調理殺菌（炊飯）し無菌パックすることにより，調理と同じような熱の掛け方で食品を低温殺菌し，なおかつ，無菌パックによるコンタミネーションの防止により，調理した状態の食品をチルド流通で長期保存ができる殺菌状態に仕上げることができ，無添加で食味と保存性の両立を図った製法を開発することができたのである．

## 2　無添加ロングライフ弁当・惣菜製法

### 2-1　容器内調理殺菌製法

　実際の製造工程は，図3-2にようになっており，前処理した具やソースや米を容器に充填し，蒸気により調理殺菌（炊飯）して無菌パックする製法である．工程は製造する製品により大きく分けて3種類ある．Ⅰは弁当のような「ご飯とおかず」が製造できるライン，Ⅱは「ご飯かおかず」が製造できるラインで，もちろん，ご飯かおかずの専用ラインにすることも可能である．そしてⅢは「ご飯の上におかず（どんぶり形態）」が製造できるラインであり，装置などを追加することにより，これら3種を兼用で生産できるように設定することも可能になっている．

### 2-2　製造できる製品例

　実際の製品例は図3-3のように「ご飯とおかず」すなわち弁当形態の"カレーライス"

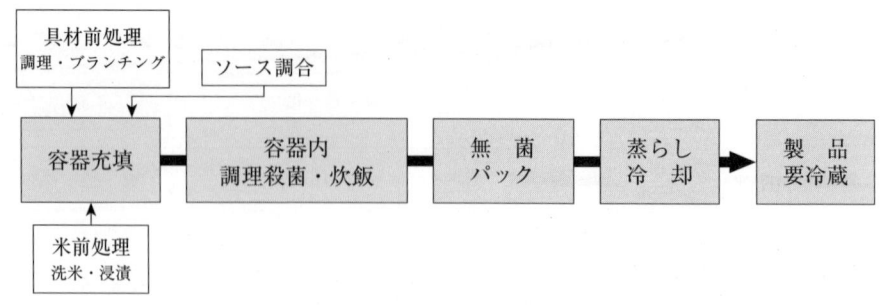

図 3-2　容器内調理殺菌製法の製造工程

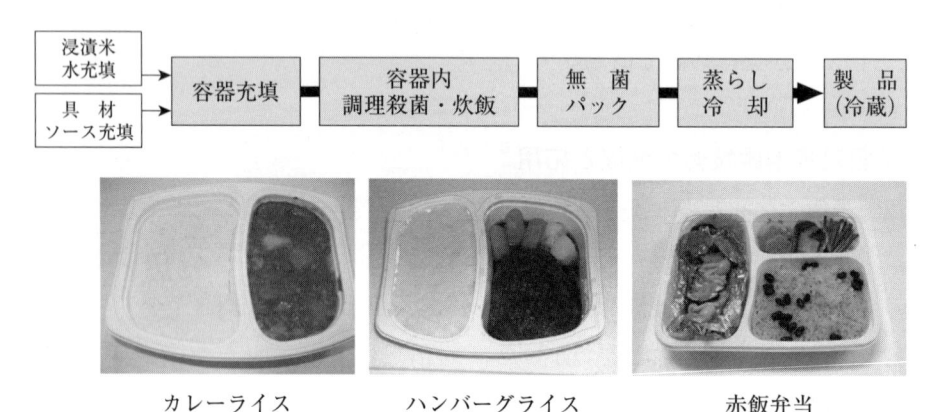

図 3-3　「ご飯」と「おかず」の工程と製品例

や"ハンバーグライス"、"〜弁当"のようなものや、図3-4のように「ご飯かおかず」のどちらでも可能な形態の中で「ご飯」としては"白飯""赤飯""炊き込みご飯""炒飯""ピラフ""寿司飯""しゃり玉"など、「おかず」としては惣菜関係全般が該当し"筑前煮""おでん""鯖味噌煮""肉じゃが""すき焼き"のような和風惣菜、"ハンバーグ""カレー""シチュー""しょうが焼き""ロールキャベツ"のような洋風惣菜、"八宝菜""酢豚""チンジャオロース"のような中華惣菜、"味噌汁""とん汁""コーンスープ""ミネストローネ"のような汁・スープ物、図3-5のように「ご飯の上におかず」の"牛丼""焼鳥丼""釜飯""鰻丼""中華丼"のような"〜丼"形態のものなどが製造可能である．

## 2-3　新しい容器（回収容器）での製法と製品例

　今までの説明のように、加工食品に使用される容器形態はワンウエーの使い捨て容器を前提に開発してきた．しかし世の中の環境問題に対する関心と実際に「食事」として考えた場合は、使い捨てではなく現在一般的に利用されている食器＝回収弁当容器である必要が考えられた．この形態でもロングライフ製品が出来た場合、それはあらゆる場所で利用することが可能になり、今までの常識を打ち破って大きな市場が形成されるのではないか

ご飯関係

　　白飯　　　　炒飯　　　　エビピラフ　　寿司飯（しゃり玉）

味噌汁・スープ関係

　　味噌汁　　ミネストローネスープ

具材・ソース充填 → 容器充填 → 容器内調理殺菌・炊飯 → 無菌パック → 蒸らし冷却 → 製品（冷蔵）
もしくは
浸漬米・水充填

おかず（惣菜）関係

　クリームシチュー　　ハンバーグ　　鯖味噌煮　　肉じゃが

　　おでん　　ハンバーグ・ライス

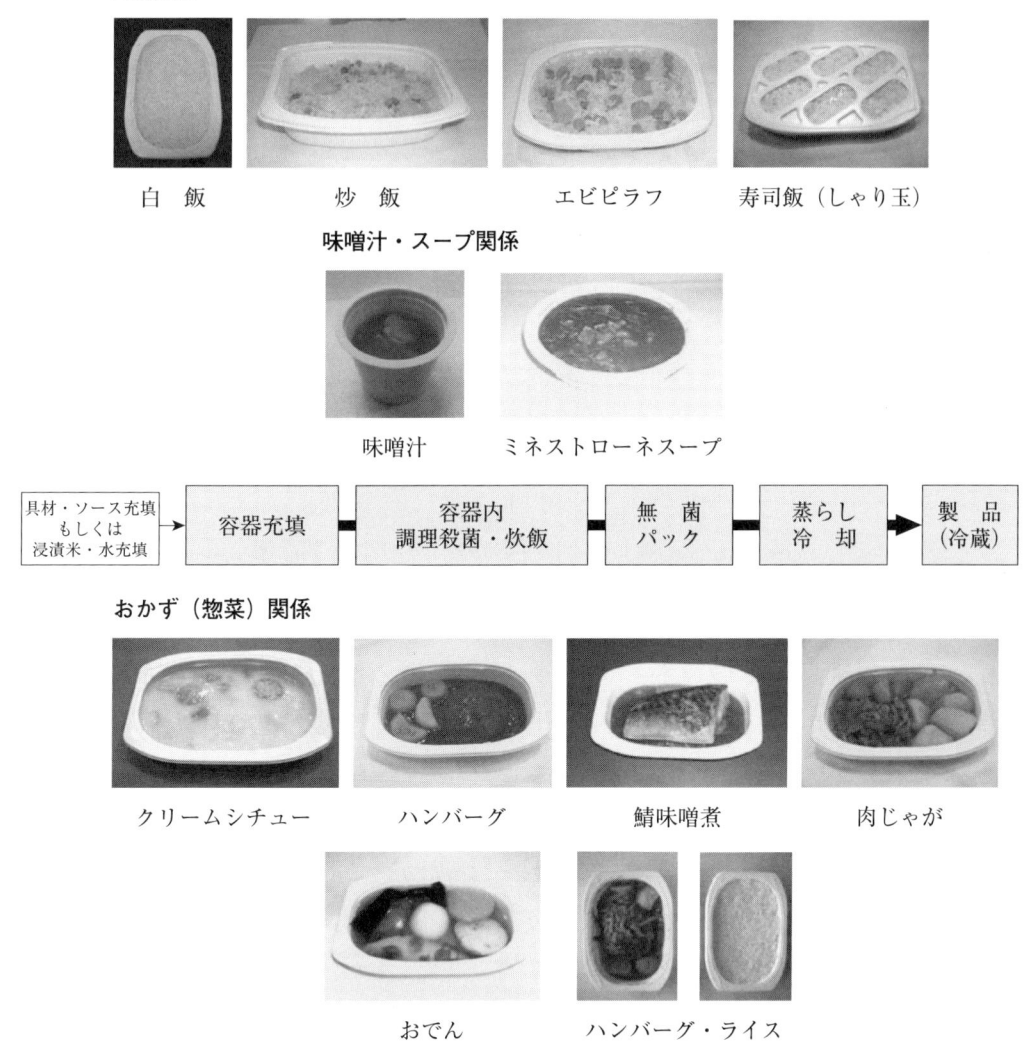

図 3-4 「ご飯」か「おかず」の工程と製品例

との想定で開発した．この形態は宅配や高齢者食，病院食，介護食などの分野に最も適したシステムになる可能性を秘めていると思われる．その技術的な背景は同じであるが，概略のシステムの流れと実際に試作した製品例を図 3-6 に紹介する．

## 2-4　なぜ無添加で美味しいものが出来るか

　この製法を今までの殺菌処理方法と比較してみると，まずレトルト殺菌処理との比較があげられる．レトルト殺菌処理では常温流通が可能なものの，その品質は相当劣るといわざるを得ず，例えば当社の実験では，まず豆腐・ワカメ・タマネギ入りの味噌汁で比較を行ってみたが，レトルト殺菌処理では味噌の風味は完全に失われていて，豆腐はプロセス

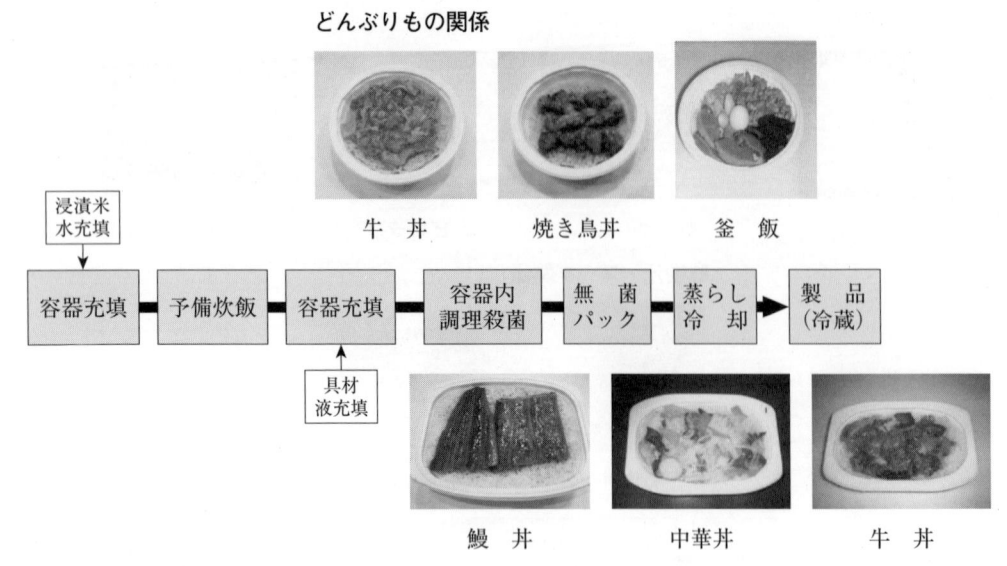

**図 3-5** 「ご飯」の上に「おかず」の工程と製品例

　チーズのように硬くなり，タマネギやワカメも溶けたような状態になっていて，とても味噌汁と言えるものではなくなっていた．それに比較して当社製法で処理したものでは，若干豆腐が硬めに，ワカメが柔らかめになっていたものの，味噌の風味はしっかりと残った味噌汁に仕上がっていた．

　次に白物としてクリームシチューでの比較を行ったが，これでもレトルト殺菌処理では色は完全に褐色になり，野菜は柔らかくなりブロッコリーは溶け，鶏肉のジューシーさが失われ，その味がソースの中に溶け出していた．また，1か月保存後では，鶏肉の味は完全にソースに出てしまい食感はパサパサの状態となっていた．当社の製法で処理したものは野菜の食感も残り，鶏肉はジューシーなままであり，なんといってもソースの色が白色そのままであり，ちょうどおいしそうに煮込んだシチューの状態に仕上がっていた．1か月保存後でも若干肉の味がソースに出てクリーム感が少なくなっているものの，クリームシチューそのものの状態を保っていた（まとめ：図3-7）．

　さらにボイル殺菌処理との比較を"おでん"を作って行ってみた．図3-8の温度グラフを見るとわかるが，容器入りのボイル殺菌では容器の膨張を防ぐために温度はあまり上げられない．またシール後の殺菌であるため，容器内の空気などがクッションとなり温度上昇が緩やかになっている．それに比較して当社製法では全体からの蒸気加熱のために温度上昇は迅速であり，最高温度も100℃近くに達している．同じ殺菌強度の $F_{100℃}=10$ の時点で見ると，処理時間には2倍の開きが出ており，その分短時間処理であるため品質が良いことと生産性が良いことがわかる．実際にダイコン・コンブ・液汁では食感と味に明

Ⅳ-3 宅配・高齢者向け食品の製造・包装システム

**回収弁当容器製法の流れ**

回収容器供給 → 食材充填 → 調理殺菌 → 無菌シール → 保存流通販売（チルド）→ フィルム剥がし・喫食 → 回収・洗浄 →（回収容器供給へ）

製品例

味噌汁　白飯　釜飯　鰻重

シールした状態 → さらに蓋を被せた状態

**外見は普通の弁当箱**

図 3-6　回収弁当容器製法の流れと製品例

---

・色がきれいに仕上がる（褐変しにくい）
・味が圧倒的によい（特に旨味関係）
・具材が崩れずに食感が残る
・具の味がソースにそれほど溶出しない
・自動連続生産が可能（レトルトはバッチ処理）

　↓

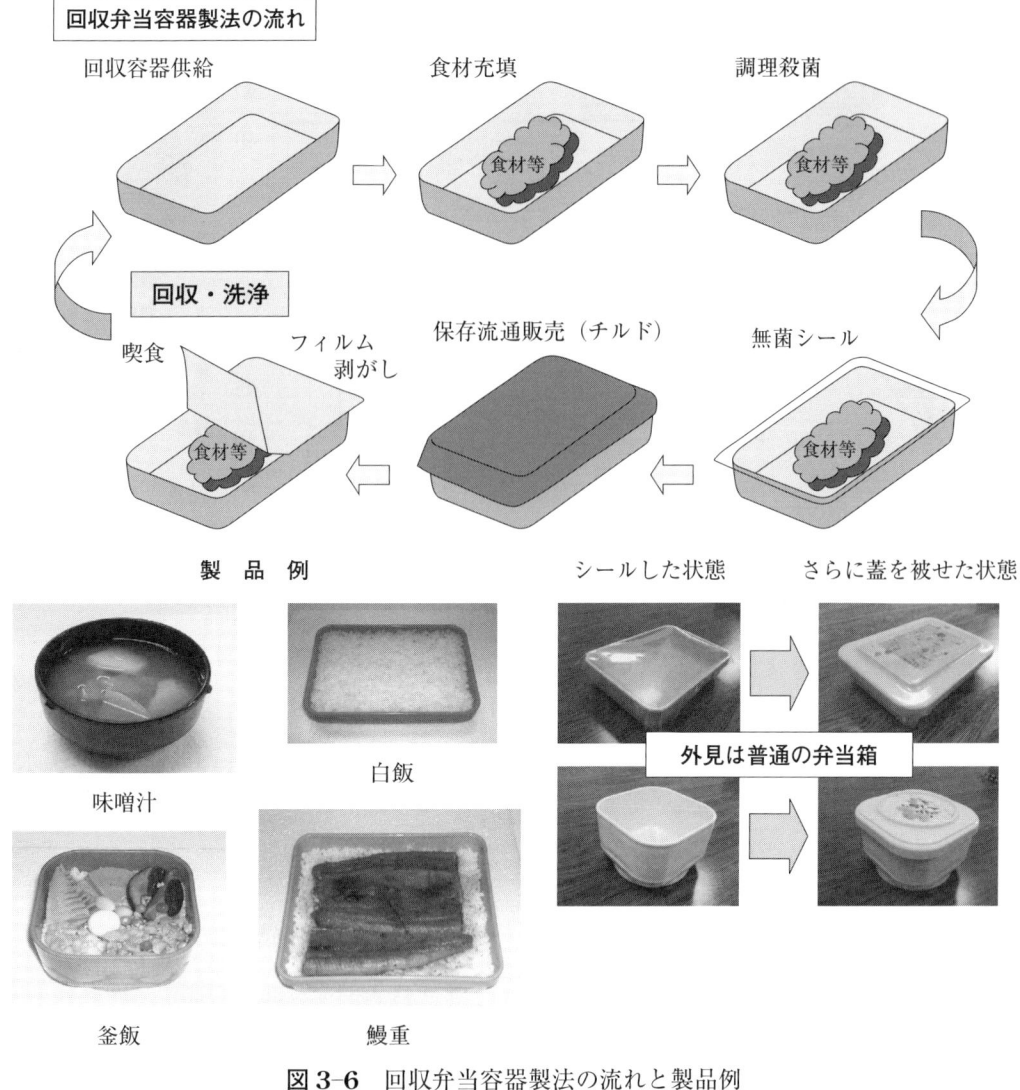

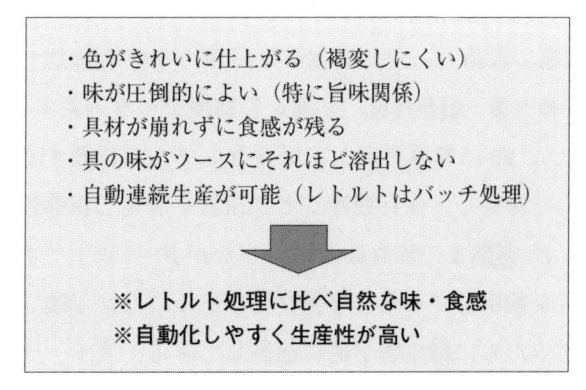

※レトルト処理に比べ自然な味・食感
※自動化しやすく生産性が高い

図 3-7　シンワ方式とレトルト処理との比較

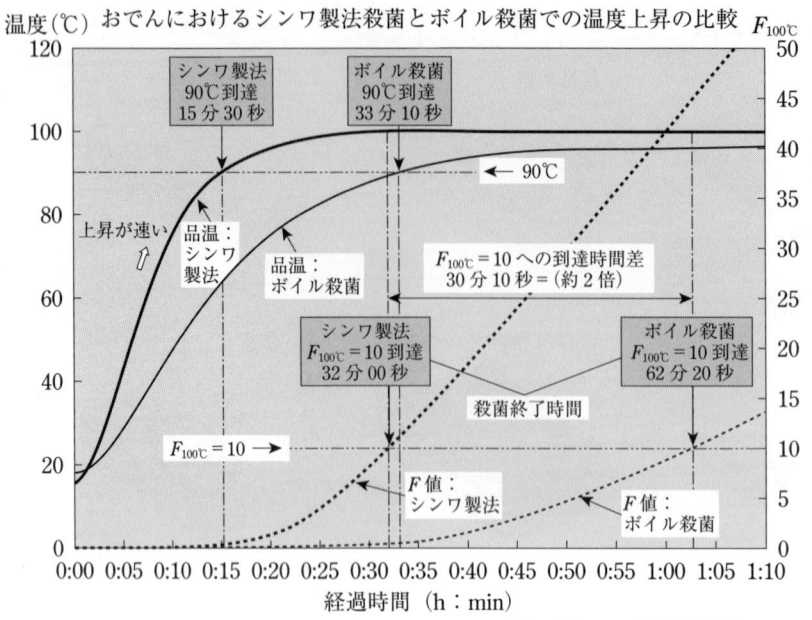

**図3-8** シンワ製法殺菌とボイル殺菌比較試験結果

・蒸気直接加熱のため温度上昇が速い
・シールされていないため温度が上げられる
・同じ殺菌強度では，高温短時間処理

※味・食感で明らかな優位差
※製品品質向上が期待できる
※生産性の向上が期待できる

**図3-9** シンワ方式とボイル殺菌との比較

らかな優位性が見て取れた（まとめ：図3-9）.

## 2-5 なぜ無添加でロングライフか

まず代表的な食品での保存試験を行ってみた．方法としてはカレーソース（牛肉・ジャガイモ・ニンジン入り）およびハンバーグソース（ハンバーグ・ジャガイモ・ニンジン入り）を殺菌強度別に殺菌し，それを保存して菌の挙動を確認する．具体的には調理前の各原料の菌数（一般生菌・耐熱性菌）を測定し初期データ（表3-1）とし，殺菌強度を$F_{100℃}$換算のF値で1，5，20に殺菌処理して保存サンプルを作製する．そのサンプルをチルド保存温度＝10℃にて保存し，保存期間ごとに菌数を測定し保存性を検証する．結果は表3-2にあるように，26週間まで保存確認を行ったが$F=5$以上であれば，カレーのような耐熱性菌が多い原料を使用しても十分な保存性があることが示唆された.

次に安全性を確認するために微生物学的に検証してみる．まず，チルド保存製品での絶対的な安全性確保のためにボツリヌスE型菌（最低発育温度3.3℃）に対しての安全性を見る．その殺菌強度は耐熱性から80℃20分〜90℃20分以上殺菌処理することが示唆され

表3-1 処理前菌数(各原料実測値)

| No. | 原料名および処理 | 一般生菌数 | 耐熱性菌数 |
|---|---|---|---|
| 1 | ハンバーグ(市販冷凍) | <10 | <10 |
| 2 | ドミグラスソース | <10 | <10 |
| 3 | カレールー | $6.5×10^5$ | $4.1×10^5$ |
| 4 | ジャガイモ(生) | $2.0×10^2$ | <10 |
| 5 | ニンジン(生) | $1.5×10^2$ | <10 |
| 6 | タマネギ(生) | $5.2×10^2$ | <10 |
| 7 | マッシュルーム(生) | <10 | <10 |
| 8 | 牛肉(サーロイン)(生) | $4.8×10^2$ | <10 |
| 9 | 鶏肉(もも)(生) | $2.1×10^4$ | <10 |
| 10 | ジャガイモ(ブランチング後) | <10 | <10 |
| 11 | ニンジン(ブランチング後) | <10 | <10 |
| 12 | タマネギ(ブランチング後) | <10 | <10 |
| 13 | タマネギ(炒め後) | <10 | <10 |
| 14 | 牛肉(サーロイン)(表面炒め後) | <10 | <10 |
| 15 | 鶏肉(もも)(ブランチング後) | $2.0×10^1$ | <10 |

表3-2 殺菌強度別チルド保存試験結果(実測値)

| 品目 | ハンバーグ | | | | | | カレーソース | | | | | |
|---|---|---|---|---|---|---|---|---|---|---|---|---|
| 殺菌$F$値→ | 1 | | 5 | | 20 | | 1 | | 5 | | 20 | |
| 保存期間↓ | 一般生菌数 | 耐熱性菌数 | 一般生菌数 | 耐熱性菌数 | 一般生菌数 | 耐熱性菌数 | 一般生菌数 | 耐熱性菌数 | 一般生菌数 | 耐熱性菌数 | 一般生菌数 | 耐熱性菌数 |
| 直後 | <10 | <10 | <10 | <10 | <10 | <10 | $5×10^1$ | $1×10^1$ | | | | |
| 1週間 | <10 | <10 | <10 | <10 | <10 | <10 | <10 | <10 | <10 | <10 | <10 | <10 |
| 2週間 | <10 | <10 | <10 | <10 | <10 | <10 | <10 | <10 | <10 | <10 | <10 | <10 |
| 3週間 | <10 | <10 | <10 | <10 | <10 | <10 | $2×10^1$ | $1×10^1$ | <10 | <10 | <10 | <10 |
| 4週間 | <10 | <10 | <10 | <10 | <10 | <10 | $2×10^1$ | $2×10^1$ | <10 | <10 | <10 | <10 |
| 5週間 | − | − | <10 | <10 | <10 | <10 | − | − | <10 | <10 | <10 | <10 |
| 6週間 | <10 | <10 | − | − | − | − | $4×10^1$ | $3×10^1$ | − | − | − | − |
| 7週間 | − | − | <10 | <10 | <10 | <10 | − | − | <10 | <10 | <10 | <10 |
| 8週間 | <10 | <10 | − | − | − | − | − | − | − | − | − | − |
| 9週間 | − | − | <10 | <10 | <10 | <10 | − | − | <10 | <10 | <10 | <10 |
| 10週間 | <10 | <10 | − | − | − | − | <10 | <10 | − | − | − | − |
| ⋮ | ⋮ | ⋮ | ⋮ | ⋮ | ⋮ | ⋮ | ⋮ | ⋮ | ⋮ | ⋮ | ⋮ | ⋮ |
| 26週間 | <10 | <10 | <10 | <10 | <10 | <10 | <10 | <10 | <10 | <10 | <10 | <10 |

保存温度:10℃(実測値)

ており,この製法では90℃処理で50分以上に相当することから,その他の無芽胞細菌も含めて殺菌条件としては全く問題無いことがわかる.次に低温(10℃未満)で発育できる細菌が問題となるが,松田ら[1]の発表によりバチルス属18種,クロストリジウム属6種が報告されている.それらの菌の耐熱性を同じ報告から見てみると,その$D$値は比較的小さい(=耐熱性が弱い)ことがわかる(表3-3).実際の現実的な殺菌強度を考えた場合,

表3-3 変敗チルド食品から分離した *Bacillus* 属, *Clostridium* 属の最低発育温度と芽胞の耐熱性

| 菌の種類 | 菌株番号 | 最低発育温度（℃） | $D_{100℃}$ | $Z$値（℃） |
|---|---|---|---|---|
| *B. subtilis* | 527 | 15 | 38.8 | 9.4 |
| *B. licheniformis* | 568 | 15 | 0.6 | 8.9 |
| *B. licheniformis* | 578 | 15 | 0.4 | 8.7 |
| *C. tyrobutyricum* | 909 | 15 | 0.1 | 5.6 |
| *B. cereus* | 477 | 10 | 3.2 | 10.6 |
| *Bacillus* spp. | 475 | 10 | 1.6 | 8.0 |
| *Bacillus* spp. | 504 | 10 | 1.5 | 9.8 |
| *C. sporogenes* | 915 | 10 | 0.7 | 4.4 |
| *C. sporogenes* | 932 | 10 | 2.1 | 6.5 |
| *C. sporogenes* | 941 | 10 | 0.9 | 4.5 |
| *B. polymyxa* | 001 | 3 | 0.2 | 8.2 |
| *B. polymyxa* | 035 | 3 | 0.1 | 3.6 |
| *B. polymyxa* | 071 | 3 | 0.1 | 5.0 |
| *B. subtilis* | 572 | 8 | 0.2 | 8.5 |

例えば耐熱性菌があまりに多い原料は使用しないか殺菌原料を使用する（香辛料など），5$D$ 程度の殺菌指標，保存期間を 1～3 か月程度に設定，10℃未満の保存温度，実食品での pH や $A_w$ の効果などを考慮すると $F_{100℃}$ ＝5 から多くても 20 程度に設定すれば十分な保存性が得られると思われる．この数値を実食品に対して当社で取った温度測定データに当てはめると，ソースの流動性や具材の大きさなどにより異なるが，概ね処理時間 25 分から長くても 50 分程度に相当することが分かった．したがって，製造する製品により異なってくるが，当社では装置設計にあたり標準的な調理殺菌処理時間を 40 分と想定して装置のラインナップを図っている．

## 3 実際の製品およびその市場応用例

### 3-1 集団・事業所給食

老人ホームやケアマンション，また，高齢者が集まっているような場所での給食では，その人の体調や好み，嚥下の状態などにより様々な食事を提供できる方が望ましいと考えられる．しかし，通常の給食では "あてがいぶち" にならざるをえず，満足度は低くならざるを得ないのではないかと思われる．したがって，この製法を用いて様々なおかずを提供してして行けば，メニューの選択肢を増やしても廃棄の心配が無い運営が可能になる．

例えば米飯では，お粥においては分数別の粥，中華粥など様々なものが提供でき，またご飯では柔らかいご飯から硬めのご飯まで，同じ魚や肉でも原型のものからすり身状にしたもの，味も体調を考えた濃いものから薄いものまでの提供が可能となる．これはとても高齢者の生活を豊かにするものと考えられる．

## 3-2 弁当宅配給食

今後は高齢化と共に高齢者世帯の増加が見込まれている．特に高齢単身者が多くなり，食事も自分では作れずに宅配事業者などに委託することが考えられる．この場合でも，例えば通常の弁当給食は毎日メニューが決まり選べることは少なく，事業者も廃棄ロスのリスクを抱えている．これが日持ちのする製品に置き換われば，毎日配達するにしても多品種のメニュー提案が可能になると同時に事業者も廃棄リスクが低減できる．また，逆に例えば1週間分を選定して頂き週1回配送することで配送コストが抑えられ，利用者としても毎日受け取るわずらわしさから開放され，自分の好きな順序と気分で食事が取れることにもなる．もうひとつの効用として，このシステムの製品は電子レンジで加熱して喫食するものであり，高齢者が火を使うことなく安全に食事を用意できるという利点もあると思われる．

## 3-3 病院・介護給食

現在病院では，院内調理や外部委託で食事を提供しているものと思われる．入院をしてみると分かるが，入院患者にとって三度の食事は待ちわびるほどの何よりの楽しみなのである．しかし，その食事は大体決まっていて，楽しみとはほど遠いのが現状ではないかと思われる．そこで例えば，お粥では患者に合わせて様々なものが提供（一分～五分～全粥など）でき，ロスもなく用意できる．おかずにおいてもカロリーや硬さ塩分などで様々なものが用意でき，それを医者や患者が思うように選定できることになる．好きなものが選べて食べられことは患者の入院生活をとても豊かなものにし，結果として心身の回復を助けるものと想定できる．要介護者に対しても，嚥下や体調に合わせて提供でき，これも介護者，被介護者の負担を軽減すると共に提供事業者のロス負担を減少することが可能になると思われる．

## 3-4 その他の応用例

新しく開発したこの製法が，どのような分野および製品に寄与できるかを様々な角度から考察を加えてみた．その業態分野と製品例を図3-10に示してみる．様々な分野に様々なものがアイデア次第で提供できるシステムであることが分かる．これらのキーワードを

```
[業 態]        [可能性]    [製品例]           [具体例]
レストランチェーン           食材流通           肉・魚介・調理品
居酒屋チェーン              汁物・スープ        味噌汁・スープ・シチュー
喫 茶 店                  おかず（煮物・惣菜）   煮物・ハンバーグ・肉じゃが
産業給食                  弁当形態           カレーライス・ハンバーグライス
学校給食                  寿司飯・しゃり玉      寿司セット・ちらし
弁当給食                  ご飯・混飯類        白飯・五目飯・炒飯・ピラフ
病 院 食                  お粥・雑炊         一分粥～全粥・雑炊・お茶漬け
宅配弁当                  高齢者食          あらゆる簡便食品
介 護 食                  嚥 下 食          流動食・すりおろし食・粘性食
```

キーワード
⇓
提供製品アイテムの拡大・計画生産化・廃棄生産ロス低減

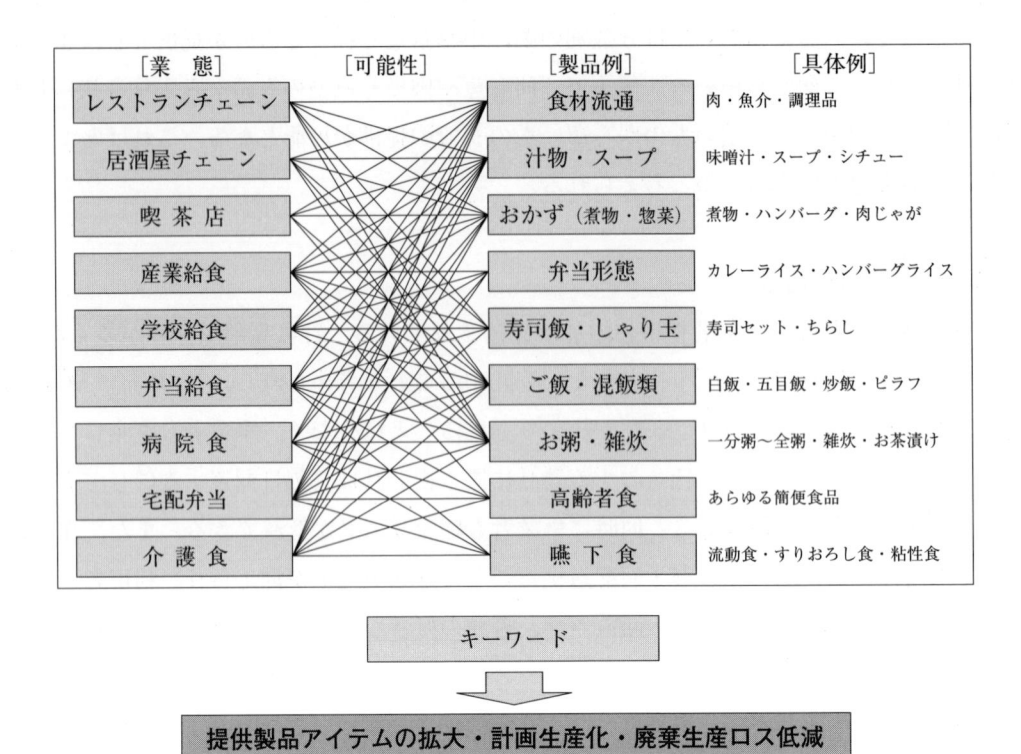

図 3-10　業態と製品例の関係

考えてみると「提供製品アイテムの拡大」「計画生産化」「廃棄生産ロス低減」であり，これは生活弱者である高齢者達に一番合った食事を提供できるが，それを提供する事業者も今までのように無理をすることなく，利益を拡大できることを意味しているのではないかと思われる．様々な分野でこのシステムを是非活用頂いて，社会貢献できることを願っている．

**参 考 文 献**
1) 松田典彦：チルド食品と低温殺菌，食品と低温，**11**(2), 35 (1985)

（増田敏郎）

# Ⅳ-4 新しい飽和蒸気調理システムによる高齢者向け食品の調理法

　高齢化が進むにつれ，高齢者食の調理技術の開発が高齢者の生活を支える上でますます重要になっている．健常高齢者向け食品などでは，そのまま手を加えずに使用できる自然に近い半調理食品や一人分用調理食品の支持層が広がっている．安全性と安心確保とともに，形態やかたさ・弾力，食べやすさ，栄養的配慮，味覚のグレードアップ，こだわり，ビジュアル感などの要求度が高く，食品の調理技術にも求められる内容が変化している．それらに応えうる新しい調理技術やそのシステムなどが次々と開発されてきている[1]．

　調理の面から，これら高齢者食を考える場合，調理・加工の工程を含めて，味や風味，テクスチャー，栄養成分などの品質や安全性を犠牲にしないかどうかの考慮が必要である．必要以上の高温長時間調理や過剰な殺菌，添加物利用は控え，品質や安全性の優れた調理食品を得るためにはどのような調理技術が望ましいかなどを検討することが重要である．

　本章では，新しい調理システムである飽和蒸気調理システム（セイフティ・スチーム・クッキング・システム）を取り上げて，「高齢者食の品質や安全を犠牲にしない調理」を目的とした調理技法について解説する．

## 1　新しい飽和蒸気調理システムとは

　これまでに調理技法として調理釜やレトルト殺菌装置などによる調理方法が採られていたが，このほど新しい調理方法として飽和蒸気調理システムが開発された．このシステムは，衛生的かつ安全な蒸気を用いて，調理槽を約60～120℃の範囲の加減圧飽和蒸気環境にして加熱調理する，新しいコンセプトの飽和蒸気調理システム「セイフティ・スチーム・クッキング・システム（SCS）」である．この飽和蒸気調理システム（以下，SCSと呼ぶ）は，難しかった煮物や蒸し物料理などが誰にでも簡単につくることができ，理想的な調理を追求することができる高度な機能を備えている．

　このSCSを使用した調理食品は，レトルト食品に比べて保存期間の短さはあるが，反面，加熱変性が少なく，新鮮さや美味しさが保持され，ビタミンや栄養成分の減少も少な

く，香気成分も残り，色艶（いろつや）も持続する．また，野菜・魚などを調理しても煮崩れせず，高温加熱により骨も非常に軟らかく仕上がり，レトルト臭も無く，非常に食べやすいという特色を持つ．

## 2 システムの概要

SCSには，写真4-1のような飽和蒸気調理装置が使われる．図4-1に，SCSの構造を示す．

以下に，構造について示した図4-1のシステム図に基づいて説明する[2]．

### 2-1 構　　造

調理システムは加熱・殺菌用セイフティ蒸気発生装置リボイラと，製品が入る調理槽，加減圧装置，真空パルス・間歇（かんけつ）排気装置，自動バックアップ運転装置，水封式真空ポンプ付冷却装置，クラッチ式ドア，負圧時汚水逆流防止装置，運転を制御するコントロールパネル，温度記録計などから構成される．また調理食品は，ホテルパンで扱われる．

**写真 4-1** 飽和蒸気調理装置（三浦プロテック）[2]

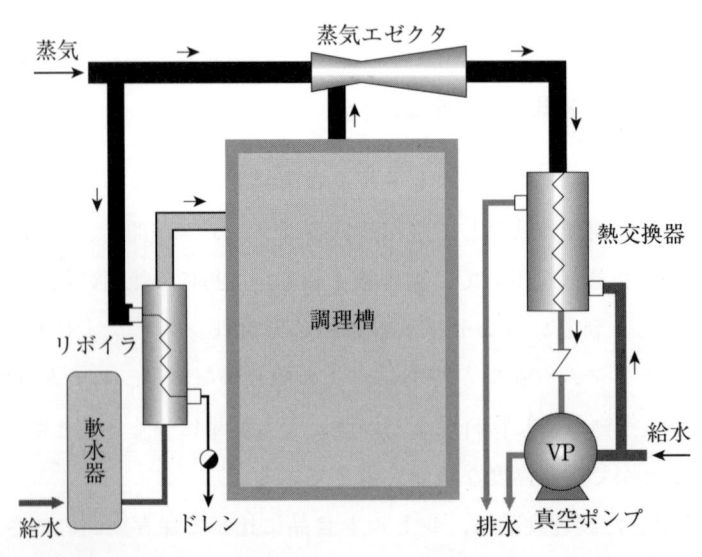

**図 4-1** セイフティ・スチーム・クッキング・システム[2]

## 2-2 機　　　能

（1）加熱方式

空気排除を行い，飽和蒸気環境で蒸気の凝縮潜熱を利用して加熱する方式．

（2）運転制御

7段階（調理：加熱工程3段階＋移行工程3段階＋復圧工程の制御）に温度と時間が設定でき，自由度の高い調理用運転プログラムが構築できる．また加熱温度は，60～120℃の範囲で自在に設定ができ，加熱時間も自由に設定可能である．

（3）冷却機能

50℃までの粗熱取りが実施でき，オーバークッキングの防止ができる．

（4）沸騰・煮崩れ防止機能

撹拌パルス機能により強制的に沸騰を起こさせたり，沸騰させないようにしたり，自由に調整が可能である．

（5）食材からの異臭除去機能

加熱工程中に食材から散逸した異臭を調理槽外に排出する機能を持つ．

（6）撹拌パルス機能

汁の多い調理の加熱工程中に撹拌パルス機能を用いることにより，煮液を意図的に撹拌して味の混合を進める．

（7）品温上昇の設定条件を満たすための自動バックアップ運転機能

食材の芯温を監視し，設定温度以上で設定時間が経過するまで加熱時間を自動的に延長して運転することができる機能である．例えば，加熱温度120℃・加熱時間20分の設定で，芯温75℃・1分間を指定した場合の例であるが，もし芯温の上昇が遅く指定した温度に加熱時間内に到達できない場合，加熱時間を自動延長して75℃を1分間継続した後に運転が終了する．

（8）調理前後の減圧と真空保持機能

含浸効果により調味液など味の染み込みを促進させる．

（9）調理の多様性機能

高温調理時は水煮や白だしを使用しておき，後工程で味付けをすることや，味噌・ショウガなど過加熱を避けたい調味料を後から加えることができ，多様な調理が可能である．

（10）簡単な操作，わかりやすい情報表示機能

レシピに合わせたサンプルプログラムを呼び出し，スタートボタンを押すことにより調理完了まで自動的にプログラム運転ができる．調理中の品温や調理槽内温度をモニタし，運転履歴，各種データを保存することができる．オプションのペーパーレス記録計によって運転中のデータを記録しパソコンで管理できる．

## 2-3 セイフティ蒸気とは

　セイフティ蒸気は，ステンレス製のリボイラで発生させた蒸気であり，これを使用することによって蒸気配管中の錆やボイラ水処理薬品などが調理品に混入しない．また，蒸気使用の調理槽内も錆などによる汚れの付着が起こらない．リボイラに供給する水はFDA規格適合イオン交換樹脂を使用した軟水装置で処理されている．したがって，安全で衛生的な調理が実現できる．

## 3　飽和蒸気による加熱の特長

（1）　飽和蒸気は圧力と温度の関係が1対1になる性質がある．調理槽の中はどこでも同じ圧力なので槽内温度もムラなく一定になる．温度の低いところほど集中して蒸気が凝縮し熱が加えられるため食材の表面温度はどこでも均一になる．熱風や炎の当たり具合による加熱ムラが起こることもない．したがって高品質な蒸しのほかに低温殺菌や高温殺菌用途にも適用できる．図4-2に，飽和蒸気温度と飽和蒸気圧力の関係を示す．

（2）　高い凝縮熱伝達率を利用した急速加熱が可能である．真空パルス・間歇排気などの空気排除方法を組み合わせて食材と調理条件に合わせた効果的な空気排除を自動的に行って，残存空気を取り除くことにより飽和蒸気から食材への伝熱量を飛躍的に向上させる．

（3）　沸騰による撹拌が起こらない．重ねて調理しても煮崩れせず，骨まで軟らかく煮ることができる．また，煮汁も澄んだままの状態が維持できる．

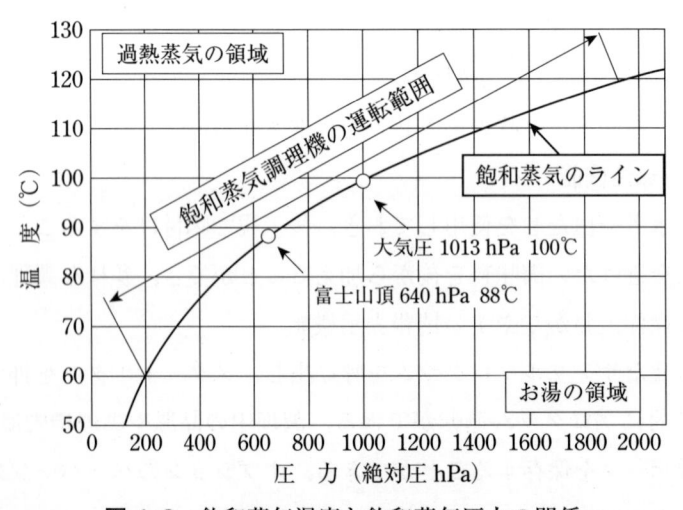

図4-2　飽和蒸気温度と飽和蒸気圧力の関係

(4) 空気排除機能を利用することにより槽内温度を低温でもコントロールすることができる．高温蒸し調理や高温殺菌だけでなく，安定で均一な低温蒸し調理やムラのない低温殺菌が可能である．

## 4 運転プロセス

図4-3に，調理プログラムの進行プロセスを示す．この蒸気調理システムは，図のような調理プログラムの進行プロセスで，高温・加圧条件での短時間調理や骨まで軟らかい魚の調理，介護・病院食用の素材の軟化のほか，低温・減圧条件での卵料理や野菜・肉料理，焦げ付きを防止した煮込みなど高齢者食のさまざまなレシピに対応できる．また，各加熱工程へ移行するときの所要時間が指定でき，ゆっくり加熱・冷却するか，素早く加熱・冷却するかなどの設定ができる．さらに必要に応じて粗熱取りができ，オーバークッキングの防止もできるなどの高度な機能を備えており，多目的な高品質の調理ができる．

図4-4に，飽和蒸気調理槽内の圧力-時間特性を示した．各々

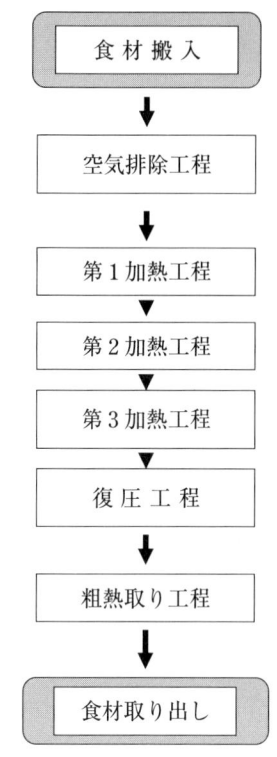

図4-3 調理プログラムの進行プロセス

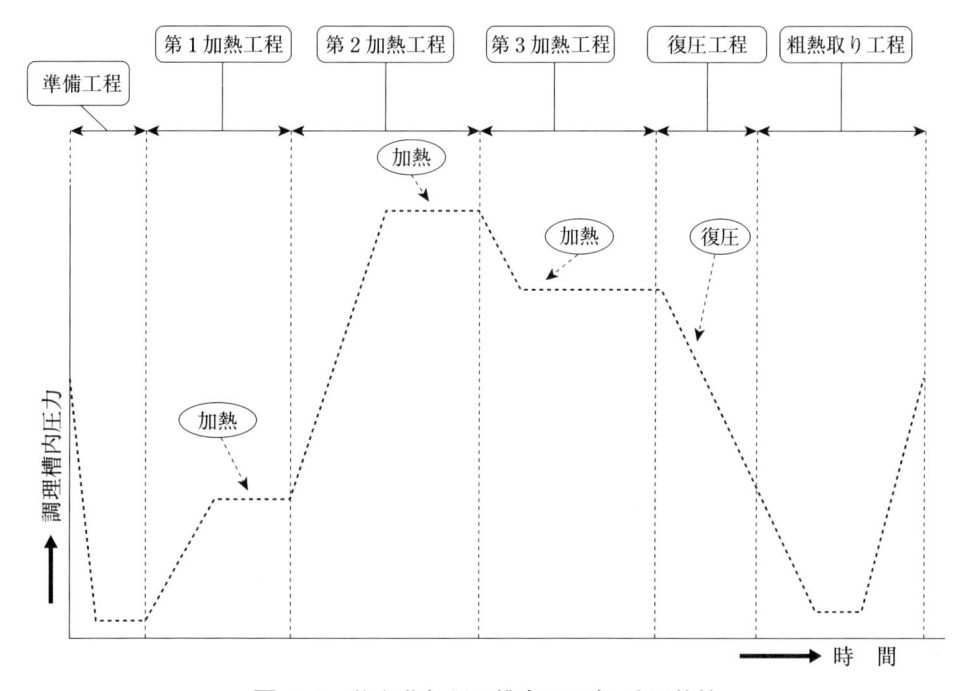

図4-4 飽和蒸気調理槽内の圧力-時間特性

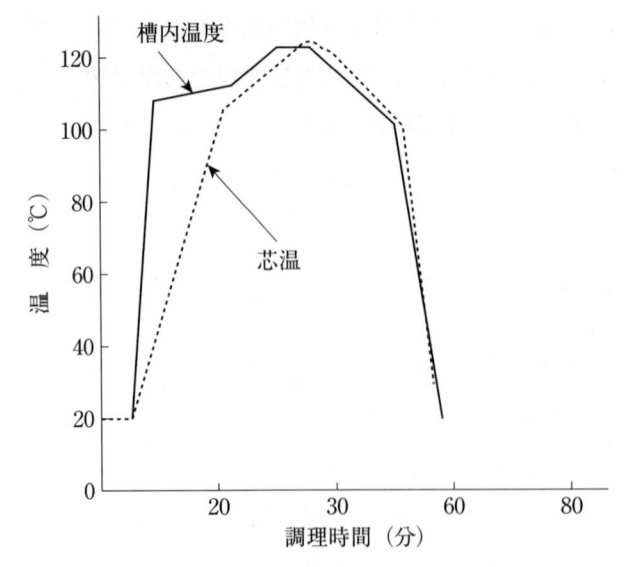

**図 4-5** 飽和蒸気調理槽内の温度-時間特性

の調理に対応できる圧力・温度変化のプログラムは数多くあり，食材や調理食品固有の性質およびレシピなどを計算に入れてプログラムを選択する必要がある．図のような減圧や多段加熱，復圧，粗熱取り機能などを活用することによって短時間で処理ができ，調味液などの含浸効果やオーバークッキング防止などが実現できる．

図 4-5 に，飽和蒸気調理槽内の温度-時間特性を示した．このシステムは，飽和蒸気を利用して，60～120℃（圧力：200～2,000hPa）[3]の範囲で自在に温度-時間の設定ができ，図のサンプルプログラムのような，自由度の高い調理用運転プログラムが構築できる．そして食品にムラのない加熱ができる．また安全性の面から，調理食品の設定中心温度（75℃1分など）を必ず経過しないと加熱時間は自動的に運転を延長する仕組みになっている．

## 5　SCSを利用した調理実施例

### 5-1　サバの煮物用運転プログラム例

SCSを使用し，高温・加圧条件でのそれぞれの運転プログラムを選択した煮魚の調理の実施例を説明する．

**(1)　身が軟らかい通常のサバ煮レシピ**

図 4-6 に，通常のサバの煮物用運転プログラムの例を示す[2]．第1加熱工程により食材表面を変性させ，旨味成分を閉じ込めるため槽内温度120℃にて急速に加熱する．第2加熱工程で低温加熱への移行により身が硬くならないように，また風味を残すために芯温を95℃以上に上げないように加熱する．次に冷却・減圧への移行で身を軟らかくし調味液の

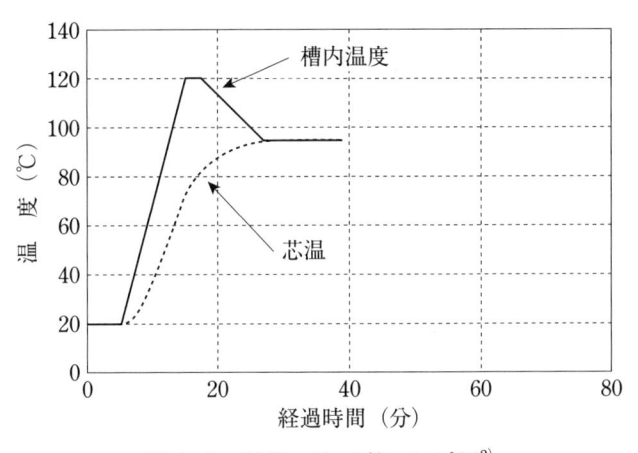

**図 4-6** 通常のサバ煮レシピ例[2]

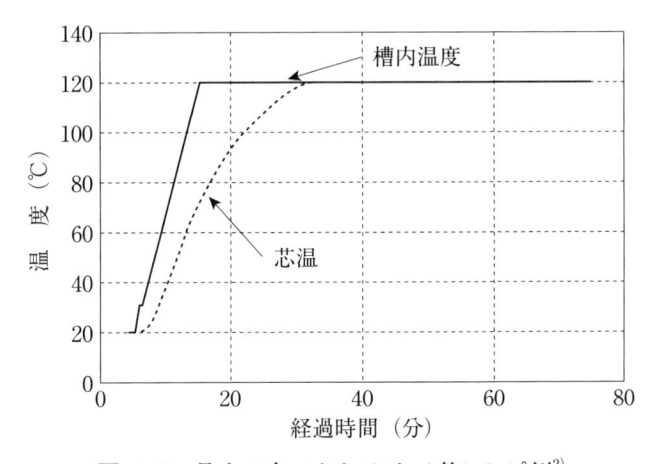

**図 4-7** 骨まで食べられるサバ煮レシピ例[2]

含浸効果を上げ，さらに粗熱取り工程でオーバークッキングを防止させることで煮魚が完成する．

**(2) 骨まで食べられるサバ煮レシピ**

図 4-7 に，骨まで食べられるサバ煮レシピの例を示す[2]．第 1 加熱工程で骨まで食べられるように 120℃で 60 分間の高温加熱を行い軟らかく仕上げる．高温加熱によりサバの生臭さを低減させるとともに，間歇排気機能により，レトルト臭を防ぐことができる．次に復圧工程，粗熱取り工程を経て煮魚が完成する．

## 5-2 いも類の蒸し用運転プログラム例

農産物を代表させ，それぞれ専用の運転プログラムを選択した蒸しいも類の実施例を説明する．

## (1) 蒸しサツマイモのレシピ

図4-8に，蒸しサツマイモのレシピ例を示す[2]．準備工程後，第1加熱工程で，55℃近辺の温度帯の所要時間を長く保持させることでサツマイモ中の糖化酵素が活性化しデンプンが分解して糖が生成され[4]，甘味の強い半製品ができる（実施例：60℃，90分間加熱）．さらに第2加熱工程において，70～100℃に加熱し，最終的に高品質の蒸しいもを完成させる．

## (2) ポテトサラダ用ジャガイモ蒸しのレシピ

図4-9に，ポテトサラダ用ジャガイモ蒸しのレシピ例を示す[2]．初期の高温加熱により，ジャガイモを硬くする酵素の働く60～70℃の温度域を短時間で通過させ，その後いったん庫内温度を下げてから再び芯温の上昇に合わせてゆっくりと加熱することで表面の過加熱を防止し，良好な粉吹き感を出すことができる．

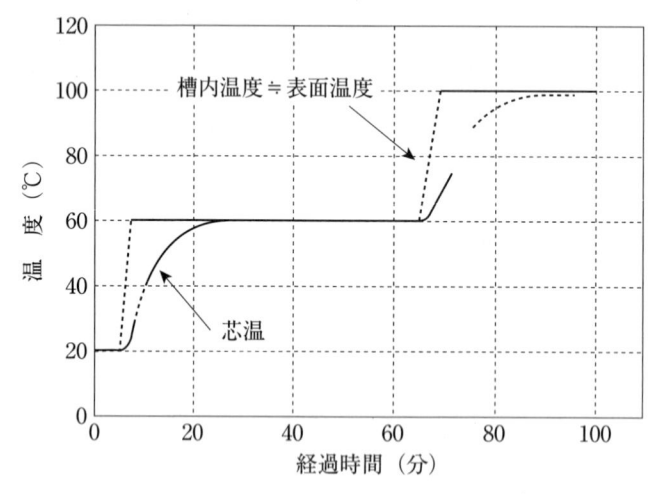

図4-8 蒸しサツマイモのレシピ例[2]

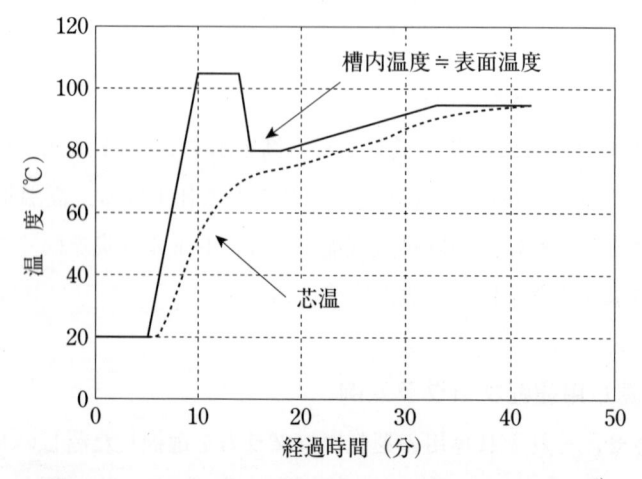

図4-9 ポテトサラダ用ジャガイモ蒸しのレシピ例[2]

## 5-3 調理食品用運転プログラム例
### (1) 茶碗蒸しのレシピ

図4-10に，茶碗蒸しのレシピ例を示す[2]．準備工程で，真空保持機能で減圧し，加熱後に見栄えを悪くする卵液の泡立ちを解消する．次に，第1加熱工程で90℃以下での蒸し温度のコントロールで，す立ちのない滑らかな仕上がりの茶碗蒸しを完成する．

## 6 包装・保存，配送

調理済みの食品については，取り扱う食品の性質などについての特性をよく把握した上で，それに関与する微生物やウイルスなどを対象とした制御や，作業者の衛生管理などに関する周辺の総合的な微生物的安全対策が必要となる．

### (1) 包装形態

最近では，電子レンジで加熱ができる，環境適性を考えた減容化のプラスチックや紙のパウチ，成形容器など開発され，包装システムや包装技法なども進歩してきている．調理品目・保存方法などに合わせて最も適した包装形態や包装技法などが自由に選択できる．利便性を重視した携帯性と再封かん性を持たせたパウチや，食卓にそのまま出せる食器を兼ね備えた易開封性の成形容器なども出まわっており，包装形態などの採用には事欠くことはない．

### (2) 保存・配送

クックサーブ，クックチル，クックフリーズ，真空調理ともに適しており，配送はチルドまたは冷凍が好ましい[5]．

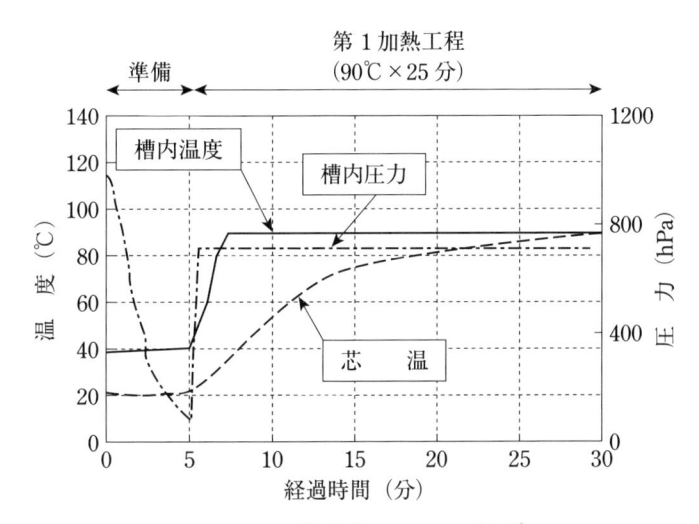

**図4-10** 茶碗蒸しのレシピ例[2]

以上のように，このSCSは，安全性確保とともに，食品本来の美味しさ，食べやすさ，栄養など調理的に変わらないなどを重視し，調理中それらを犠牲にしないコントロール機能を実現した新しい調理システムである．

　この飽和蒸気調理システム（SCS）は，難しかった煮物や蒸し物料理などが誰にでも簡単につくることができる高度な機能を備えており，また調理された食品はクックサーブ，クックチルなどにも適している．これらのことから，今後，身体機能が低下し健全な食生活が損なわれている高齢者や要介護高齢者にとって大いに役立つものと期待している．

## 参 考 文 献

1) 高野光男，横山理雄：食品の殺菌，p.132，幸書房（1998）
2) (株)三浦プロテック食機・メディカル商品開発部：セイフティ・スチーム・クッキング・システム（SCS）技術資料（2006）
3) 山本修一：食品製造流通データ集，p.339，産業調査会事典出版センター（1998）
4) 大久保増太郎：食品包装便覧，p.278，日本包装技術協会（1988）
5) 横山理雄，矢野俊博：食品の無菌包装，p.307，幸書房（2003）

（若狭　暁・西野　甫）

# Ⅴ 高齢者向け食品製造・調理施設での衛生対策

# 序論　院外調理はどこまで進んでいるか

　最近，高齢者養護施設で，ノロウイルスによる食中毒が多発し，犠牲者もでている．これら施設では手洗いなどの洗浄・殺菌，食事の加熱殺菌の徹底化が叫ばれており，一部の施設では実施されているが，多くの施設では完全に実施されておらず，不十分である．また，院外調理を採用している高齢者向け病院や養護施設では，食品会社・給食センターから包装・殺菌された食品を購入している．

## 1　院外調理とは

　厚生省では，平成5年に医療法の一部を改正して[1]，業務委託における患者等の食事の提供の業務における関係法規を，各自治体の長に通達した．
　この法律により，それまでは，病院内の給食施設を使用して調理を行う代行委託のみが認められていたが，病院外の調理加工施設を使用して調理を行う，院外調理が認められた．この法律の概要は次のようである．
　① 　調理方法
　院外の調理加工施設を使用して調理を行う場合，その調理加工方法としてクックチル，クックフリーズ，クックサーブおよび真空調理（真空パック）の4方式がある．
　② 　いずれの調理方法であっても，HACCPの概念に基づく衛生管理を行うことが必要である．
　③ 　受託業者の責任者は，厚生大臣が認定する講習を修了した者，または同等以上の知識を有すると認められた者．
　④ 　受託者の選定
　財団法人医療関連サービス振興会が定める認定基準をみたした者，厚生省令に定める基準に適合している者であれば，医療関連サービスマークの交付を受けていない者に受託することは差し支えない．

## 2 院外調理食の調理方法，運搬と保存

### 2-1 調理方法

表1に，院外調理における調理方法[1]について示した．

包装材料，包装方法は特に定められていない．しかし，真空調理については，真空包装後65〜75℃の温度で加熱されるので，収縮，非収縮タイプのバリヤー性包装材料が使われている．

食品材料は，栄養面および衛生面に留意して選択し，食品の味に対しても配慮しなくてはならない．

### 2-2 運搬方式

調理加工施設から病院へ運搬する場合には，原則として冷蔵（3℃以下）もしくは，冷凍状態（−18℃以下）を保って運搬すること．2時間以内に喫食する場合にあっては，65℃以上を保って運搬しても差し支えない．

缶詰等常温での保存が可能な食品については，この限りでないこと．

原則として冷蔵もしくは冷凍状態を保つこととされているのは，食中毒等，食品に起因する危害の発生を防止するためであることと書かれている．

### 2-3 食品の保存

（1） 生鮮品，解凍品及び調理加工後の冷蔵した食品については，中心温度3℃以下で保存すること．

（2） 冷凍された食品については，中心温度−18℃以下の均一な温度で保存すること．

表1 院外調理における調理方法[1]

| クックチル | クックフリーズ | クックサーブ | 真空調理 |
|---|---|---|---|
| 食材を加熱調理後，冷水または冷風により急速冷却を行い，冷蔵により運搬，保管し，提供時に再加熱して提供することを前提とした調理方法またはこれと同等以上の衛生管理の配慮がなされた調理方法であること． | 食材を加熱調理後，急速に冷凍し，冷凍により運搬，保管の上，提供時に再加熱して提供することを前提とした調理方法またはこれと同等以上の衛生管理の配慮がなされた調理方法であること． | 食材を加熱調理後，冷凍または冷蔵せずに運搬し，速やかに提供することを前提とした調理方法であること． | 食材を真空包装の上，低温にて加熱調理後，急速に冷却または冷凍して，冷蔵または冷凍により運搬，保管し，提供時に再加熱して提供することを前提とした調理方法またはこれと同等以上の衛生管理の配慮がなされた調理方法であること． |

なお，運搬途中における3℃以内の変動は差し支えないものとすること．

（3） 調理加工された食品は，冷蔵または冷凍状態で保存することが原則であるが，中心温度が65℃以上に保たれている場合には，この限りではないこと．ただし，この場合には調理終了後から喫食までの時間が2時間を越えてはならないこと．

（4） 常温が可能な食品については，製造者はあらかじめ保存すべき温度を定め，その温度で保存すること．

## 3　院外調理食品の包装

院外調理では，クックチル食品の占める割合が高い．病院外のセントラルキッチンでは主菜，副菜は次の3方法で処理される[2]．①下処理—加熱調理—急速冷却—冷蔵．②下処理—加熱調理—パック—急速冷却—氷温貯蔵．③下処理—パック—加熱調理—急速冷却—氷温貯蔵．生野菜の処理は，洗浄・殺菌—脱水—パック—低温貯蔵の手順で行われている．このパックに使われる包装材料は，85℃以上の高温に耐えられるナイロン／ポリエチレンかポリプロピレン系のものである．野菜などは，ポリエチレンなどの単体バッグが使われている．

クックチル食品の他に，冷凍食品，レトルト食品，調理済み食品は，冷蔵または氷温状態でサテライトキッチンに配送される．

真空調理[3]は，食材を生のまま（一部熱を加えることもある），場合によっては調味料と一緒に Ny/PE，PP/PVDC か EVOH/PP のバッグに入れ，真空包装し，低温（58～100℃）の湯せんやスチームオーブンの中で，空気に触れずに加熱加工する調理法である．この方式は，ホテル・レストランのセントラルキッチンでも採用されている．（注：Ny（ナイロン），PE（ポリエチレン），PP（ポリプロピレン），PVDC（塩化ビニリデン），EVOH（エチレン-ビニルアルコール共重合体））

### 参考文献
1) 厚生省健康政策局：平成5年2月15日健政第93号．
2) 広瀬喜久子，日本食環境研究所編：クックチル入門，p.29-125，幸書房（1998）
3) 葛良忠彦：医療食・介護食のための包装システム，医療食・介護食の実態と今後の展開，p.5-1，サイエンスフォーラム（2001）

〈横山理雄〉

# V-1　病院・高齢者向け食事の調理施設の衛生

　2005年9月にはISO 22000「食品安全マネジメントシステム」が発行され，これまで衛生管理の一手法であったHACCPシステムがISO 9000をベースにしたマネジメントシステムに組み込まれている．HACCPシステムでは，導入前に当然確立されていなければならない前提条件（PPあるいはPRP：Prerequisite Programs）として一般的な衛生管理を位置付けており，洗浄・殺菌作業はその中心的作業である．

　本章のテーマである病院・高齢者向け食事の調理施設においても，HACCPシステムの概念を取り入れた「大量調理施設衛生管理マニュアル」が衛生管理の基本になっており，洗浄・殺菌作業は食および厨房の安全性を確保するために必須の作業である．ここでは，洗浄・殺菌の基本的な考え方を再確認するとともに，高齢者に大きな危害を及ぼすノロウイルス対策，また高齢者食をつくる上で重要なミキサーの衛生管理について事例を紹介しながら洗浄・殺菌の重要性について考える．

## 1　HACCPシステムにおける前提条件の重要性

　HACCPシステムとは，原材料の受入れから喫食までの流れの中で発生する危害を分析し（HA），微生物危害については，その死滅において決定的に重要なポイント（CCP），例えば加熱温度と時間などを継続して管理（測定・是正・記録）することによって，喫食時の安全性を確保しようとする衛生管理手法と言える．したがって，通常行われるべき衛生管理事項がマニュアルどおりに確実に実施されることが前提条件であり，それが確実にできているから，製造工程における数か所の重要なポイント（加熱・冷却の温度や時間など）が基準内であれば安全が確保できると考えている．

　例えば，病院給食でサルモネラ食中毒が発生したと仮定する．原因となったサルモネラの存在は，元々原材料を汚染していたか，後から二次汚染したかのどちらかであり，それが増殖して食中毒が発生する．このような食中毒の発生を予防するためには，元々汚染の少ない原材料を用いる，加熱調理で死滅させる，二次汚染をさせない，増殖させないようにすればよいのであり，食品衛生における微生物制御の基本である（図1-1）．

```
食品衛生の三原則          微生物制御の基本
非加熱食品 加熱食品

 清潔    清潔   付けない  ⇒  二次汚染の防止
 迅速    迅速   増やさない ⇒  温度・時間の管理     HACCPシステム
         加熱   殺す    ⇒  温度・時間の管理
         冷却
 検収           持ち込まない ⇒  原材料の品質確保
 保管
```

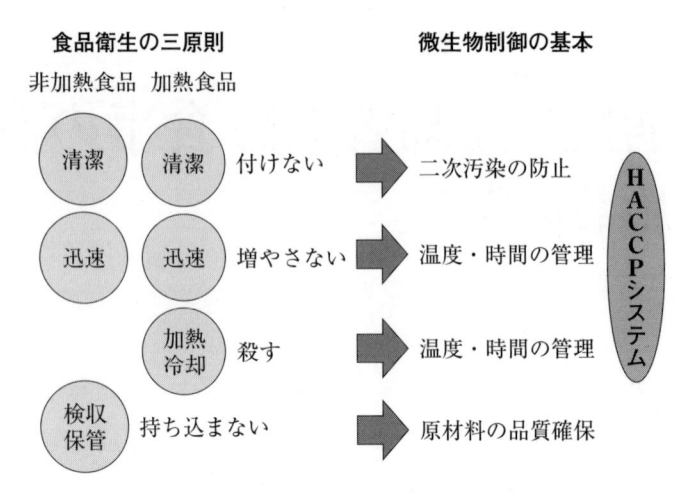

図1-1　食品衛生の三原則と微生物制御の関係

「大量調理施設衛生管理マニュアル」においても考え方は同じであるが，CCPに相当する2. 加熱調理食品の加熱温度管理，4. 原材料および調理済み食品の温度管理に加え，1. 原材料の受入れ，処理段階における管理や，3. 二次汚染の防止も同じように重要管理事項に組み込まれている．そして，二次汚染の防止のために，洗浄と殺菌は重要な役割を果たしている．

## 2　洗浄・殺菌の基本的考え方

衛生管理の目的は，食品の物理的，化学的および微生物危害を防除して安全な食品を提供することであり，その基本的な考え方は調理施設や食品工場など業態が異なっても同じである．洗浄・殺菌についても基本的な目的と役割は同じであり，個々の業態あるいは施設の条件に合わせて最適な管理手法を確立することが大切である．

洗浄・殺菌作業の目的は，製造環境から汚れと有害微生物を除去することであり，その結果，衛生的な製造環境が得られ，維持され，食品の安全性確保に大きく寄与する．また，洗浄・殺菌作業の成否が食品の品質や安全性に直接影響すること，実施頻度が高いこと，濃度管理や作業手順など技術的な要求度が高いこと，時間的・労務的な負担が大きいこと，資材が多いことなどから見ても，サニテーションの中で主要な作業と言える．

### 2-1　洗浄と殺菌の相互関連性

通常，洗浄作業に続いて殺菌作業を行うが，まず，洗浄によって大部分の微生物を汚れとともに除去し，洗浄手段では除去できない微生物に対し，殺菌手段を用いて目的とする清浄度を得る．洗浄不良により残存した汚れは殺菌剤を失活させるだけでなく，微生物の

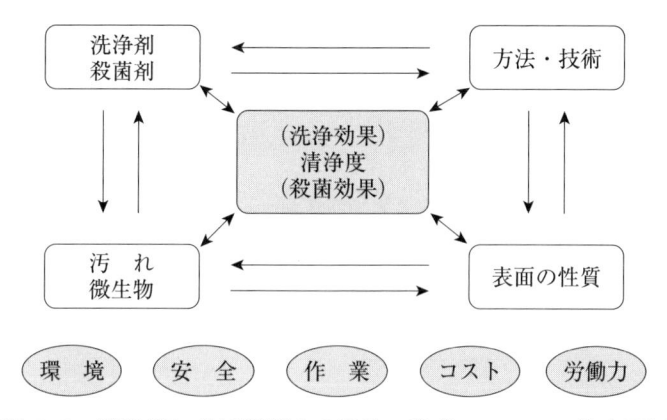

図1-2　清浄度に直接影響する洗浄・殺菌システムの決定要因

遮蔽物や栄養源にもなる．したがって，洗浄と殺菌はペアの作業として管理することが大切であり，多くの場合，洗浄なくして効果的かつ経済的な殺菌はありえないと言っても過言ではない．

## 2-2　洗浄作業の最適化と実際

洗浄作業には，器具類を手で洗う作業から大規模な装置を用いた CIP 洗浄まで，様々な洗浄方法が適用されているが，そのシステムは個々の製造現場で要求される洗浄効果を満たすものでなければならない．そのためには，洗浄に直接関わる4つの要因，すなわち汚れ，被洗浄物，洗浄剤および洗浄方法について検討し，次いで，食品衛生，労働安全，環境保全などの対策を検討し，洗浄システムの最適化を行う（図1-2）．一般的には，洗浄剤と洗浄方法だけが変動要因となるので，条件検討は容易である．

洗浄剤には，その対象となる汚れや被洗浄物の表面特性，あるいは洗浄方法など用途の違いに対応して多くの種類が存在し，それぞれ組成が異なる（表1-1）．1種類の洗浄剤で，全ての汚れに対応しようとするのは現実的ではない．調理施設では，例えば手洗い石けん，アルコール製剤，中性洗剤，アルカリ洗浄剤，塩素系製剤および洗浄除菌剤の6種類を基本にしたマニュアルが効果的に運用されている事例がある．

洗浄方法としては，通常，水を利用した技術が汎用されている．これには，洗浄剤の化学的作用を利用する浸漬法，物理的作用を利用するブラッシング法，撹拌・循環法，噴射法，超音波法などがあり，自動化も進んでいる．

## 2-3　殺菌作業の現状と課題

食品製造環境を対象とした殺菌作業においては，オゾンによる室内ガス殺菌，熱や蒸気を用いた熱殺菌，紫外線の照射殺菌などと共に，化学的冷殺菌と呼ばれる殺菌剤の使用

表 1-1 食品製造現場で汎用されている洗浄剤・除菌剤

| 分 類 | 汎用原料 | 主 な 用 途 |
|---|---|---|
| 中性洗剤 | 陰イオン(非イオン)界面活性剤<br>研磨剤<br>食品添加物系界面活性剤<br>陰イオン(非イオン)界面活性剤 | 台所用合成洗剤<br>(液体)クレンザー<br>食器洗浄機用リンス剤<br>油脂汚れ用洗剤 |
| アルカリ洗浄剤 | 水酸化ナトリウム(カリウム)<br>水溶性有機溶剤 | 自動洗浄用洗浄剤<br>レンジ用洗浄剤 |
| 酸性洗浄剤 | 無機酸,有機酸 | CIP用洗浄剤,スケール除去剤 |
| 酵素系洗浄剤 | アミラーゼ<br>プロテアーゼ | 予備浸漬用洗浄剤<br>血液(タンパク質)汚れ用洗剤 |
| 石 け ん | ヤシ油脂肪酸カリウム | 手洗い石けん(医薬部外品) |
| 塩素系製剤 | 次亜塩素酸ナトリウム<br>塩素化イソシアヌル酸塩 | 食品添加物殺菌料,配管洗浄剤<br>漂白洗浄除菌剤 |
| 過酸化物系製剤 | 過炭酸塩,過ホウ酸塩<br>過酢酸<br>オゾン | 酸素系漂白洗浄剤<br>CIP用洗浄剤<br>空中浮遊菌の除菌,排水の消臭 |
| アルコール製剤 | 発酵エタノール | 手指消毒剤,食品添加物製剤 |
| 第四アンモニウム塩系製剤 | 塩化ベンザルコニウム<br>ジデシルジメチルアンモニウムクロリド(DDAC) | 逆性石けん,洗浄除菌剤<br>洗浄除菌剤 |
| ビグアニド系製剤 | ポリヘキサメチレンビグアニド | 洗浄除菌剤 |
| 両性界面活性剤系製剤 | アルキルジアミノエチルグリシン | 洗浄除菌剤 |

が,効果,コスト,安全性,取り扱いやすさなどの面から洗浄剤と共に広く支持されている.

実際には,アルコール系,塩素系,カチオン系(第四アンモニウム塩系),ビグアニド系,両性界面活性剤系などの殺菌剤(除菌剤)が汎用されており,噴霧,循環,浸漬,清拭などの手段が用いられている.

微生物には多くの種類があり,それぞれ殺菌剤に対する抵抗性が違っている(表1-2).個々の現場においては,どのような微生物が問題になっているかを確認し,それに適した殺菌剤を使用しなければならない.高度殺菌剤は,一定の条件下で細菌芽胞を含むあらゆる微生物を殺菌できるが,粘膜刺激性や臭気が強くて作業性が悪く,環境への適用には注意を要する.中等度殺菌剤は,一般に結核菌まで殺菌できるレベルのものを指し,低度殺菌剤は栄養型細菌,カビや酵母,親油性ウイルスに効果があり,環境殺菌剤としても作業性は良好である.したがって,サニテーションにおける殺菌には,通常,中等度殺菌剤か

表 1-2　一般的な各種消毒剤の抗菌性

| 消毒剤 | 細菌 | | | | | 真菌 | ウイルス | | |
|---|---|---|---|---|---|---|---|---|---|
| | 一般細菌 | MRSA | 緑膿菌 | 結核菌 | 芽胞 | | 親水性ウイルス | B型肝炎ウイルス | エイズウイルス |
| グルタルアルデヒド | ○ | ○ | ○ | ○ | ○ | ○ | ○ | ○ | ○ |
| ホルムアルデヒド | ○ | ○ | ○ | ○ | ○ | ○ | ○ | ○ | ○ |
| 次亜塩素酸ナトリウム | ○ | ○ | ○ | △ | △ | ○ | ○ | ○ | ○ |
| エタノール | ○ | ○ | ○ | ○ | × | ○ | △ | △ | ○ |
| ヨードホール | ○ | ○ | ○ | ○ | △ | ○ | △ | ○ | ○ |
| フェノール | ○ | ○ | ○ | ○ | × | △ | × | × | × |
| クレゾール石けん | ○ | ○ | ○ | ○ | × | △ | × | × | × |
| 塩化ベンザルコニウム | ○ | ○ | × | × | × | △ | × | × | × |
| クロルヘキシジン | ○ | △ | △ | × | × | △ | × | × | × |
| グリシン系両性界面活性剤 | ○ | △ | △ | △ | × | △ | × | × | × |

○：有効，×：不適，△：耐性株あり or 一部有効 or 効果劣る．

低度殺菌剤が用いられている．

## 2-4　洗浄・殺菌システムの設計と標準化

HACCPシステムの導入が進む中，その前提条件である一般的な衛生管理，特にサニテーション分野の組織的，総合的な管理の重要性が再認識されている．

洗浄・殺菌システムの構築には，まず目標とする清浄度（洗浄効果と殺菌効果）を設定し，それを得るための手順（SSOPや作業マニュアル）を確立し，手順に従って作業が終了し，設定した清浄度が得られたかを検証・確認する作業が求められる．

# 3　ノロウイルス対策

ノロウイルス食中毒は年々増加しており，最近では，サルモネラを抜いて食中毒患者数のトップになっている．2005年には，福祉施設，病院施設などにおいてノロウイルス感染症あるいは食中毒の集団発生が多発し，高齢者に多くの死者も出ており，その予防対策の確立が急務である．

## 3-1　ノロウイルス食中毒の背景

本食中毒は，二枚貝の喫食あるいは持ち込みによる汚染か，感染者からの二次汚染を主たる原因にして発生している．最近の海外の文献をまとめると，129報の中でカキを含む二枚貝を原因とするもの17件，感染者に起因するもの37件，水に起因するもの17件，残りは原因が確定していないものであった．

二枚貝は，海中での呼吸にともなってノロウイルスを中腸腺に蓄積するために食中毒の原因になりやすく，二枚貝以外の食材がノロウイルスに一次汚染されている事例は報告されていない．一方，感染者は消化器（主に小腸と言われている）で増殖した多量のノロウイルスを便や嘔吐物とともに排出するため，調理従事者あるいはその家族が感染者であれば，排便や介護などを通して手指を汚染し，そこから食品を汚染する．特に，ノロウイルスは食品中で増殖することはなく，少量の摂取で発症することから，感染（汚染）経路の遮断が予防対策として重要である．主な感染（汚染）経路を示す．

① 「食品→ヒト」生の二枚貝からの感染
② 「食品→ヒト」加熱不十分な二枚貝からの感染
③ 「食品→食品→ヒト」生の二枚貝からの二次汚染
④ 「ヒト→食品→ヒト」感染した調理従事者からの二次汚染
⑤ 「ヒト→ヒト→食品→ヒト」家族から感染した調理従事者からの二次汚染
⑥ 「ヒト→ヒト」嘔吐物からの空気感染

## 3-2 予防対策

ノロウイルス食中毒を予防するには，二枚貝の取扱いを適切に行うことと，感染者から食品への二次汚染を防止することが最重要テーマである．二枚貝の適切な取扱いと感染者からの二次汚染の防止すなわち手洗いの徹底，この2点を重視した対策だけでも，かなり効果は上がると考えられる．厚生労働省から発表されているノロウイルス対策「ノロウイルス食中毒の予防に関するQ＆A　改正平成16年4月26日」（以下，Q＆A）においても，主要な対策として手洗いが盛り込まれている．予防対策としては，

① 手洗い：Q＆Aでは，石けん手洗いによる除去を推奨
② 器具：Q＆Aでは次亜塩素酸ナトリウム200ppmで浸すように拭くか，85℃で1分以上の熱湯消毒を推奨
③ 二枚貝の取扱い：調理器具の専用化を含む調理の隔離
④ ヒト：健康管理のチェック，トイレの衛生管理と使用方法

が重要である．

## 3-3 ノロウイルスの不活化に関する学術的情報

薬剤を用いたノロウイルスの不活化に関連する論文は海外も含めて意外に少なく，表1-3に示したように，Doultreeら[1]が，高濃度の次亜塩素酸ナトリウムは有効であるのに対し，塩化ベンザルコニウムやエタノールの不活化効果は低いと報告したが，2004年の初頭には，エタノールの不活化効果も高いという論文が発表された[2]（Gehrke et al.）．

表1-3 ネコカリシウイルスの各種殺菌剤に対する感受性

| | 濃度 | 作用時間（分） | | 文献 |
| --- | --- | --- | --- | --- |
| | | 0.5〜1 | 5〜10 | |
| 次亜塩素酸ナトリウム | 5,000ppm | ◎ | | 1 |
| | 1,000ppm | ○〜◎ | | 1 |
| | 500ppm | ○ | | 1 |
| | 250ppm | ×〜△ | | 1 |
| | 800ppm | | △ | 3 |
| | 400ppm | | × | 3 |
| ヨ ウ 素 | 0.8% | ◎ | | 1 |
| 過 酢 酸 | 300ppm | | ○ | 3 |
| | 150ppm | | × | 3 |
| エタノール | 80% | △ | ◎ | 2 |
| | 75% | △ | | 1 |
| | 50% | △〜○ | ◎ | 2 |

対数減少値：× <1, △ 1〜3, ○ >3, ◎ 検出限界以下.

## 4 ミキサーの洗浄・殺菌事例

　高齢者食については，ミキサーは重要な調理機器の1つであり，適切な衛生管理が求められている．過去に，学校給食において，ミキサーの洗浄・殺菌不良に起因する集団食中毒の発生が報告されている．特に，分解できないタイプのミキサーについては，洗浄後に微生物の残存がみられており（表1-4），より確実な衛生管理方法の確立が必要である．
　ここでは，新しく開発されたミキサー専用の洗浄剤を用いた管理方法の一例を紹介する．

### 4-1 洗浄剤の使用方法の一例

① 使用後のミキサーを流水ですすぐ．
② 40℃以上の微温湯をミキサーの3/4量入れる（1Lミキサーの場合750mL）．
③ 微温湯750mLに5gのミキサー洗浄剤を投入する．
④ ミキサーのスイッチを入れ，1分間撹拌する．
⑤ 蓋およびミキサー上部をスポンジで洗う．
⑥ 流水ですすぐ．

### 4-2 洗浄・殺菌効果の確認

　鶏ひき肉100g，もやし100g，鶏卵1個に，トロミ剤5gを溶解した水道水100mLを加え，ミキサーで1分間撹拌し，内容物を取り出して流水ですすぎ，この状態を洗浄前とし

表 1-4　各種洗浄処理後のミキサーの除菌状況（$n=5$）

| 洗浄剤 | 検査箇所 | ATP（RLU） | 大腸菌群（log CFU/25cm²） |
|---|---|---|---|
| 洗浄前 | ① ミキサー壁面 | 1,280 | 3.2 |
| | ② 刃 | 1,720 | 4.2 |
| | ③ カッティングユニット | 5,290 | 3.7 |
| | ④ パッキン | 7,670 | 4.1 |
| | ⑤ ふた | 820 | 2.7 |
| DDAC系洗浄除菌剤 | ① ミキサー壁面 | 330 | 1.1 |
| | ② 刃 | 80 | 1.0 |
| | ③ カッティングユニット | 150 | 1.7 |
| | ④ パッキン | 670 | 3.1 |
| | ⑤ ふた | 390 | 1.4 |
| 低起泡性洗浄剤 | ① ミキサー壁面 | 380 | 1.4 |
| | ② 刃 | 110 | 1.5 |
| | ③ カッティングユニット | 320 | 1.0 |
| | ④ パッキン | 410 | 2.6 |
| | ⑤ ふた | 60 | 1.9 |
| 過酸化物配合洗浄剤 | ① ミキサー壁面 | 40 | 1.0 |
| | ② 刃 | 50 | 1.0 |
| | ③ カッティングユニット | 90 | 1.2 |
| | ④ パッキン | 380 | 2.2 |
| | ⑤ ふた | 390 | 1.7 |

RLU：Relative Light Unit（相対発光量）

た．750mLの微温湯（40℃）と5gのミキサー専用洗浄剤を入れ，1分間撹拌して洗浄し，十分な流水ですすぎ，洗浄前後に，滅菌綿棒を用いてミキサーの底部分を拭き取った．綿球部分を5mLの滅菌リン酸緩衝液に浸漬，撹拌し，液中に細菌を回収し，X-Gal寒天培地を用いて，37℃，18時間培養して菌数を測定した．

　図1-3に示したように，洗浄前には3.5 log CFUの大腸菌群が検出されたが，ミキサー専用洗浄剤を用いた洗浄を行うと，検出限界以下まで低下し，実用における有効性が期待できる．

## 5　洗浄・殺菌作業のシステム管理

　洗浄・殺菌作業はサニテーションの中心的作業であり，これからは，システムとして管理することが望まれている．特に，国際的な動きとして，ISO 22000の発行に伴い，洗浄・殺菌作業についてもPDCAサイクル（Plan→Do→Check→Action）に基づいた見直しが求められるであろう．特に，病院・高齢者食調理施設においては，微生物に対する抵抗力

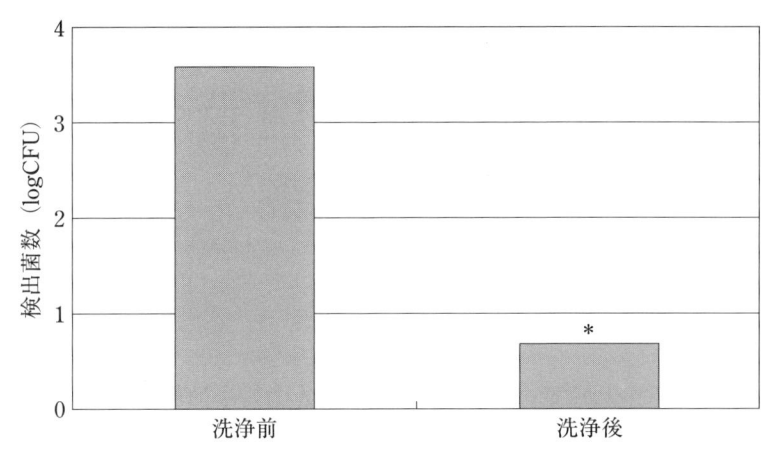

**図 1-3** ミキサー専用洗浄剤による除菌効果（＊ 検出限界以下）

が弱いヒトが喫食する食品を調理する場所であるということを考慮し，HACCPシステムの長所を取り入れた管理体制を整える必要があると考えられる．

本稿が，洗浄・殺菌作業，さらにはサニテーションや一般的な衛生管理の再構築に少しでも役立てば幸いである．

### 参考文献

1) J. C. Doultree *et al.*：*J. Hosp. Infect.*, **41**, 51-57（1999）
2) C. Gehrke *et al.*：*J. Hosp. Infect.*, **56**, 49-55（2004）
3) B. R. Gulati *et al.*：*J. Food Protect.*, **64**, 1430-1434（2001）

〔高本一夫〕

# V-2 食品工場・調理施設へのそ族・昆虫侵入防止対策

## 1 安全な食品を提供するためのそ族・昆虫防除のあり方

　食品工場・調理施設に侵入したそ族（ネズミ）・昆虫は，異物混入の原因となるだけでなく，様々な感染症の媒介者となる．そのため，そ族・昆虫の駆除が必要となるが，殺鼠剤や殺虫剤を使用すれば，原料や製品を汚染する危険があり，管理が不適切であれば誤用や誤飲などの事故にもつながる．また，近年では，環境中のさまざまな微量化学物質に過敏に反応して苦しむ方も増加しており，薬剤の使用自体が，深刻な問題を引き起こす場合もある．

　高齢者が抱える問題の1つとして，感染症などに罹患した場合，重症化しやすいことがあげられる．また，何らかの異常があった場合，自ら症状を訴えることができない方もいることなど，高齢者食を提供する施設は，乳幼児食などと同様，厳しい衛生管理が必要となる．そのため，そ族・昆虫対策としては，特に次の2点に注力しなければならない．

　① 腸管出血性大腸菌O157などの感染症や食中毒菌の媒介者となる衛生害虫（特にそ族，大型のハエ類，ゴキブリ類）の生息がないこと．
　② 防除に使用する殺虫剤などの使用の削減や汚染防止対策が確立していること．

　それでは，そ族・昆虫の防除と殺鼠剤や殺虫剤の使用の削減という相反する要件に対し，どのように対処すればよいのであろうか．それには，「そ族・昆虫が侵入・定着する要因をなくす」という基本原則を再度見直す必要がある．

　安全な食を提供するためのそ族・昆虫防除のあり方として，IPM（Integrated Pest Management）という考え方がある．IPMは，「総合防除」と訳されるが，考えられるあらゆる有効・適切な技術を組み合わせ，そ族・昆虫の生息を問題の生じないレベルに減少させて維持する管理手法である．従来法では，殺鼠剤や殺虫剤による「駆除」が防除の中心であり，そ族・昆虫の生息をゼロにするため，薬剤の使用量は増加し，薬剤汚染の危険性も高くなる傾向にあった．しかし，IPMでは，最初から薬剤に頼るのではなく，まず，そ族・昆虫の生息状況を監視（モニタリング）し，問題を特定する．その結果に基づき，施設設備や清掃状況の改善を行うなど，総合的な防除に重点がおかれていることから，必

然的に薬剤の使用量も削減することができる．

本章では，IPMの考え方に基づき，そ族・昆虫の侵入・定着を防止するために必要な基礎知識と管理手法について解説する．

## 2 そ族・昆虫の屋内への侵入と定着

そ族・昆虫が，屋内に侵入・定着する仕組みとその生態を知ることは，適切な防除対策をとる上で非常に重要である．次の①から④は，そ族・昆虫が，屋内に侵入・定着するに至る流れを4つの段階に整理したものである．

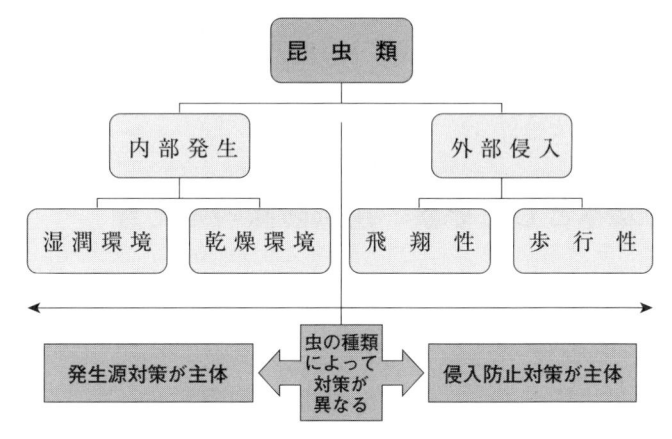

**図2-1 防除の観点から見た昆虫類の分類**

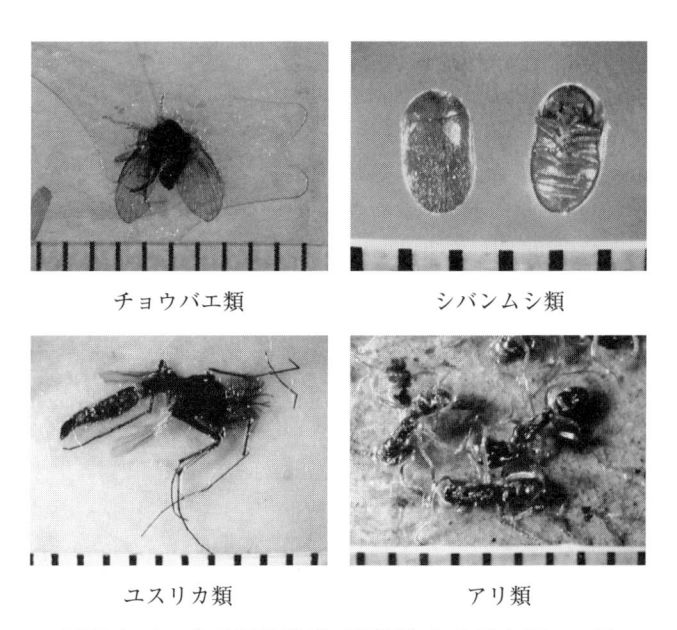

**写真2-1 食品製造施設で問題となる昆虫類の一例**
（チョウバエ類／シバンムシ類／ユスリカ類／アリ類）

① 工場周辺に発生源や隠れ家がある（高濃度に生息）．
② 誘引要因により施設に接近する．
③ 開口部などの侵入阻止力の不足から施設に侵入する．
④ 侵入したものが繁殖に適する条件（餌，適度な温湿度，隠れ場所）がある．

これらに関する要素を取り除く，あるいは減少させることが効果的な防除を行うこととなる．しかし，そ族・昆虫の種類によって繁殖に必要な条件が異なるため，必然的にその対処法も異なることとなる．ここで重要となるのは，問題となっているそ族・昆虫が，屋内で発生して繁殖を繰り返しているのか，屋外から何らかの理由で入り込んだものなのかを判断することである．そして，その種の生態を考慮し，再発防止に必要な処置を適切にとることである．図2-1に防除の観点からみた昆虫類の分類，写真2-1にその代表種を示した．また，食品工場・調理施設において，問題となりやすく理解しておくべき昆虫類を表2-1，ネズミ類を表2-2に示した．なお，各々の分類手法については割愛した．

## 3 予防管理を基本としたそ族・昆虫防除の考え方

前述のそ族・昆虫が侵入・定着する4つの段階を考慮し，効果的な防除を行うためには，どうすれば良いのであろうか．それには，次の4つの大きな要素，① 工場施設の防御力強化，② 防御力の維持，③ そ族・昆虫の侵入，生息状況の監視，④ 駆除をバランス良く機能させ，運用することが重要となる．ここでは，それぞれの要素について解説する．

### 3-1 工場施設の防御力強化

防御力とは，そ族・昆虫の侵入や定着を阻止する能力や対策のことである．施設・設備に関することのほか，清掃による発生源の除去なども含まれ，① バリア機能（物理的防御力），② 誘引源コントロール，③ 発生源コントロール，④ サニタリーデザインの4項目にまとめることができる．これらの防御力を適正に評価し，不足していると判断された場合は，応急的に駆除対策の強化などで補いながら，改善策を計画し，実行する必要がある．

以下に，それぞれの項目における必要条件を示す．

#### (1) バリア機能（物理的防御力）

バリア機能とは，そ族・昆虫の侵入を物理的に防ぐ機能であるが，単純に密閉度を上げるだけでなく，作業性や運用面なども考慮し，複数のバリア機能を組み合わせて構築する．しかし，食品の製造・加工施設において，完全に実現することは困難な要素でもある．

表 2-1 食品製造施設で主に問題となる昆虫類

| 区分 | 要因 | | 名称 | 備考 |
|---|---|---|---|---|
| 内部発生可能昆虫類 | 歩行性 | 湿潤環境 | ゴキブリ類 | 湿潤温暖な環境を好み，発育条件は環境条件で著しく異なる． |
| | | | トビムシ類 | 腐植物質を食し，溜まり水の表面などにも生息する． |
| | | 乾燥環境 | シミ類 | 乾燥貯蔵食品や書籍，壁紙などを食し，絶食状態でも1年近く生存可能． |
| | 飛翔性 | 湿潤環境 | チョウバエ類 | 排水溝など有機物の多い汚れた水域に広く発生する． |
| | | | ショウジョウバエ類 | 成虫は樹液，熟果，ごみ溜などの発酵した腐植物質に強く誘引される． |
| | | | ノミバエ類 | 幼虫は腐敗した動植物質に発生する． |
| | | | ニセケバエ類 | 幼虫は腐敗した植物質に発生し，春と秋に増加傾向がある． |
| | | | ハヤトビバエ類 | 腐敗した動植物質に発生し，好塩性のため幼虫の発育に塩分を要する． |
| | | 食菌性 | チャタテムシ類 | 屋内では貯蔵加工食品や木，畳，本，ダンボールなどに生えるカビを食べる． |
| | | | ハネカクシ類 | 種類が多く生態も多様．屋内での発生は食菌性や食腐性のものが多い． |
| | | | ヒメマキムシ類 | カビを食し，貯蔵穀物倉庫や内壁，天井裏などで発見される． |
| | | 乾燥環境 | シバンムシ類 | 多くの乾燥動植物質を食害し，穀粉類，菓子類などからも発見される． |
| | | | カツオブシムシ類 | 乾燥動植物質を食し，干魚，干皮，穀粉類，豆類などに発生する． |
| | | | コクガ類（通称） | 穀粒や乾果などの乾燥植物質に発生するガ類を指す． |
| 外部侵入性昆虫類 | 歩行性 | | アリ類 | 屋内の鉢物や台所，風呂場など木材腐朽部や土中に営巣するものもある． |
| | | | コオロギ類 | 緑地に生息．春頃に幼虫が出現，夏から秋にかけて成虫が見られる． |
| | | | ハサミムシ類 | 多くは夜行性で，落葉，石下など暗く湿気の多い場所に棲む． |
| | 飛翔性 | | アザミウマ類 | 植物の組織液を栄養としているものが多い．微小で気流に乗って移動する． |
| | | | ウンカ・ヨコバイ類 | 農作物の害虫が多く，光にもよく誘引される． |
| | | | その他半翅目 | アブラムシ類，カメムシ類など． |
| | | | ガ類 | 夜行性のものが多く，灯火に誘引されて侵入する． |
| | | | ハチ類 | 屋内での大量捕獲は小型の昆虫寄生バチがほとんど．屋内で発生したシバンムシなどから二次発生する場合もある． |
| | | | アリ類 | 結婚飛行の際に羽アリが大量発生する．時期は梅雨時から初秋に多い． |
| | | | ユスリカ類 | 都市河川や側溝などに広く発生し，灯火によく集まる． |
| | | | クロバネキノコバエ類 | 幼虫は植物質，動物質を食する雑食性で，鉢植や植込みなどで発生する． |
| | | | ガガンボ類 | 池の岸や藪影，渓流のそばなどに生息し，幼虫は有機物の多い沼地に多い． |
| | | | イエバエ類 | 幼虫は厨芥，動物の死体や糞などからよく発生する． |
| | | | クロバエ類 | 成虫はいずれも腐敗臭に誘引される． |
| | | | ニクバエ類 | 秋から冬にかけては暖かい場所によく集まる． |

表 2-2　食品製造施設で主に問題となるネズミ類

| 和　　名 | クマネズミ | ドブネズミ | ハツカネズミ |
|---|---|---|---|
| 活動場所 | 建物内を中心に活動（屋内型） | 屋外と屋内を移動（半屋外型） | 屋外と屋内を移動（半屋外型） |
| 性　　質 | 用心深く慎重 | 貪欲で凶暴 | おとなしく好奇心旺盛 |
| 一般行動 | 俊敏で垂直行動が得意　細いコードや配管を移動手段として利用する | ほとんど床を移動し，泳ぎが得意 | 俊敏で狭い空間に潜り込む　ほとんど床を利用し，狭い空間伝いに移動する |
| 行動圏 | 屋根裏や天井近く | 床や床下 | 倉庫や入口周辺など |
| 食　　性 | 雑食性だが種子・穀物類を好む | 雑食性だが動物性を好む | 雑食性だが種子・穀物類を好む |

表 2-3　出入口に必要なバリア機能

```
a：出入口は用途別に定まっている．
b：ドアは自動開閉型である．
c：前室，または同等の役目を果たす部屋が外部から製造室までの間に2つ以上ある．
d：前室内には適切な捕虫または殺虫設備が備えられている．
e：前室における扉間の距離は5m以上が望ましい．
　・昆虫類が簡単に次室へ移動できないよう扉間の距離を確保する．
f：資材，製品用の前室の扉はインターロック型であることが望ましい．
　・向かい合う二枚の扉が同時に開かないシステムの自動扉．
g：前室内とその周囲は整理整頓を徹底すること．
　・昆虫やネズミの隠れ家とならないように長期間ものを置かない．
```

① 出入口，前室の構造

全ての出入口（人，原料，資材，廃棄物，製品）には，基本的に前室が必要である．しかし，広さや構造に問題がある場合は，前室内の捕虫・殺虫設備を強化することなどによって，バリア機能を補う必要がある．表2-3に出入口の主な必要条件を示した．

② 密閉性

小型の昆虫類は，1mm程度の隙間でも侵入が可能であり，窓，壁，天井，パイプの貫通孔などは密閉する必要がある．また，出入口や換気扇などは，1mm以上の隙間がないよう維持するのが基本である．なお，窓の開放が必要な場合は，目開き0.5mm以下の網戸を設置する．

③ 排水溝からの侵入防止

排水の外部流出部は，ネズミやハエ類の侵入口となるため，網カゴ類とトラップの組み合わせによる防御設備が必要である．ネズミ類は，1cm程度の隙間があれば通り抜けが可能であり，網カゴなどの網目はこれ以下にする必要がある．

④ 気流の管理

小型で飛翔力の弱い昆虫類（ユスリカなど）は，工場内に流入する気流に乗って侵入する．そのため，製造室（特に加熱工程）には適切な吸排気設備を設け，出入口付近が極端な陰圧とならないことが必要となる．

### (2) 誘引源コントロール

誘引源コントロールは，そ族・昆虫が施設に誘引される要因を排除および低減する機能である．誘引源としては，光，臭気，熱の3つがある．

#### ① 光

昆虫類の多く（特に飛翔性昆虫類）は，光に群がる性質を持ち，屋外の照明や屋内からもれる光に誘引される．しかし，昆虫類が誘引されるのは特定の波長域（近紫外線）の光であり，これらの波長をカットする蛍光灯やフィルター，窓用フィルム，ビニールカーテンなどを利用して，誘引を低減することができる．

#### ② 臭　　気

食材や廃棄物の臭気は，そ族・昆虫の誘引源となるため，これらの保管場所は高い密閉性を保つ必要がある．特に，腐敗しやすい廃棄物の保管庫は，冷蔵機能を有することが望ましい．また，廃棄物の回収頻度や清掃頻度も重要な要素である．

#### ③ 熱

室内の暖気を排気する換気口や陽だまりなどのある場所は，昆虫類が越冬場所を求めて集まりやすい．そのため，付近の密閉性を強化し，出入口には捕獲装置を充実させるなどの配慮が必要である．

### (3) 発生源コントロール

製造・加工施設内や敷地内において，そ族・昆虫の発生を抑える機能であり，生息場所や発生源となる環境の整備（整理・整頓・清掃）が基本となる．

#### ① 施設周囲の管理

施設周囲の環境整備（整理・整頓・清掃）が不十分であれば，そ族・昆虫の生息が容易となり，屋内への侵入の危険性も高くなる．表2-4に屋外の主な管理事項を示した．

表 2-4　施設周囲の主な管理事項

| |
|---|
| a：工場施設周辺には溜まり水がない．または防除を行っている． |
| b：緑地は工場から10m以上離れていることが望ましい． |
| c：緑地は適切な害虫防除管理が行われている． |
| d：工場周辺道路は舗装されている． |
| e：敷地内に不要物を放置しない． |
| f：廃棄物集積場や排水処理施設は清掃されており，汚れ・異臭がない． |
| g：敷地内における工場以外の建物内（倉庫など）も5S管理がなされている． |

② 施設内部での管理

施設内部でのそ族・昆虫の発生は，製品などに混入・汚染する危険が高く，特に重要な管理項目である．注意すべき点は，点検・清掃の頻度と仕上がり基準である．湿潤環境で発生する小バエ類の場合，卵から成虫になるには約10日から2週間かかるため，1週間に一度を目安に清掃頻度を設定する．乾燥環境で発生する貯穀害虫については，約1か月に一度が清掃頻度の目安となる．

(4) サニタリーデザイン

施設設備を清潔に保つためには，清掃・洗浄しやすい構造（サニタリーデザイン）が重要な要素となる．サニタリーデザインが不十分であれば，清掃・洗浄不良を招き，そ族・昆虫の発生源となる．

① 製造機械などの配置

サニタリーデザインの基本は，スペースの確保である．製造機械の周囲には1m以上のスペースを設け，保管物（棚やパレットなど）は壁から50cm程度離すなどの配慮が必要である．また，機械や棚の下についても30cm以上のスペースを設けるのが基本である．しかし，現実的にはスペースの確保が困難な場合も多く，その場合はキャスターを取り付け，移動させるなどの工夫も必要である．その他，排水溝上に据え置きの機械を設置しないなどの配慮も必要である．

② 室内の内装の素材と構造

室内の内装素材について考慮すべきことは，清掃や洗浄を行う上での耐水性，耐薬性である．木製の内装材は，昆虫類やカビ類の発生源となりやすいため，使用しないのが基本である．また，構造面としては，平滑で溝や隙間のないことが基本となる．内装間の接合部などは，コーキングやシーラントなどで，隙間なく密閉しておく必要がある．

## 3-2 防御力の維持

施設や設備は，老朽化に伴って機能が低下する．また，耐久性を損なうような使用法やメンテナンス不良があれば，本来持っている機能を著しく低下させる原因ともなる．

そのため，先に述べた防御力について，定期的に点検し，予防措置をとる仕組みが必要となる．そして，これらの維持管理なしに，他の方法で防除を行うことは，薬剤に頼らざるを得ない状況を作ることとなる．

## 3-3 そ族・昆虫の侵入，生息状況の監視（モニタリング）

そ族・昆虫の侵入，生息状況を監視することにより，防御力が適正に維持・管理されているかを評価・検証する必要がある．モニタリングは，一般に捕獲装置（ライトトラップ

**表2-5** モニタリングデータの評価時に注意すべき内容

> a：特定の種が大量に捕獲されていないか？
> b：季節的（前月や前年の同月と比較して）に異常はないか？
> c：周囲のトラップの捕獲状況と比較して異常はないか？
> d：設置場所の状況から考えて異常はないか？
> e：設定した管理基準値に対して逸脱がないか？

や粘着トラップ）を用いて行われ，防除システムのバランスの崩れをいち早く察知し，早期改善を行うことが可能となる．また，データの比較・解析により，原因究明調査や改善活動の効果確認に活用することができる．なお，モニタリングのデータを評価する際に注意すべき内容について，表2-5に示した．

## 3-4 駆　　除

そ族・昆虫が大量に発生した場合や工場内に定着したことが確認された場合は，駆除が必要となる．しかし，駆除といっても清掃による発生源の除去やトラップによる捕獲などを基本とし，薬剤による処理は最終手段とする必要がある．

なお，薬剤の誤飲事故を引き起こす危険のある施設や，化学物質に過敏に反応する方がいる施設では，原則的に薬剤を使用するべきではない．しかし，やむを得ず使用する場合は，その取扱いや保管には厳重な管理が必要である．一般に，薬剤を使用した駆除は，専門の業者が行うことが多いが，その際には，薬剤を使用した場所とその方法（業務仕様書と実施記録）を明確にした文書を取り交わし，確認・保管しておくことが重要である．また，自主管理として薬剤を取り扱う場合には，使用法や安全管理，保管などについて，十分な知識を持った者が使用する必要がある．そのためには，使用者の制限や教育の徹底，ルールの明確化が重要となる．さらに，誤用を避けるため，保管容器や使用器具は，内容が確認できるよう適切な表示を行い，保管庫は施錠できるものを使用するなどの管理も必要である．

## 4　予防管理を基本としたそ族・昆虫防除の計画と運用

そ族・昆虫の総合防除に必要な4つの要素（防御力の強化，防御力の維持，そ族・昆虫の監視，駆除）について述べてきたが，これらの1つでも欠けると防除機能全体のバランスが崩れ，問題が発生する．そのため，これらを総合的に管理するシステムを作り，運用することが重要となる．図2-2に，システムの構築・運用の一例を示したが，ここでは現状の分析（図2-2①）と，それに基づくルールの現場への教育訓練（図2-2④），運用結果

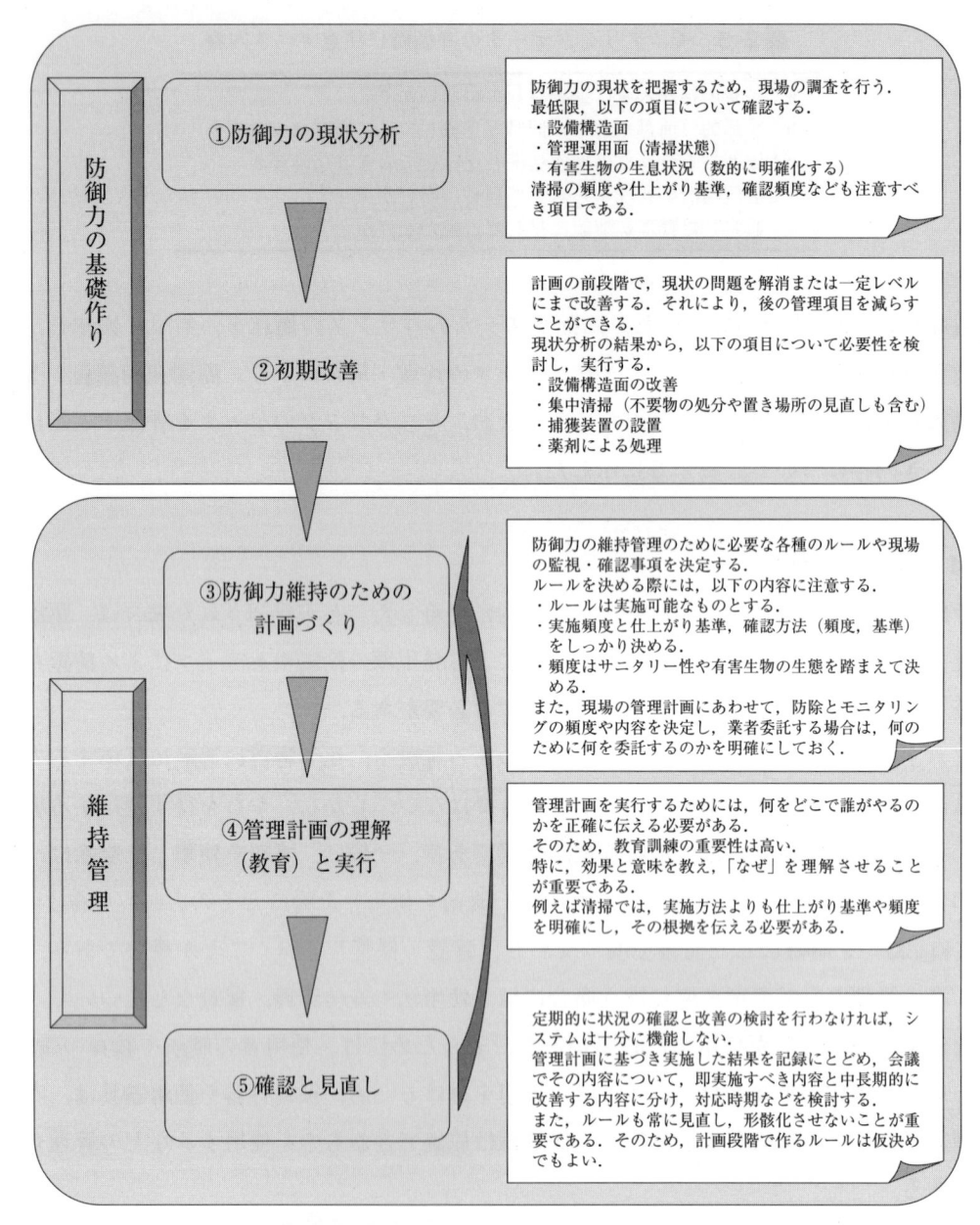

## 図 2-2 管理システムの構築・運用の流れ

**防御力の基礎作り**

① 防御力の現状分析
- 防御力の現状を把握するため，現場の調査を行う．最低限，以下の項目について確認する．
  - 設備構造面
  - 管理運用面（清掃状態）
  - 有害生物の生息状況（数的に明確化する）
- 清掃の頻度や仕上がり基準，確認頻度なども注意すべき項目である．

② 初期改善
- 計画の前段階で，現状の問題を解消または一定レベルにまで改善する．それにより，後の管理項目を減らすことができる．
- 現状分析の結果から，以下の項目について必要性を検討し，実行する．
  - 設備構造面の改善
  - 集中清掃（不要物の処分や置き場所の見直しも含む）
  - 捕獲装置の設置
  - 薬剤による処理

**維持管理**

③ 防御力維持のための計画づくり
- 防御力の維持管理のために必要な各種のルールや現場の監視・確認事項を決定する．
- ルールを決める際には，以下の内容に注意する．
  - ルールは実施可能なものとする．
  - 実施頻度と仕上がり基準，確認方法（頻度，基準）をしっかり決める．
  - 頻度はサニタリー性や有害生物の生態を踏まえて決める．
- また，現場の管理計画にあわせて，防除とモニタリングの頻度や内容を決定し，業者委託する場合は，何のために何を委託するのかを明確にしておく．

④ 管理計画の理解（教育）と実行
- 管理計画を実行するためには，何をどこで誰がやるのかを正確に伝える必要がある．
- そのため，教育訓練の重要性は高い．
- 特に，効果と意味を教え，「なぜ」を理解させることが重要である．
- 例えば清掃では，実施方法よりも仕上がり基準や頻度を明確にし，その根拠を伝える必要がある．

⑤ 確認と見直し
- 定期的に状況の確認と改善の検討を行わなければ，システムは十分に機能しない．
- 管理計画に基づき実施した結果を記録にとどめ，会議でその内容について，即実施すべき内容と中長期的に改善する内容に分け，対応時期などを検討する．
- また，ルールも常に見直し，形骸化させないことが重要である．そのため，計画段階で作るルールは仮決めでもよい．

の確認と改善のための会議（図2-2⑤）が，特に重要なポイントとなる．

## 参考文献

1) 佐藤邦裕他編：人を動かす食品異物対策，サイエンスフォーラム（2001）
2) 横山理雄，茂木幸夫，日佐和夫編：食品異物混入対策事典，サイエンスフォーラム（1995）

（尾上信行・江藤 諮）

# V-3 大量調理施設での食材と設備の微生物検査

## 1 食材と設備の微生物汚染状況

### 1-1 食材の微生物汚染状況

大量調理施設では，野菜，食肉および魚肉が大量に使われている．野菜類の冬場および夏場の微生物汚染を調べ，小沼[1]は次のように報告している．一般生菌数 $10^5$/g 以上，大腸菌群数 $10^2$/g 以上のものは，ニンジン，ネギ，ホウレンソウとモヤシであり，レタスでは大腸菌群数が $10^4 \sim 10^5$/g 検出された．

レストラン，食堂では，大量のカット野菜が使われている．原料野菜[2]（カイワレ，アルファルファ，大葉，レタス，サニーレタス，パセリ，ピーマン，ミツバ，サラダ菜）124 検体のほぼ 80％以上で，一般生菌数 $10^4 \sim 10^6$/g，大腸菌群数 $10^4 \sim 10^6$/g が検出されている．

表 3-1 に，食肉，魚類および鶏卵の微生物汚染状況[1]を示した．表から，夏場でも，原料受入れ時の品温は低く，牛肉，鶏肉，豚肉と魚類の一般生菌数，大腸菌群数は，冬場のそれらとあまり変化がみられないことがわかる．

大量調理施設で多く使用される牛肉の細菌はどうなっているのであろうか．と殺後の牛枝肉を 5℃ の冷蔵庫に 2 日間保管した場合[3]の，一般生菌数（細菌数），大腸菌群数，乳酸菌数の変化を見ると，と殺直後の牛の首部の一般生菌数 $5.7 \times 10^4$/g，大腸菌群数 $1.7 \times$

表 3-1 食肉，魚肉および鶏卵の微生物汚染状況[1]

| 品　名 | 冬 | | | 夏 | | |
|---|---|---|---|---|---|---|
| | 原材料受入れ時の品温（℃） | 一般生菌数 | 大腸菌群 | 原材料受入れ時の品温（℃） | 一般生菌数 | 大腸菌群 |
| 牛　　肉 | $-0.3 \sim 13.9$ | $10^2 \sim 10^6$ | $10^1$ | $0.4 \sim 11.4$ | $10^4 \sim 10^5$ | $10^1$ |
| 鶏　　肉 | $-2 \sim 5.6$ | $10^3 \sim 10^5$ | $- \sim 10^3$ | $-1.2 \sim 9$ | $10^4 \sim 10^5$ | $10^1$ |
| 豚　　肉 | $-2 \sim 2$ | $10^2 \sim 10^5$ | $10^1 \sim 10^4$ | $-2.6 \sim 13.3$ | $10^2 \sim 10^5$ | $10^1 \sim 10^4$ |
| 挽肉（合挽き） | $-1 \sim 3.2$ | $10^5 \sim 10^6$ | $- \sim 10^4$ | $2.3 \sim 5.3$ | $10^3 \sim 10^6$ | $10^1 \sim 10^3$ |
| 魚　　類 | $-15 \sim 8.6$ | $10^1 \sim 10^5$ | $- \sim 10^4$ | $-8.9 \sim 10.7$ | $10^1 \sim 10^5$ | $- \sim 10^3$ |
| 鶏　　卵 | $1.7 \sim 11$ | $10^1 \sim 10^2$ | — | $20.1 \sim 23.6$ | $<10^1 \sim 10^2$ | — |

$10^2$/g, 乳酸菌数 $2.5 \times 10^4$/g であったものが，2日後にはそれぞれ $2.7 \times 10^5$/g, $4.5 \times 10^2$/g, $1.7 \times 10^5$/g に増加している．これは内臓の洗浄液や血液が流れてきたためと思われる．

表3-2に，ブロック牛肉の細菌検査結果[4]を示した．包装前のブロック牛肉では，ウデ，ランイチ，ナカニク，肩ロース，スネの部位に，一般生菌数，大腸菌群数，乳酸菌数が多くみられた．

表3-2 ブロック牛肉の細菌検査結果[4]

| 区分 | 品 名 | 生 菌 数 | 大腸菌群数 | 乳酸菌数 |
|---|---|---|---|---|
| 1 | 肩ロース | $1.9 \times 10^5$ | $1.7 \times 10^2$ | $1.3 \times 10^4$ |
| 2 | ウ デ | $3.2 \times 10^6$ | $2.0 \times 10^2$ | $2.4 \times 10^6$ |
| 3 | 肩 バ ラ | $6.8 \times 10^4$ | $4.0 \times 10$ | $6.5 \times 10^4$ |
| 4 | ヒ レ | $8.0 \times 10^3$ | $2.0 \times 10$ | $1.2 \times 10^4$ |
| 5 | リブロース | $5.0 \times 10^3$ | $1.9 \times 10^2$ | $1.2 \times 10^3$ |
| 6 | サーロイン | $6.5 \times 10^3$ | $<10$ | $6.6 \times 10^3$ |
| 7 | ナカバラ | $3.0 \times 10^4$ | $1.0 \times 10$ | $2.7 \times 10^4$ |
| 8 | トモバラ | $3.5 \times 10^4$ | $<10$ | $2.0 \times 10^4$ |
| 9 | ウチモモ | $4.1 \times 10^4$ | $<10$ | $2.5 \times 10^3$ |
| 10 | シンタマ | $9.8 \times 10^4$ | $<10$ | $5.4 \times 10^3$ |
| 11 | ナカニク | $3.4 \times 10^5$ | $3.6 \times 10^2$ | $8.4 \times 10^4$ |
| 12 | ランイチ | $5.5 \times 10^5$ | $1.5 \times 10^2$ | $6.8 \times 10^5$ |
| 13 | ス ネ | $1.2 \times 10^6$ | $6.9 \times 10^2$ | $1.3 \times 10^4$ |

表3-3 食材に生育する食中毒菌[5]

| | 野菜果実 | 穀類香辛料 | 畜産物 | | | 水産物 | | 使用水 |
|---|---|---|---|---|---|---|---|---|
| | | | 乳 | 食肉 | 卵 | 海産 | 淡水産 | |
| サルモネラ菌 | ○ | ○ | ○ | ○ | ○ | | ○ | |
| 腸炎ビブリオ | | | | | | ○ | | |
| カンピロバクター属菌 | | | (○) | ○(鶏肉) | | | | ○ |
| 腸管出血性大腸菌 | ○ | | (○) | ○(牛肉) | | | | ○ |
| 黄色ブドウ球菌 | | | ○ | ○ | | | | |
| セレウス菌 | ○ | ○ | ○ | ○ | | | | |
| ウエルシュ菌 | ○ | ○ | ○ | ○ | | | | |
| ボツリヌス菌 | ○ | ○ | | ○ | | (○) | ○ | |
| エルシニア・エンテロコリチカ | | | ○ | ○(豚肉) | | | | ○ |
| リステリア・モノサイトゲネス | ○ | | ○ | ○ | | ○ | ○ | ○ |
| ノロウイルス | | | | | | ○(カキ) | | |

表 3-4 大量調理施設と設備での微生物汚染状況[1]

| ふき取り場所 | 冬 | | 夏 | |
|---|---|---|---|---|
| | 一般生菌数 | 大腸菌群 | 一般生菌数 | 大腸菌群 |
| 各種ドアの取っ手 | $<10^2〜10^3$ | $+$ | $<10^2〜10^3$ | $<10^2〜10^3$ |
| シンク給水コック | $<10^2〜10^4$ | $-$ | $<10^2〜10^3$ | $<10^2〜10^3$ |
| 蛇口カラン | $<10^2〜10^4$ | $-$ | $<10^2〜10^4$ | $+$ |
| ホース口周辺 | $<10^2〜10^3$ | $-$ | $<10^2〜10^3$ | $-$ |
| ホース手持ち部分 | $<10^2〜10^2$ | $-$ | $<10^2〜10^2$ | $-$ |
| 調理台 | $<10^2〜10^5$ | $<10^2〜10^3$ | $<10^2〜10^5$ | $-〜10^2$ |
| まな板 | $<10^2〜10^4$ | $<10^2〜10^2$ | $<10^2〜10^4$ | $-〜10^2$ |
| ザル | $<10^2〜10^4$ | $<10^2$ | $<10^2〜10^4$ | $10^2$ |
| 汚染区の床 | $10^2〜10^5$ | $<10^2〜10^3$ | $10^2〜10^5$ | $-〜10^2$ |
| 清潔区の床 | $<10^2〜10^5$ | $-$ | $<10^2〜10^5$ | $-$ |
| 台車車輪 | $<10^2〜10^3$ | $-$ | $<10^2〜10^3$ | $-$ |

食材にはどんな食中毒菌が生育するのであろうか．表3-3に，食材に生育する食中毒菌[5]について示した．表から，食肉には，サルモネラ菌を始め多くの食中毒菌が生育し，海産魚には腸炎ビブリオ，カキにはノロウイルスが生育することがわかる．

### 1-2 調理施設と設備での微生物汚染状況

表3-4に，大量調理施設と設備での微生物汚染状況[1]を示した．各施設・設備で大腸菌群が検出された箇所は，ドアや冷蔵庫などの取っ手，シンク給水コック，蛇口カランなど直接人間の手がふれる部分や，食材が直接ふれる調理台とまな板などであり，その他汚染区の床からも検出された．

## 2 食材と設備の微生物検査

### 2-1 検査対象菌

**(1) 一般生菌数**

一般生菌数とは，試料を35℃，48時間，標準寒天培地に培養したときに発育した中温性の細菌数を指す．食品では，衛生的取扱いの良否や食中毒菌の存在，保存性予測などを評価するには，最も基本的な項目とされている．

環境検査では，定点の微生物汚染度や洗浄・殺菌の評価にも使用される．しかし，栄養要求の厳しい細菌や病原性細菌が極めて少ない場合，あるいは，黄色ブドウ球菌のように加熱処理で細菌は死滅するが，耐熱性毒素が残るような場合には全く意味をなさないので注意を要する．したがって，食中毒起因菌検査などとうまく組み合わせて評価することが

大切である．

### (2) 芽胞菌数

芽胞菌は，加熱や乾燥に強い抵抗性のある芽胞を作る細菌群で，好気性（発育に酸素が必要）のバシラス属と嫌気性（酸素があると発育できない）のクロストリジウム属とに大別[6]される．バシラス属にはセレウス菌が，クロストリジウム属にはウエルシュ菌，ボツリヌス菌が含まれる．いずれも自然界，ヒトや動物の腸管内に広く分布しており，特に，土壌にふれる穀類，豆類，野菜などを汚染する．バシラス属の検出は，検査試料の前処理として70℃，20分間加熱し，急冷後，空気環境下で標準寒天培地に培養するのが一般的である．クロストリジウム属は同様に前処理した後，パウチ法と亜硫酸・鉄加寒天培地を組み合わせた検査方法を用いると，嫌気培養装置[6]を必要とせず簡易に検査できる．

### (3) 真菌数[6]

真菌はカビと酵母の総称であるが，自然界のあらゆるところに分布している．真菌は，細菌に比べて発育速度は遅いが，温度，水分，pHなどで発育範囲が広い．貯蔵穀類や酸性度の高い果実の保存または流通中で，変敗の原因になる．カビの培養検査は発育速度が遅いため，培養に25℃で1週間程度の時間を要する．このため迅速化しにくい欠点がある．

### (4) 大腸菌群数

糞便汚染の指標菌である大腸菌群は，グラム陰性，無芽胞桿菌であり，乳糖を分解して酸とガスを産生する好気性あるいは通性嫌気性（酸素があってもなくても発育できる）の細菌群と定義されている．大腸菌群は広く自然界に分布しているため，食品中に大腸菌群が検出されたとしても，必ずしも糞便で汚染されているわけでない．特に，食品では糞便汚染と関係なく検出されることがわかっている．よって，未加熱食品や食材の大腸菌群検査では評価が難しく，不向きとみなされている．むしろ加熱などの殺菌工程後の半製品や最終製品において，大腸菌群の有無を調べることで，加熱や殺菌処理の不完全や二次汚染の状態が分かる．同様に環境検査において大腸菌群を調べることで，二次汚染経路を推定できる．

### (5) 食中毒起因菌

一般生菌数の測定で用いている方法では，基本的に試料中に含まれている全ての細菌が増殖してコロニーを形成するので，ある食中毒菌だけを測定することはできない．

食中毒菌検査は，細菌が加熱，冷凍，乾燥などで損傷を受けている場合もあるので，適切な培地で増菌する必要がある．また，食中毒菌の性状，遺伝子を調べる必要がある．

細菌性食中毒[6]は，(1) サルモネラや腸炎ビブリオのように食品に付着・増殖した細菌そのものによって起こる感染型，(2) 黄色ブドウ球菌やボツリヌス菌のように食品に付

表 3-5 食中毒原因菌[7]

| 一般菌 | 学名 | 食中毒の型 |
|---|---|---|
| サルモネラ | *Salmonella* spp. | 感染型 |
| 腸炎ビブリオ | *Vibrio parahaemolyticus* | 感染型 |
| 病原大腸菌 | *Escherichia coli* | 感染型，中間型 |
| 黄色ブドウ球菌 | *Staphylococcus aureus* | 毒素型 |
| ウエルシュ菌 | *Clostridium perfringens* | 中間型 |
| セレウス菌 | *Bacillus cereus* | 毒素型 |
| カンピロバクター・ジェジュニ | *Campylobacter jejuni* | 感染型 |
| カンピロバクター・コリ | *Campylobacter coli* | 感染型 |
| ボツリヌス菌 | *Clostridium botulinum* | 毒素型 |
| エルシニア・エンテロコリチカ | *Yersinia enterocolitica* | 感染型 |
| ナグビブリオ | *Vibrio cholerae* non-O1 | 感染型 |
| ビブリオ・フルビアリス | *Vibrio fluvialis* | 感染型 |
| ビブリオ・ミミカス | *Vibrio mimicus* | 感染型 |
| エロモナス・ハイドロフィラ | *Aeromonas hydrophila* | 毒素型 |
| エロモナス・ソブリア | *Aeromonas sobria* | 毒素型 |
| プレシオモナス・シゲロイデス | *Plesiomonas shigelloides* | ? |

着・増殖した際に産生する毒素によって起こる毒素型，(3) 病原大腸菌のように食品とともに摂取された細菌が腸管内で増殖，または腸管内で芽胞を形成する際に毒素を産生し，その毒素によって起こる中間型に分類されている．

表 3-5 に，食中毒原因菌[7] を示した．食材や施設で問題となる食中毒菌は，サルモネラ，病原大腸菌，黄色ブドウ球菌，セレウス菌，カンピロバクターやボツリヌス菌などである．

## 2-2 食材と設備の微生物検査方法
### (1) 食材の微生物検査方法

食品の表面・中心部分から検体を採集して無菌パウチに入れ，検体の 9 倍量の滅菌生理食塩水を加えてストマッカー処理を行ったものを試料液とする．

一般生菌数は，標準寒天培地を使用し，混釈平板法にて 30 ℃ × 72 時間培養後に出現したコロニー数を計測し，食品 1g 当たりの菌数として求める．

大腸菌群数は，デソキシコレート寒天培地を使用し，混釈平板法にて 37 ℃ × 24 〜 48 時間培養後に出現したコロニー数を計数し，食品 1g 当たりの菌数として求める．

実際の検査機関による培養検査では，各種機械を用いて，大量の検体を検査している．これらの装置について説明しよう．

写真 3-1 のスパイラルプレーターは試料液を培地にらせん状に塗抹していく装置であ

写真 3-1　スパイラルプレーター装置

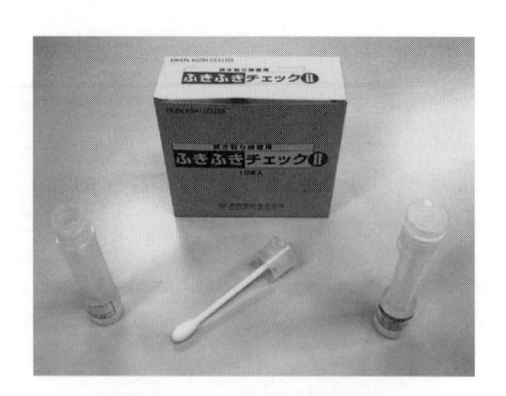

写真 3-2　ふき取り検査器具

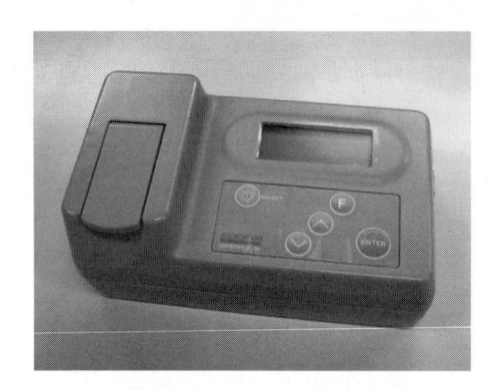

写真 3-3　ATP 測定装置

る．食品の菌数は，$10^1 \sim 10^9$ CFU/g の広い範囲が予想されるため，通常の平板培養法では何段階もの希釈培養をする必要があるが，スパイラルプレーターを用いた場合には，1枚の培地で1つの試料測定が可能である（スパイラルプレーティング法）．

また，利便性を高めるために，希釈水による検体の 10 倍希釈を自動的に行えるシステム，ダイリューターの装置も使用されている．

### (2) 設備の付着微生物検査方法

#### (1) ふき取り法（製造環境・機械類・器具）

検査面 $100cm^2$（$10cm \times 10cm$）を，1mL の滅菌生理食塩水を染み込ませた滅菌ガーゼでふき取り，そのガーゼに 9mL の滅菌生理食塩水を加えて細菌を洗い出し，これを試料液とする．

検査機関では，綿棒によるふき取り試験を行っているところが多い．写真 3-2 のようなふき取り検査器具には，滅菌綿棒が希釈滅菌液と一体となっており，機械・器具の曲面や凹凸面でも，付着微生物を捕捉でき，正確で精度の高い測定結果が得られる．

#### (2) ATP 測定法

培養を必要としない迅速法であり，器具，機器，設備，食器などの表面に付着している微生物や食品の残りかすなどを有機物の汚れとして捉え，その ATP 量を測定するのが ATP 法である．

検査キットには，写真 3-3 のような ATP 測定装置とふき取り ATP デバイスとがあり，(1) ふき取り，(2) 試薬との反応，(3) 測定を簡単に行うことができる．

## 3 食品微生物検査での簡易・迅速測定法

　食品の安全上から，食品製造現場や大量調理施設において，施設や食品の微生物検査の簡易・迅速化が急ピッチで進められている．ここでは，微生物検査での簡易・迅速測定法についてふれてみたい．

### 3-1 微生物の簡易測定法

　安全な食品製造や加工・包装を行うためには，HACCPでの高度な衛生管理や衛生標準作業手順（SSOP）[8]の充実が求められている．しかし，微生物管理や安全性の評価を行う場合は，細菌検査が重要であり，食品製造現場では，微生物の簡易測定法が導入されている．表3-6に食品の微生物検査で使われている簡易測定法[9]を示した．

### 3-2 微生物の迅速測定法

　高齢者が増えてくるにつれ，レトルト食品や無菌包装食品の要望が高まってきている．特に，無菌包装食品では，微生物の迅速測定が必要になってきている．従来のふき取り法やスタンプ法では，定量値が得られるまで2日を要し，現場での指導や改善に役立てることができない[8]．表3-7に食品の微生物検査で使われている迅速測定法[9]を示した．

表3-6　食品の微生物検査で使われている簡易測定法[9]

| 測定方法 | 対象微生物 | 検出感度 | 測定時間 | 測定原理 |
|---|---|---|---|---|
| スパイラルプレーティング法 | 細菌 | $10^2 \sim 10^5$ CFU/mL | 約1分 | 平板培地上に面積当たりの濃度勾配をつけながら，らせん状に試料液を塗布． |
| ペトリフィルム法 | 一般生菌，大腸菌群，カビ，酵母 | 1CFU/mL | 対象により異なる | 下部フィルムに培地を塗布したフィルム状培地． |
| シート状培地法 | 一般生菌，大腸菌群，カビ，酵母 | 1CFU/mL | 1～4日 | 乾燥できあがり培地． |
| コンパクトドライ法 | 細菌，カビ，酵母 | 1CFU/100mL | 24h以上 | 拡散シートに培地組成物がコーティングされた構造のため混釈操作不要な滅菌済み乾燥培地． |
| 合成酵素基質培地法 | 細菌，真菌 | 1CFU/mL | 細菌24h 真菌3～7日 | 培地中の合成酵素基質と細菌，真菌が産生する酵素とが反応して起こる発色や発光を鑑別の指標とする． |

表 3-7 食品の微生物検査で使われている迅速測定法[9]

| 測定方法 | 対象微生物 | 検出感度 | 測定時間 | 測定原理 |
| --- | --- | --- | --- | --- |
| インピーダンス法 | 細菌, カビ, 酵母 | 1CFU〜 | 24〜72h | 培地中の微生物により,イオン化合物が生じ,培地中に交流電流を流し,その変化を測定する. |
| 蛍光染色法 | 細菌 | 100個/フィルター | 約10分 | 微生物をメンブレンフィルター上にトラップしたのち,蛍光顕微鏡システムを用いて,蛍光発色した微生物を計測する. |
| MicroStar-RMD法 | 細菌, カビ, 酵母 | 1CFU〜 | 培養時間+30分 | バイオルミネッセンス法とメンブレンフィルター法と生物発光画像解析装置を組み合わせ,発光させた画像にて検出する. |
| MicroStain法 | 細菌, カビ, 酵母 | 1CFU〜 | 培養時間+30分 | メンブレンフィルター法と単染色法を組み合わせて,培養時間を短縮する. |
| ATP法 | 細菌, カビ, 酵母 | $10^3$CFU/mL以上 | 40分 | バイオルミネッセンス法.ルシフェリン(酵素反応基質)がATPの存在下でルシフェラーゼで酸化するときの発光量を測定. |
| MicroFoss法 | 細菌, 酵母 | 1CFU〜 | 3h(従来法の半分が目安) | 培養中,培地基質の分解は集落の形成よりも短時間で観察される.この変化を光学的に検知する方法. |
| センシメディア法 | 細菌, カビ, 酵母 | 1CFU〜 | 対象により異なる | 液体培地+$CO_2$センサー:菌増殖時に産生される$CO_2$の量を測定する. |
| デジタル顕微鏡法 | 細菌, カビ, 酵母 | 1CFU〜 | 対象により異なる | 撮影・スキャン型顕微鏡+培養+画像処理コンピュータより構成される.増殖してくるコロニーを短時間に測定する. |
| ミクロカロリメトリー法 | 細菌, カビ, 酵母 | 10μW〜 | 目的により異なる | 細胞の代謝熱を計測する方法.食品試料をすり潰すことなく,その中の微生物活性を計測することができる. |

# 4 ノロウイルスの検査法

　ウイルス性食中毒あるいは食品媒介ウイルス感染症の病因物質[10]として,ノロウイルス,サポウイルス,アストロウイルス,アデノウイルス,エンテロウイルス,A型・E型肝炎ウイルスなどがある.

　1968年,米国オハイオ州ノーウォークの小学校で冬季嘔吐症の集団発生が起きた.1972年,この患者糞便中にウイルス様粒子を確認した.最近まで,このウイルス[11]は小

型球形ウイルスと呼ばれていたが，2002年カリシウイルス科ノロウイルス属に分類された．わが国でも2003年9月に厚生労働省の食品衛生法の改正で，食中毒病因物質の「小型球形ウイルス」は「ノロウイルス」に変更された．

ノロウイルスの検査法[10]には，(1) 電子顕微鏡法，(2) ELISA法・IC法，(3) RT-PCR法，(4) リアルタイムPCR法がある．これらについて説明しよう．

## 4-1 電子顕微鏡法

この方法[10]は，ウイルスの抗原性や遺伝子型に関係なく，ウイルスを検出することができる．しかし，高価な機器が必要で，$10^6 \sim 10^7$個/mL以上のウイルスが必要であり，検査にかなりの熟練度を要する．他の胃腸炎ウイルスとの鑑別が困難である．

## 4-2 ELISA法・IC法[11]

検査にかかる時間は，ELISA法で4時間程度，IC法で15分程度で，簡便・迅速に検査ができ，スクリーニング的に多検体を検査できる利点があるが，抗体を遺伝子型ごとに作製しなければならないため，新たな遺伝子型が検出されるたびに抗体の作製を続けなくてはならない欠点がある．

## 4-3 RT-PCR法[10]

現在，ノロウイルス検査法として一般的に用いられている方法である．RT-PCR法は特異性および検出感度が高いため，患者糞便材料だけでなく，吐物やカキその他の食品からもノロウイルス遺伝子の検出が可能である．

## 4-4 リアルタイムPCR法[11]

リアルタイムPCR法のメリットは，迅速性，相互汚染の危険の低さ，多検体への対応の容易さであり，通常検体搬入から6時間程度で結果をだすことができる．しかし，遺伝子型までしか分からないこと，試薬が高価であることがデメリットになっている．

## 5 大量調理施設での微生物検査の実際

大量調理施設には，ホテル・レストラン，企業内の食堂や老人介護施設での食堂がある．ここでは老人介護施設での環境付着菌検査と食品検査についてふれてみよう．

## 5-1 老人介護施設での環境付着菌検査

表3-8に，A老人介護施設での環境付着菌検査結果[12]を示した．表によると，食材洗浄用の水道カランから140,000個/100cm$^2$，キュウリカッターから4,400個/100cm$^2$の一般生菌数が検出されており，作業員の手洗い後の手指からも600個/100cm$^2$の一般生菌数が検出されているが，いずれも，大腸菌群や黄色ブドウ球菌は検出されていないことがわか

**表3-8 A老人介護施設での付着菌検査結果[12]**

| No. | 採取場所 | 一般生菌数 | 大腸菌群数 | 黄色ブドウ球菌 |
|---|---|---|---|---|
| 1 | キュウリカッター（保管中アルコール噴霧） | 4,400 | 陰性 | ***** |
| 2 | エプロン（作業中） | 0 | 陰性 | ***** |
| 3 | 冷蔵庫取っ手（仕上がり品用） | 400 | 陰性 | ***** |
| 4 | 水道カラン（食材洗浄用） | 140,000 | 陰性 | ***** |
| 5 | ホテルパン（保管中） | 0 | 陰性 | ***** |
| 6 | 手指　手洗い後 | 600 | 陰性 | 陰性 |
| 7 | 手指　作業中 | 2,400 | 陰性 | 陰性 |
| 8 | 手指　手袋作業後手指 | 6,400 | 陰性 | 陰性 |

***** 検査をしていない．　　　　　　　　　　　　　　（単位 CFU/100cm$^2$）

**参考基準値：**

|  | 良好値 | 注意値 | 危険値 |
|---|---|---|---|
| 一般生菌数 | 1,000以下 | 5万以下 | 5万超 |
| 大腸菌群数 | 陰性 | 少数検出 | 10以上 |

**表3-9 B老人介護施設での食品（惣菜）の細菌検査結果[12]**

| No. | 採取材料（食材） | 一般生菌数 | 大腸菌群 | 黄色ブドウ球菌 | 腸炎ビブリオ |
|---|---|---|---|---|---|
| 1 | 刺身（魚・ダイコン） | $3.6 \times 10^5$ | 陰性 | 陰性 | 陰性 |
| 2 | ごま和え（野菜・キノコ類） | $4.0 \times 10^2$ | 陰性 | 陰性 | *** |
| 3 | 煮まめ（金時まめ） | 300以下 | 陰性 | 陰性 | *** |
| 4 | 味噌汁（豆腐・ミツバ） | $8.0 \times 10^2$ | 陰性 | 陰性 | *** |

*** 検査をしていない．　　　　　　　　　　　　　　　　（単位 CFU/g）

**参考基準値：**

| （非加熱惣菜） | 良好値 | 注意値 | 危険値 |
|---|---|---|---|
| 一般生菌数 | <10万 | <100万 | 100万超 |
| 大腸菌群 | 陰性 | <1万 | 1万超 |

**参考基準値：**

| （加熱惣菜） | 良好値 | 注意値 | 危険値 |
|---|---|---|---|
| 一般生菌数 | <1万 | <10万 | 10万超 |
| 大腸菌群 | 陰性 | <1万 | 1万超 |

る．

### 5-2 老人介護施設での食品の細菌検査

表3-9に，B老人介護施設での食品（惣菜）の細菌検査結果[12]を示した．表から，刺身は$3.6 \times 10^5$/g，ごま和えは$4.0 \times 10^2$/g，煮まめは300以下，味噌汁は$8.0 \times 10^2$/gの一般生菌数であったが，大腸菌群，黄色ブドウ球菌や腸炎ビブリオは検出されていないことがわかる．非加熱惣菜の一般生菌数の参考基準値が<10万であることにより，刺身の一般生菌数は，基準値を超えることになる．鮮度を保つために，食材の低温での保管・調理が必要である．

### 参考文献

1) 小沼博隆：食品衛生研究，**49**(11)，41-67（1999）
2) 鶴田 理：食品微生物ハンドブック，好井久雄他編，p.333-340，技報堂（1995）
3) 安田瑞彦：包装システムと衛生，第6集，p.8，サイエンスフォーラム（1981）
4) 横山理雄：食肉と食肉製品，食品微生物II 制御編―食品の保全と微生物，藤井建夫編，p.38-53，幸書房（2001）
5) 高野光男：第6回HACCP実務者養成テキスト，p.37-53，近畿HACCP実践研究会（2005）
6) 古賀久敬，河村常作：包装食品の事故対策，横山理雄，矢野俊博編，p.143-158，日報（2001）
7) 横山理雄，矢野俊博：食品の無菌包装，p.17-56，幸書房（2003）
8) 伊藤 武：微生物迅速診断技術の現状と食品衛生管理に役立つ研究課題，食の安全と安心を保証するトレーサビリティ新技術開発への展望，p.63-73，（社）農林水産技術情報協会（2004）
9) 伊藤 武監修，佐藤 順編：食品微生物の簡易迅速測定法はここまで変わった，p.1-272，サイエンスフォーラム（2002）
10) 勢戸祥介：ウイルス性感染症の実態と予防，第6回HACCP実務者養成テキスト，p.161-169，近畿HACCP実践研究会（2005）
11) 篠原美千代：ノロウイルス検査の過去・未来，日本食品微生物誌，**21**(4)，238-242（2004）
12) 小豆正之：アルプ食の安全研究所報告書（2005）

〈小豆正之・横山理雄〉

■ 編者略歴

**相羽　孝昭**（あいば・たかあき）

| | |
|---|---|
| 1940 年 | 東京都杉並区に生まれる. |
| 1963 年 | 東京大学理学部物理学科 卒業. |
| | 呉羽化学工業株式会社入社. 主として石油化学関係の技術開発に従事. |
| 1966～68 年 | 社命により，米国に留学. |
| 1968 年 | 米国マサチューセッツ工科大学より M.Sc 号（理学修士）を取得，帰国. |
| 1968～98 年 | 同社にて石油関係および食品包装材料の研究開発，事業化に従事. 同社研究企画室長，樹脂加工技術センター所長，食品研究所所長を歴任. |
| 1998 年 | 同社退社. |
| 同　年 | 社会福祉法人 多摩同胞会に本部事務局長として入職. |
| 1999 年 | 同法人の特別養護老人ホーム施設長，養護老人ホーム施設長，在宅介護支援センター長などを歴任. 社会福祉士. 認知症ケア専門士. |
| 現　在 | 同法人　理事. 21世紀・老人福祉の向上をめざす施設連絡会代表幹事. 東京都社会福祉協議会 社会福祉法人協議会役員. |

**西出　亨**（にしで・とおる）

| | |
|---|---|
| 1934 年 | 京都市に生まれる. |
| 1957 年 | 京都大学農学部水産学科 卒業. |
| 同　年 | 株式会社 極洋(旧 極洋捕鯨 株式会社) 入社. 同社 製造部門，研究開発部門勤務，製造部長，研究開発部長， 極洋カナダドライ㈱社長，等勤務. |
| 1994 年 | 同社退職. |
| 現　在 | 包装科学研究所 主任研究員. |

**横山　理雄**（よこやま・みちお）

| | |
|---|---|
| 1932 年 | 愛知県名古屋市に生まれる. |
| 1957 年 | 京都大学農学部水産学科 卒業. |
| 1977 年 | 農学博士（京都大学）. |
| 1960～93 年 | 呉羽化学工業㈱にて食品包装の研究に従事し，同社食品研究所長を務める. |
| 1993 年 | 同社退社. |
| 同　年 | 石川県農業短期大学 食品科学科 教授. |
| 1998 年 | 定年退官. 石川県農業短期大学(現 石川県立大学)名誉教授. 神奈川大学 理学部 非常勤講師. |
| 現　在 | 食品産業戦略研究所 所長 |

便利で 美味しく 安全な

## これからの 高齢者食品開発

2006年5月25日　初版第1刷発行

編　者　相　羽　孝　昭
　　　　西　出　　　亨
　　　　横　山　理　雄

発行者　桑　野　知　章
発行所　株式会社 幸　書　房

Copyright Michio Yokoyama, 2006.
Printed in Japan

〒101-0051　東京都千代田区神田神保町3-17
TEL 03-3512-0165　FAX 03-3512-0166
http://www.saiwaishobo.co.jp

印刷：シナノ

無断複製を禁じます。

ISBN4-7821-0266-6　C3077